环保公益性行业科研专项经费项目系列丛书

# 含汞废物特性分析与处理处置

HANGONG FEIWU TEXING FENXI YU CHULI CHUZHI

张正洁 陈 刚 李宝磊 等编著

化学工业出版社

·北京·

本书对我国重点涉汞行业原生汞/再生汞冶炼、铜铅锌冶炼、电石法 PCV 生产、荧光灯管生产、燃煤、水泥、天然气生产、汞试剂生产及其他行业的含汞废物产生特征、理化特征及污染风险特征进行了深入的分析与评估，筛选出各行业内典型的含汞废物。在此基础上，系统梳理了这些含汞废物的处理处置技术，综合分析各技术的原理、优缺点和适用性，提出了我国典型含汞废物处理处置技术的发展方向，为我国含汞废物处理处置技术的研究、筛选和应用提供了参考依据，也为我国含汞废物污染防治及履行国际汞公约提供了有力支撑。

本书适用于从事含汞废物处置领域工作的科研人员、生产人员及生态环境保护部门环境管理人员，同时也可作为生产一线人员的培训教材及教学参考。

**图书在版编目（CIP）数据**

含汞废物特性分析与处理处置/张正洁等编著 . —北京：化学工业出版社，2018.12
（环保公益性行业科研专项经费项目系列丛书）
ISBN 978-7-122-33234-9

Ⅰ.①含… Ⅱ.①张… Ⅲ.①汞污染-废物-分析②汞污染-废物处理 Ⅳ.①X7

中国版本图书馆 CIP 数据核字（2018）第 247312 号

责任编辑：成荣霞 文字编辑：孙凤英
责任校对：王 静 装帧设计：刘丽华

出版发行：化学工业出版社（北京市东城区青年湖南街 13 号 邮政编码 100011）
印 装：三河市延风印装有限公司
710mm×1000mm 1/16 印张 17¼ 字数 272 千字 2019 年 1 月北京第 1 版第 1 次印刷

购书咨询：010-64518888 售后服务：010-64518899
网 址：http://www.cip.com.cn
凡购买本书，如有缺损质量问题，本社销售中心负责调换。

定 价：128.00 元 版权所有 违者必究

# 《含汞废物特性分析与处理处置》 编写人员

**主　　编**　张正洁　陈　刚　李宝磊

**编写人员**　（按姓氏汉语拼音排序）

陈　刚　陈　扬　陈　昱　陈巍林　冯钦忠

戴　波　蒋　芳　姜晓明　李宝磊　刘　舒

刘俐媛　路殿坤　祁国恕　邵春岩　佟永顺

王红梅　王俊峰　王良栋　王祖光　张广鑫

张正洁　赵志龙　朱合威　朱忠军

目前，全球性和区域性环境问题不断加剧，已经成为限制各国经济社会发展的主要因素，解决环境问题的需求十分迫切。环境问题也是我国经济社会发展面临的困难之一，特别是在我国快速工业化、城镇化进程中，这个问题变得更加突出。党中央、国务院高度重视环境保护工作，积极推动我国生态文明建设进程。党的十八大以来，按照"五位一体"总体布局、"四个全面"战略布局以及"五大发展"理念，党中央、国务院把生态文明建设和环境保护摆在更加重要的战略地位，先后出台了《环境保护法》《关于加快推进生态文明建设的意见》《生态文明体制改革总体方案》《大气污染防治行动计划》《水污染防治行动计划》《土壤污染防治行动计划》等一批法律法规和政策文件，我国环境治理力度前所未有，环境保护工作和生态文明建设的进程明显加快，环境质量有所改善。

在党中央、国务院的坚强领导下，环境问题全社会共治的局面正在逐步形成，环境管理正在走向系统化、科学化、法治化、精细化和信息化。科技是解决环境问题的利器，科技创新和科技进步是提升环境管理系统化、科学化、法治化、精细化和信息化的基础，必须加快建立持续改善环境质量的的科技支撑体系，加快建立科学有效防控人群健康和环境风险的科技基础体系，建立开拓进取、充满活力的环保科技创新体系。

"十一五"以来，中央财政加大对环保科技的投入，先后启动实施水体污染控制与治理科技重大专项、清洁空气研究计划、蓝天科技工程专项等专项，同时设立了环保公益性行业科研专项。根据财政部、科技部的总体部署，环保公益性行业科研专项紧密围绕《国家中长期科学和技术发展规划纲要（2006—2020年）》《国家创新驱动发展战略纲要》《国家科技创新规划》和《国家环境保护科技发展规划》，立足环境管理中的科技需求，积极开展应急性、培育性、基础性科学研究。"十一五"以来，生态环境部组织实施了公益性行业科研专项项目479项，涉及大气、水、生态、土壤、固废、化学品、核与辐射等领域，共有包括中央级科研院所、高等院校、地方环保科研单位和企业等几百家单位参与，逐步形成了优势互补、团结协作、良性竞争、共同发展的环保科技"统一战线"。目前，专项取得了重要研究成果，已验收的项目中，共提交各类标准、技术规范1362项，各类政策建议与咨询报告 687 项，授权专利 720 项，出版专著 492 余部，专项研究成果在各级环保部门中得到较好的应用，为解决我国环境问题和提升环境管理水平提供了重要的科技支撑。

为广泛共享环保公益性行业科研专项项目研究成果，及时总结项目组织管理经验，生态环境部科技标准司组织出版环保公益性行业科研专项经费项目系列丛书。该丛书汇集了一批专项研究的代表性成果，具有较强的学术性和实用性，可以说是环境领域不可多得的资料文献。丛书的组织出版，在科技管理上也是一次很好的尝试，我们希望通过这一尝试，能够进一步活跃环保科技的学术氛围，促进科技成果的转化与应用，不断提高环境治理能力现代化水平，为持续改善我国环境质量提供强有力的科技支撑。

中华人民共和国生态环境部副部长

黄润秋

# 前 言
## FOREWORD

汞是国际上公认的有毒有害物质，具有持久性、长距离迁移性和生物毒性，汞及其化合物进入到环境中容易转化为剧毒的有机汞化合物，通过生物富集作用进入人体造成危害。 2013 年 10 月包括中国在内世界各国在日本签署通过了《关于汞的水俣公约》，该公约已于 2016 年 4 月 28 日由全国人民代表大会常务委员会第二十次会议批准正式生效。 其中对汞废物明确规定了其应以环境无害化的方式得到管理，如汞废物回收、再循环、再生或直接再使用等。

依据公约规定，含汞废物是指汞含量超过缔约方大会经与《巴塞尔公约》各相关机构协调后统一规定的阈值，并按照相关法律法规需要进行处置的，由汞或汞化合物构成、含有汞或汞化合物、受到汞或汞化合物污染的物质或物品（不包含除原生汞开采以外的采矿作业中的表层土、废岩石和尾矿石）。 中国含汞废物主要包括原生汞冶炼产生的汞矸、含汞烟尘，电石法聚氯乙烯生产行业产生的废汞催化剂、含汞活性炭、含汞污泥、含汞盐酸、含汞废碱等，荧光灯管生产或使用过程产生的废旧荧光灯管，有色金属冶炼行业产生的含汞废渣、含汞酸泥、含汞烟尘，燃煤行业产生的飞灰及脱硫石膏等，水泥行业产生的飞灰，天然气开采过程产生的含汞油泥、含汞乙二醇、含汞吸附剂等。 以上含汞废物中主要含有氯化汞、氧化汞、金属汞、有机汞等，如果在生产利用过程中发生含汞废物泄漏、汞意外排放等事故及长期的累积排放，均会对人体健康和环境造成极大的危害。

目前我国总的汞消费量超过 1800t，已经成为世界上最大的生产国和消费国。 我国含汞废物产生量也很大，例如，2015 年废汞催化剂产生量约 1.272 万吨；2016 年汞冶炼废物包括蒸馏渣、废汞矸、含汞污泥、冶炼粉尘等，总量为 2.16 万吨；2016 年铜、铅、锌冶炼烟尘产生量分别约 99 万吨、83 万吨和 186 万吨。 这些含汞废物的汞含量较高，成分复杂，污染特征不明确，缺乏合适的综合利用技术，因此，大多数含汞废物被堆存或填埋处理，而含汞废物的堆存或填埋对周边环境中的土壤、大气和水体造成了二次污染，对生态环境和人体健康产生了严重威胁。

近年来，我国对主要涉汞行业原生/再生汞行业、燃煤行业、水泥行业、有色金属冶炼行业、黄金冶炼行业等的大气汞排放及烟气汞治理进行了系统的研究，主要从大气汞污染控制角度分析了汞的流向及物料平衡，烟气汞的处置技术及汞污染防治对策和监督管理方案。 这些研究对促进我国大气汞污染防治与汞履约具有重要的意义。 然而，这些涉汞行业产生的环境问题不仅局限于大气汞的排放，还包括含汞固废、含汞废水及企业周边的含汞土壤污染等，这些都是亟待解决的问题。

2018 年中华人民共和国科学技术部发布了国家重点研发计划"固废资源化"重点专项 2018 年度项目申报指南（征求意见稿），明确提出了中国固体废物源头减量、智能分类回收、清洁增值利用、高效安全转化、智能精深拆解、精准管控决策，以及综合集成示范等内容部署相关基础研究、共性关键技术、应用示范类研究任务，为我国含汞废物的治理提出了明确的方向和任务。 本书针对我国重点涉汞行业系统分析了含汞废物的来源、污染特征及行业现状，深入剖析了含汞废物的物理化学性质、毒性及环境风险特征，并在此基础上，系统梳理了我国重点涉汞行业含汞废物处理处置技术，明晰了各类含汞废物处理处置技术的原理、优缺点及适用性，为我国含汞废物风险识别、处理处置技术的筛选和应用提供了参考依据，也为我国含汞废物污染防治及履行国际汞公约提供了有力支撑。

全书共分 12 章，内容包括：第 1 章 绪论，在介绍含汞废物性质及其危害的基础上，对国外发达国家涉汞法律法规体系进行系统的介绍并借鉴国外发达国家的经验；然后从我国涉汞法律法规、政策标准体系等方面介绍了我国对含汞废物的政策法规体系。 本章由陈刚、张正洁、朱忠军、陈昱、李宝磊编写，陈刚统稿。 第 2 章 含汞废物特性分析方法，首先介绍含汞废物的采样、制样方法，然后分别介绍含汞废物的物理特性和化学特性的分析方法，针对汞的强挥发性的特点深入剖析现有测试方法的原理、优缺点和适用性，根据实际情况提出合适的分析测试方法，为科学研究、环境检测提供基本方法。 本章由冯钦忠、陈巍林、刘俐媛、戴波编写，李宝磊统稿。 第 3 章 原生汞/再生汞行业含汞废物特性及处理处置，本章系统梳理和分析了我国原生汞/再生汞行业含汞废物的产污特征、理化特性及毒性，筛选出了行业典型含汞废物，研究了这些典型含汞废物处置技术原理、优缺点及适用性，为我国原生汞/再生汞行业含汞废物处置和管理提供了技术支持。 本章由李宝磊、王良栋、路殿坤、佟永顺、王祖光编写，陈刚统稿。 第 4 章 荧光灯生产行业含汞废物特性及处理处置，本章在介绍荧光灯生产情况的基础上，分别系统介绍了废旧荧光灯管处置的三种技术：切端吹扫技术、直接破碎技术和湿法处置技术，明确了各自的技术产污特征，对普通荧光粉、稀土荧光粉特性进行了分析，同时也对荧光粉回收技术进行了介绍。 本章由姜晓明、王红梅、刘俐媛、王俊峰编写，李宝磊统稿。 第5章 铜铅锌冶炼行业含汞废物特性及处理处置，本章在主要介绍了铜、铅、锌冶炼行业含汞废物产污流程及产污特征的基础上，分别介绍了三个行业冶炼含汞废物汞分布特征。 同时也对铜、铅、锌冶炼行业含汞废物特性进行了系统分析，并介绍了各自特征污染物处理处置技术。 本章由张正洁、李宝磊、路殿坤、赵志龙编写，张正洁统稿。 第6章 电石法生产PVC含汞废物特性及处理处置，本章在主要介绍电石法生产PVC含汞废物产污流程及产污特征的基础上，进一步介绍了废汞催化剂、废汞活性炭、含汞盐酸、含汞废碱等含汞废物汞分布特征。 同时也对废汞催化剂、含汞盐酸、含汞废碱、含汞污泥等含汞废物特性进行了系统分析，并明晰了各自特征含汞废物处理处置技术。本章由张正洁、王俊峰、李宝磊编写，张正洁统稿。 第7章 燃煤行业含汞废物特性及处理处置，本章在主要介绍燃煤行业含汞废物产污特征的基础上，系统介绍了粉煤灰和脱硫石膏中含汞废物的处理处置及汞的释放。 本章由陈扬、刘俐媛、李宝磊、朱合威编写，陈刚统稿。 第8章 水泥行业含汞废物特性及处理处置，本章在主要介绍水泥生产行业含汞废物产污流程及产污特征的基础上，系统介绍了飞灰、脱硫粉尘等含汞废物汞分布特征。同时也对飞灰、脱硫粉尘等含汞废物特性进行了系统分析，并对特征含汞废物资源化利用技术进行了介绍。 本章由祁国恕、刘舒、张广鑫编写，张正洁统稿。 第9章 天然气行业含汞废物特性及处理处置，本章在主要介绍天然气开采行业含汞废物产污流程及产污特征的基础上，系统介绍了含汞油泥、含汞乙二醇、含汞污泥等含汞废物汞分布特征。 同时也对含汞油泥、含汞乙二醇、含汞污泥、含汞吸附剂等含汞废物特性进行了系统分析，并明晰了主要特征含汞废物处理处置现有技术及新技术。 本章由陈扬、陈刚、冯钦忠、蒋芳编写，张正洁统稿。 第10章 废含汞化学试剂特性及处理处置，本章在主要介绍汞试剂分类的基础上，明晰了主要废汞试剂处理处置工艺及产排污节点。 本章节由张正洁、李宝磊、王良栋、朱合威编写，张正洁统稿。 第11章 其他行业含汞废物特性及处理处置，本章主要介绍了钢铁生产、垃圾焚烧行业涉汞过程产污节点及汞物质流分析，也对行业典型特征含汞废物的特性进行了系统分析，进一步明晰了各自特征含汞废物处理处置工艺技术。 本章由邵春岩、李宝磊、刘舒、戴波、张广鑫编写，陈刚统稿。 第 12 章 含汞废物环境管理，本章主要介绍了含汞废物处置设施的运行管理和监督管理。 本章由陈扬、陈刚、刘俐媛、李宝磊编写，陈刚统稿。

本书主要适用于汞污染防治研究人员，各级相关部门管理人员及从事相关涉汞行业的企业管理人员，同时也可作为生产一线人员培训教材及教学参考。

本书的编写得到了中华人民共和国生态环境部公益项目"含汞废物处置过程污染特征与污染风险控制技术研究"（201509054）项目组的积极支持，得到了沈阳环境科学研究院、中国科学院北京综合研究中心同志们的大力支持，同时得到了北京矿冶研究总院、生态环境部环境保护对外合作中心、中国科学院城市环境研究所、中国环境科学研究院、中国环境科学学会、中国氯碱工业协会、中国石油和化学工业联合会、贵州银星集团、江苏盐城环保科技城重金属防治中心、河南豫光金铅集团公司等的协助与支持，在此一并表示衷心的感谢。 该书的顺利出版，也应该感谢化学工业出版社各位编辑的辛苦付出。

由于编著者水平有限，本书难免有疏漏和不当之处，请读者不吝赐教，多提宝贵意见，以便我们下一步工作中改进。

编著者
2018 年 6 月

## 目录
CONTENTS

# 第1章 绪论

## 1.1 含汞废物性质及其危害

### 1.1.1 含汞废物定义及管理要求

根据《关于汞的水俣公约》中所述，含汞废物系指汞含量超过缔约方大会经与《巴塞尔公约》各相关机构协调后统一规定的阈值，按照国家法律或本公约之规定予以处置或准备予以处置或必须加以处置的下列物质或物品：①由汞或汞化合物构成；②含有汞或汞化合物；③受到汞或汞化合物污染。这一定义不涵盖源自除原生汞矿开采以外的采矿作业中的表层土、废岩石和尾矿石，除非其中含有超出缔约方大会所界定的阈值量的汞或汞化合物。

根据《关于汞的水俣公约》中所述，各缔约方应采取适当措施使汞废物以环境无害化的方式得到管理；汞废物无害化处置而得到回收、再循环、再生或直接再使用；《巴塞尔公约》缔约方不得进行跨越国际边境的汞废物运输（以环境无害化处置目的除外）。

我国明确对《国家危险废物名录》[1]中 HW29 类中含汞废物应按照危险废物管理制度进行管理。其他没有明确的含汞废物，应当按照国家规定的危险废物鉴别标准和鉴别方法予以认定。经鉴别具有危险特性的，属于危险废物，应当根据其主要有害成分和危险特性确定所属废物类别。经鉴别不具有危险特性的，不属于危险废物。

## 1.1.2　含汞化合物性质及其危害

汞是常温下呈液态的重金属，在化学元素周期表中位于第 6 周期、第 Ⅱ B 族，原子量为 200.59，熔点很低，蒸气压较高，挥发性极强。汞的价电子层结构是 $5d^{10}6s^2$，一般情况下可形成 +1、+2 价汞化合物，自然界中的汞主要以金属汞、无机汞化合物和有机汞化合物等形态存在[2]。主要含汞化合物包括氯化汞（俗称升汞）、氯化亚汞（俗称甘汞）、硫化汞（俗称朱砂、辰砂等）、氧化汞、硫酸汞、硝酸汞及甲基汞、二甲基汞、烷基汞等，这些含汞化合物毒性很强，能对人体造成严重伤害。汞及主要含汞化合物的物理化学性质、危害及防护如表 1-1[2] 所示。

表 1-1　汞及主要含汞化合物的物理化学性质、危害及防护

| 汞及其化合物 | 化学式 | 熔点/溶解性 | 沸点 | 挥发性 | 来源 | 危害 | 防护措施 |
|---|---|---|---|---|---|---|---|
| 汞 | Hg | −39℃ (1Pa) | 356.7℃ (1Pa) | 极易挥发 | 汞冶炼、铅锌冶炼、荧光灯、汞试剂、体温计、电池等 | 汞蒸气有剧毒，可转化为甲基汞 | 佩戴防毒面罩、汞泄漏用硫黄应急处置 |
| 氯化汞 | $HgCl_2$ | 276℃，溶于水 | 302℃ | 常温时微量挥发，100℃时变得十分明显 | 汞催化剂、含汞废渣、氯化汞试剂 | 汞离子可使含巯基的酶丧失活性，其对人的危害表现有神经衰弱综合征、精神情绪障碍等 | 佩戴过滤式防尘呼吸器，不直接接触泄漏物 |
| 氯化亚汞 | $Hg_2Cl_2$ | 不溶于水、稀酸 | — | 阳光下渐渐分解，400℃升华 | 甘汞电极、利尿剂、农用杀虫剂等 | 有毒、有刺激性，长期接触可在脑、肝和肾中蓄积 | 佩戴自吸过滤式防尘口罩，应急人员戴防毒面罩、穿防毒服 |
| 硫化汞 | HgS | 不溶于水、硝酸、盐酸 | 583.5℃升华 | — | 辰砂或朱砂、颜料、防腐剂等 | 若在人体内蓄积，有毒 | 避免误食 |
| 氧化汞 | HgO | 几乎不溶于水 | — | 500℃时分解 | 催化剂、颜料、抗菌剂、电池电极 | 剧毒，有刺激性 | 应急处理人员戴自给式呼吸器，穿化学防护服 |

| 汞及其化合物 | 化学式 | 熔点/溶解性 | 沸点 | 挥发性 | 来源 | 危害 | 防护措施 |
|---|---|---|---|---|---|---|---|
| 硫酸汞 | $HgSO_4$ | 溶于酸、与水反应 | — | 不易分解 | 蓄电池、硫酸汞试剂 | 剧毒,可致神经衰弱、震颤等,对环境水体危害极大 | 应急处理人员戴防尘口罩,穿防毒服。不要直接接触泄漏物 |
| 硝酸汞 | $Hg(NO_3)_2$ | 79℃,易溶于水,并发生水解 | 180℃ | 加热分解生成氧化汞 | 医药制剂、分析试剂、药品、雷汞、硝化剂、杀虫剂等 | 汞离子可使含巯基的酶丧失活性,其对人的危害表现有神经衰弱综合征、精神情绪障碍等 | 佩戴过滤式防毒呼吸器,不直接接触泄漏物 |
| 甲基汞 | $CH_3Hg$ | 有溶解性 | — | 受高热、明火易挥发 | 甲基汞试剂、生物富集 | 是一种具有神经毒性的环境污染物 | 佩戴防毒面罩和防护服,不直接接触泄漏物,防止火灾 |
| 二乙基汞 | $(CH_3CH_2)_2Hg$ | 不溶于水,易溶于乙醚 | — | 当受热分解或接触酸、酸气能发出有毒的汞蒸气 | 二乙基汞试剂 | 遇明火、高热可燃。与氧化剂可发生反应。受高热分解放出有毒的气体 | 佩戴防毒面罩和防护服,不直接接触泄漏物,防止火灾 |
| 碘化汞 | $HgI_2$ | 259℃,不溶于水、酸 | 354℃ | 见光分解 | 半导体材料、碘化汞试剂、药品 | 高毒类物品,受热放出有毒烟气,易发生生物富集 | 应急处理人员戴自给式呼吸器,穿防毒服。不要直接接触泄漏物 |
| 溴化汞 | $HgBr_2$ | 237℃,可溶于水 | 322℃ | 见光分解 | 溴化汞试剂 | 有毒、有刺激性、重症患者有间质性肺炎以及对肾有伤害 | 应急处理人员戴自给式呼吸器,穿防毒服。不要直接接触泄漏物 |
| 汞溴红 | $C_{20}H_8O_6Br_2Na_2Hg$ | 易溶于水 | — | 无气味、有吸湿性 | 有机汞防腐药、外用消毒剂 | 脐疝保守疗法中过量用药导致中毒 | 合理用药 |
| 硫柳汞 | $C_9H_9HgNaO_2S$ | 易溶于水 | — | 遇光易变质,稍有特殊臭,微有引湿性 | 生物制品药物制剂、疫苗防腐剂等 | 药品不合理使用导致中毒 | 合理用药 |

| 汞及其化合物 | 化学式 | 熔点/溶解性 | 沸点 | 挥发性 | 来源 | 危害 | 防护措施 |
|---|---|---|---|---|---|---|---|
| 氰化汞 | Hg(CN)$_2$ | 易溶于水、氨水 | — | 320℃分解 | 医药、杀菌皂、照相及分析试剂 | 剧毒品,有刺激性,接触后氰化物和汞中毒症状均可出现 | 密闭储存,环境通风,戴头罩型电动送风过滤式防尘呼吸器,穿连衣式胶布防毒衣,戴橡胶手套 |
| 乙酸汞 | Hg(CH$_2$COOH)$_2$ | 179～182℃,溶于水、乙酸 | — | 具有感光性 | 分析试剂、定氮催化剂、有机合成催化剂 | 剧毒品,有腐蚀性,有蓄积性危害 | 带碘化活性炭防尘口罩,应急人员戴防毒面具,穿化学防护服。不直接接触泄漏物 |

## 1.1.3　含汞化合物毒性及其作用机理

　　威胁人体健康的含汞化合物主要包括液体单质汞、氧化汞、氯化汞、硫酸汞、硝酸汞、甲基汞及其他剧毒类含汞化合物,其中单质汞、高价态汞、离子汞及有机汞对人体毒性最强,对人体的神经系统、肾脏系统、免疫系统、生殖系统及胚胎发育等产生毒害作用。含汞化合物对人体的毒害作用包括两大类,一是接触中毒,二是生物累积中毒。其中,汞冶炼、废旧荧光灯管及废含汞试剂处理处置等行业在生产过程中发生汞或含汞化合物泄漏事故造成工人与汞接触中毒,有色金属冶炼、电石法聚氯乙烯生产、燃煤电厂/工业锅炉、水泥生产、废物焚烧等行业产生的含汞废物堆存或填埋过程中汞或含汞化合物通过地表水、地下水或大气进入土壤、河流中,汞及其化合物在微生物的作用下转化为甲基汞,通过生物富集作用进入人体,对人体健康产生危害。含汞化合物毒性及其作用机理如表 1-2 所示[3]。

**表 1-2　含汞化合物毒性及其作用机理[3]**

| 毒性 | 含汞化合物 | 毒性作用靶器官 | 毒性作用机理 |
|---|---|---|---|
| 神经毒性 | 汞、甲基汞 | 中枢神经系统、大脑、小脑 | 金属汞造成中枢神经系统形态学变化,甲基汞造成外周神经系统局部损伤、恶化 |
| 肾脏毒性 | 汞、氯化汞 | 肾小球、肾小管等 | 高浓度汞进入人体内导致肾小球、肾小管损伤;相对低浓度汞暴露导致肾小管重吸收功能障碍 |

| 毒性 | 含汞化合物 | 毒性作用靶器官 | 毒性作用机理 |
|---|---|---|---|
| 免疫毒性 | 氯化汞等 | 免疫细胞 | 长期低浓度接触汞导致人体体液免疫抑制和中性粒细胞附着、极化、趋化过程抑制 |
| 生殖毒性 | 汞、甲基汞等 | 睾丸、女性生殖系统等 | 汞透过血睾屏障，在睾丸组织中蓄积，影响精子质量；汞对女性生殖功能的影响主要是引起月经异常、产程延长、失血量增多及异常妊娠 |
| 胚胎发育毒性 | 甲基汞 | 胚胎、胎儿神经系统 | 甲基汞的高脂溶性及扩散性可以使其透过胎盘屏障和血脑屏障，直接损害胎儿神经系统，致使神经系统畸形 |
| 急性、慢性毒性 | 氧化汞、硫酸汞、硝酸汞、乙酸汞、硫化汞等 | 肝脏、肺部、口腔、胃肠道、皮肤等 | 急性汞或含汞化合物中毒，导致呼吸道刺激症状、肺炎、口腔炎、胃肠道疾病、接触性皮炎；慢性汞中毒会出现肝脏损伤，表现为多种转氨酶的升高，同时也会导致其他神经系统、肾脏系统、心血管系统、免疫系统和生殖系统的慢性疾病 |

# 1.2 我国含汞废物产生情况及管理

## 1.2.1 我国含汞废物产生概况

我国是汞开采、冶炼及使用和无意汞排放总量最大的国家之一，涉及的生产行业很多，主要包括原生汞/再生汞冶炼行业、电石法 PVC 生产行业、废旧荧光灯管处置行业，铜、铅、锌等有色金属冶炼行业，燃煤行业、水泥行业、天然气行业、钢铁冶炼行业及垃圾焚烧行业等。这些行业产生的含汞废物主要包括废汞催化剂、汞冶炼废物、废旧荧光灯管、含汞荧光粉，铜、铅、锌冶炼渣及冶炼烟尘、酸泥、燃煤飞灰、含汞粉尘、含汞活性炭及含汞污泥、废含汞试剂等，其中产生量较大的包括铜、铅、锌冶炼渣和铜、铅、锌冶炼烟尘等，2016 年主要含汞废物产生量初步统计情况如图 1-1 所示。汞含量较高、危害性大的包括废汞催化剂，铜、铅、锌冶炼烟尘等，2016 年主要含汞废物产生量中汞产生量初步统计情况如图 1-2 所示；同时我国每年产生大量废旧荧光灯管，这些废旧荧光灯管大部分随生活垃圾进入填埋场，给环境带来了巨大危害。另外，汞试剂生产、使用过程产生的废含汞试剂中含有极高浓度的汞及汞化合物，危害性极大，也是典型的含汞废物。这些含汞废物除一部分高含汞的废汞催化剂、有色冶炼烟道灰、酸泥、废汞吸附剂等高价值回收物得到了回收处置外，其他含汞废物大部分进行了堆存或填埋，而很多含汞废物则去向不明。近几年发生了多起含汞废物非法倾倒事件，含汞废物的合理处置和规范化管理迫在眉睫。我国汞污染事故汇总情况如表 1-3 所示。

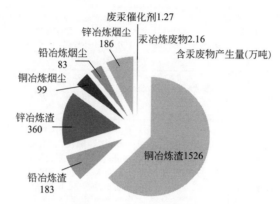

图 1-1　2016 年主要含汞废物产生量统计图
注：数据来源于国家统计局网站、有色金属冶炼行业官方网站。

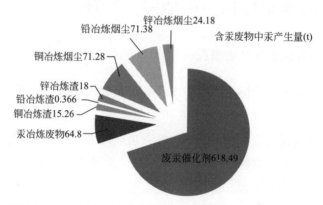

图 1-2　2016 年主要含汞废物产生量中汞产生量初步统计图
注：数据来源于国家统计局网站、有色金属冶炼行业官方网站。

表 1-3　中国汞污染事故汇总表

| 事件名称 | 事件描述 |
| --- | --- |
| 贵州百花湖含汞废水、含汞炉渣污染事件 | 某化工公司在 1971 年至 1997 年间,利用落后的汞法醋酸生产排出的含汞废水及含汞炉渣露天堆放渗漏向百花湖上游河段东门桥河流域、猫跳河以及周边农田排放的汞就多达 100 多吨,造成厂周边的土壤、水体环境均受到了不同程度的汞污染 |
| 重庆北碚汞污染事件 | 2006 年重庆某体温计厂有个车间主要生产水银,形成大量含有汞的气溶胶,周围 500m 范围内的农田都受到影响,该厂多名职工身患白血病,产生的含汞废水没有得到有效治理即排向嘉陵江 |

| 事件名称 | 事件描述 |
| --- | --- |
| 海宁 20t 含汞灯管废料倾倒事件 | 2014 年 3 月,5 家涉汞微小企业将产生的节能灯管废料交由没有危险废物处置资质的个人处置,最终这些含汞废料被堆放在海宁某石矿矿区内,尽管矿区已经废弃,但大量含汞物堆积,依然存在严重的环境污染和安全隐患。当地公安局依法将曹某某等 5 名小微企业涉嫌非法倾倒危险废物的主要嫌疑人抓获。堆积矿区的含汞废料被暂存在一个安全的仓库内,之后会移交给有资质的单位处理 |
| 贵州含汞废催化剂危险废物偷倒案 | 2016 年 6 月,两辆大货车从内蒙古某公司装载近 80t 含汞危险废物废氯化汞催化剂,在运往贵州的途中,被非法转运、部分非法倾倒在河南漯河境内。2016 年 8 月法院裁定贵州某汞回收公司立即将其非法倾倒在河南某公司院内的危险废物依法安全转移,并赔偿全部经济损失 |

## 1.2.2 国家汞污染防治相关法律法规

(1)国家危险废物名录[1]

2016 年 6 月,环保部、国家发改委、公安部联合发布了新版《国家危险废物名录》,将危险废物的特性分为五类,包括腐蚀性、毒性、易燃性、反应性和感染性,同时根据危险废物特性及产生行业将其分为 50 大类。其中含汞废物的类别代码为 HW29,并根据含汞废物产生来源、行业进行详细分类,主要包括天然原油、天然气开采(071-003-29)、常用有色金属矿采选(091-003-29)、贵金属矿采选(092-001-29)、印刷(231-007-29)、基础化学原料制造(261-051-29、261-052-29、261-053-29)、合成材料制造(265-001-29、265-002-29)、常用有色金属冶炼(321-103-29)、电池制造(394-003-29)、照明器具制造(397-001-29)及通用仪器仪表制造(411-001-29)等行业以及非特定行业产生的含汞废物(900-022-29、900-023-29、900-024-29、900-452-29),主要为含汞催化剂、含汞电光源、含汞温度计、血压计、压力计及含汞废水处理产生的废树脂、废活性炭和污泥等。同时规定了部分含汞废物的豁免管理:来自家庭源的废荧光灯管、废温度计、废血压计、氧化汞电池等含汞废物未分类的全过程不按危险废物管理,已经分类收集的在收集过程不按危险废物管理。

(2)危险废物毒性物质含量鉴别标准[4]

2007 年 4 月,环保部、国家质量监督检验检疫总局联合发布了《危险废物毒性物质含量鉴别标准》,规定剧毒物质含量超过 0.1% 或有毒物质含量超过 3% 的固体废物属于危险废物,其中剧毒物质名录包括碘化汞、氯化汞、硫氰酸汞、氰化汞、硝酸亚汞;有毒物质名录包括溴化亚汞。

（3）汞污染防治技术政策[5]

2015 年 12 月，环保部发布《汞污染防治技术政策》（环境保护部公告公告 2015 年，第 90 号），该技术政策中针对含汞废物内容，明确了对汞矿采选与冶炼、电石法聚氯乙烯生产、含汞产品生产、燃煤、有色金属冶炼、钢铁生产、水泥生产及含汞废物处理等典型涉汞工艺应采用的汞污染防治技术及含汞废物处置方式，提出了鼓励研发的新技术、新材料。该技术政策的颁布为我国有效防治汞污染，促进涉汞行业生产工艺和污染治理技术进步，促进涉汞行业可持续发展奠定了坚实的基础，提出了明确的发展方向。

（4）部分工业行业淘汰落后生产工艺装备和产品指导目录（2010年本)[6]

2010 年由工业和信息化部发布的《部分工业行业淘汰落后生产工艺装备和产品指导目录》中明确提出应立即淘汰的涉汞工艺包括：有色金属行业混汞提金工艺、土法炼汞工艺；化工行业汞法烧碱、石墨阳极隔膜法烧碱等及氯化汞催化剂（氯化汞含量 6.5% 以上）等；机械行业含汞开关和继电器；轻工行业汞电池（氧化汞原电池及电池组、锌汞电池）、含汞高于 0.0001% 的圆柱形碱锰电池、含汞高于 0.0005% 的扣式碱锰电池。

（5）产业结构调整指导目录（2011 年本）涉汞部分内容

涉汞鼓励类产业包括：化工行业的分子筛固汞、无汞等新型高效、环保催化剂和助剂；轻工行业的高效节能电光源（高、低气压放电灯和固态照明产品），技术开发、产品生产及固汞生产工艺应用；废旧灯管回收再利用；环境保护与资源节约综合利用行业的含汞废物的汞回收处理技术、含汞产品的替代品开发与应用。

涉汞限制类产业包括：医药行业的新建、改扩建充汞式玻璃体温计及血压计生产装置，银汞齐齿科材料，新建 2 亿支/年以下一次性注射器、输血器、输液器生产装置；轻工行业的普通照明白炽灯、高压汞灯和糊式锌锰电池、镉镍电池。

涉汞淘汰类产业及产品包括：不仅包括《部分工业行业淘汰落后生产工艺装备和产品指导目录》（2010 年本）所列内容，还包括高毒农药产品中的汞制剂、PY5 型数字温度计。

（6）关于开展全国汞污染排放源现状调查评估的通知

2011 年 3 月，环保部发布了关于开展全国汞污染排放源现状调查评估的通知，各地针对全国 14 个涉汞行业开展汞污染排放源现状调查评估工作，具体任务包括全国涉汞行业污染排放源现状调查、典型排放源及其周围环境介质中汞污染现状调查、全国汞污染排放源现状评估、全国汞污染环境管理信息系统建设、汞环境管理政策需求框架体系研究。具体涉汞行业包括原生汞生产（汞矿开采、选矿、汞冶炼）、含汞试剂生产、氯化汞触媒生产、电石法聚氯乙烯（PVC）生产、废汞触媒回收处理、含汞锌粉生产、浆层纸生产、电池生产、电光源用固汞生产、电光源生产、体温计生产、血压计生产、铅锌冶炼、铜冶炼。

（7）"十二五"危险废物污染防治规划

2012年10月，环保部、国家发改委、工信部和卫生部发布的《"十二五"危险废物污染防治规划》中指出，"十二五"期间涉汞方面的主要任务：一是积极探索危险废物源头减量，鼓励电石法聚氯乙烯行业使用耗汞量低、使用寿命长的低汞触媒以及高效汞回收生产工艺；推广使用无汞温度计和血压计等无汞产品；在荧光灯生产行业推广固态汞注入等清洁生产技术；在铅锌冶炼行业推广氧气底吹-液态高铅渣直接还原铅冶炼技术。二是加强干涉重金属危险废物无害化利用处置，在西北部地区建设电石法聚氯乙烯行业低汞触媒生产与废汞触媒回收一体化试点示范企业。以贵州、湖南、河南为重点，坚决取缔土法炼汞非法行为，推动有色金属冶炼废物、含汞废物等危险废物利用处置基地建设。三是推动非工业源和历史遗留危险废物利用处置，开展废弃荧光灯分类回收和处理工作，开展实验室废物分类收集、预处理和集中处置试点工作。

（8）"十二五"重金属污染综合防治规划

2012年5月，环保部发布的《"十二五"重金属污染综合防治规划》明确指出，重点治理涉汞行业包括汞矿采选业、铜铅锌冶炼等。主要任务在涉汞方面是依照《禁止用地项目目录》，禁止为高氯化汞触媒项目办理用地相关手续。重点行业的产业防控要求中指出，一是对有色金属矿采选业的要求是尾矿库采取防止渗漏措施，废渣、废水再利用，弃渣固化、无害化处理。二是对化学原料及化学制品制造业的要求是制定电石法聚氯乙烯行业生产准入条件和低汞触媒产品标准；新建电石法聚氯乙烯企业应使用低汞触媒清洁生产技术；鼓励新建低汞触媒生产企业在电石法聚氯乙烯企业集中地区建设，开展危险废物区域内循环利用。并提出在荧光灯生产企业推广固汞替代液汞技术，开展对饮用水源形成严重威胁的尾矿库加固项目等民生应急保障项目，含重金属污泥综合处理处置技术示范项目等。

（9）"十二五"化学品环境风险防控规划

2013年2月，环保部发布的《"十二五"化学品环境风险防控规划》明确指出，重点防控行业包括有色金属冶炼行业的铜、铅、锌冶炼，金冶炼。同时开展危险化学品风险控制示范工程，其中包括推进聚氯乙烯低汞触媒替代高汞触媒、盐酸脱析汞回收等污染控制技术的应用。

（10）重点环境管理危险化学品目录

2014年4月，环保部发布的《重点环境管理危险化学品目录》中涉汞危险化学品9种，包括汞、氯化汞、氯化氨汞、硝酸汞、乙酸汞、氧化汞、溴化亚汞、乙酸苯汞、硝酸苯汞。各地环保部门可据此《重点环境管理危险化学品目录》全面启动危险化学品环境管理登记工作。

（11）危险化学品目录

2015年2月，国家安全监管总局、工信部、公安部、环保部、交通运输部、农业部、国家卫计委、质检总局、铁路局、民航局联合发布了《危险化学品目录》，其中涉汞危险化学品包括以下共62种。

苯基氢氧化汞、苯甲酸汞、草酸汞、碘化钾汞、碘化亚汞、二苯基汞、二碘化汞、二乙基汞、氟化汞、汞、核酸汞、磺胺苯汞、钾汞齐、碱土金属汞齐、焦硫酸汞、雷汞（湿的，按质量含水或乙醇和水的混合物不低于20%）、磷酸二乙基汞（别名谷乐生）、硫化汞、硫氰酸汞、硫氰酸汞铵、硫氰酸汞钾、硫酸汞、硫酸亚汞、2-氯汞苯酚、4-氯汞苯甲酸（别名对氯化汞苯甲酸）、氯化铵汞（别名白降汞）、氯化苯汞、氯化汞、氯化甲基汞、氯化甲氧基乙基汞、氯化钾汞、氯化亚汞、氯化乙基汞、萘磺汞（别名汞加芬）、葡萄糖酸汞、铅汞齐、羟基甲基汞、氰胍甲汞、氰化汞、氰化汞钾、乳酸苯汞三乙醇铵、砷化汞、砷酸汞、水杨酸汞、五氯苯酚苯基汞、五氯苯酚汞、硝酸苯汞、硝酸汞、硝酸亚汞、锌汞齐、溴化汞、溴化亚汞、亚胺乙汞（别名埃米）、氧化汞、氧化亚汞、氧氰化汞、乙汞硫水杨酸钠盐（别名硫柳汞钠）、乙酸苯汞、乙酸汞、乙酸甲氧基乙基汞、乙酸亚汞、油酸汞。

（12）"十三五"节能环保产业发展规划

2016年12月，国家发改委、科技部、工信部、环保部联合发布了关于印发《"十三五"节能环保产业发展规划》的通知，通知中指出，提升技术装备供给水平，一方面，对于环保技术装备的要求是：研发烟气脱硫、脱硝、除尘、除汞副产物的回收利用技术；加强高浓度难降解工业废水处理（其中包含高含汞重金属工业废水）；着力突破重金属废物、高毒持久性废物综合整治工作，推动与中国危险废物基本特征相适应的利用处置技术研发，提升危险废物环境管理的精细化、信息化水平。另一方面，对于资源循环利用技术装备的要求是：尾矿资源化，开发选矿药剂及装备，加快多种共伴生有价组分综合回收利用等高效尾矿回收技术研发；工业废渣综合利用，突破冶炼渣多种有价组分综合回收技术，开发以工业废渣为原料的高附加值产品和低成本利用技术。

(13)《关于汞的水俣公约》生效公告

2016年4月28日，第十二届全国人民代表大会常务委员会第二十次会议批准《关于汞的水俣公约》（以下简称《汞公约》）。《汞公约》将自2017年8月16日起对中国正式生效。其中按照公约要求，规定了禁止开采原生汞矿、新建用汞工艺项目、生产含汞产品及商贸相关禁汞、限汞等内容。

(14)生态环境部《关于加强涉重金属行业污染防控的意见》（环土壤〔2018〕22号）

目标：到2020年，全国重点行业的重点重金属污染物排放量比2013年下降10%；集中解决一批威胁群众健康和农产品质量安全的突出重金属污染问题，进一步遏制"血铅事件"、粮食镉超标等风险；建立企事业单位重金属污染物排放总量控制制度。

涉重金属行业污染防控的工作重点：重点行业包括重有色金属矿（含伴生矿）采选业（铜、铅锌、镍钴、锡、锑和汞矿采选业等）、重有色金属冶炼业（铜、铅锌、镍钴、锡、锑和汞冶炼等）、铅蓄电池制造业、皮革及其制品业（皮革鞣制加工等）、化学原料及化学制品制造业（电石法聚氯乙烯行业、铬盐行业等）、电镀行业。重点重金属污染物包括铅、汞、镉、铬和类金属砷。进一步聚焦铅锌矿采选、铜矿采选以及铅锌冶炼、铜冶炼等涉铅、涉镉行业；进一步聚焦铅、镉减排，在各重点重金属污染物排放量下降前提下，原则上优先削减铅、镉；进一步聚焦群众反映强烈的重金属污染区域。

涉重金属行业污染防控的重点措施：①是组织开展涉重金属重点行业企业全面排查，建立全口径涉重金属重点行业企业清单；②是分解落实减排指标和措施，将重金属减排目标任务分解落实到有关涉重金属重点行业企业，明确相应的减排措施和工程，建立企事业单位重金属污染物排放总量控制制度；③是严格环境准入，新、改、扩建重金属重点行业建设项目必须有明确具体的重金属污染物排放总量来源，且遵循"减量置换"或"等量替换"的原则；④是开展重金属污染整治，推动涉重金属企业实现全面达标排放，切断重金属污染物进入农田的链条；⑤是严格执法，对不正常运行防治污染设施等逃避监管的方式违法排放污染物的，严格依法移送公安机关予以行政拘留处罚；对非法排放、倾倒、处置含铅、汞、镉、铬、砷等重金属污染物，涉嫌犯罪的，及时移送公安机关依法追究刑事责任。

### 1.2.3 典型涉汞行业相关法律法规

（1）聚氯乙烯行业清洁生产技术推行方案[8]

2010 年工信部发布了《聚氯乙烯行业清洁生产技术推行方案》，其总体目标是到 2012 年，我国电石法聚氯乙烯行业低汞触媒普及率达 50%，盐酸深度脱吸技术推广到 50% 以上；加大分子筛固汞触媒技术研究力度，加大无汞触媒技术投入；争取控氧干馏法回收废汞触媒中的氯化汞与活性炭技术及高效汞回收工艺的示范工程建设；推广先进适用的清洁生产技术。

（2）关于加强电石法生产聚氯乙烯及相关行业汞污染防治工作的通知

2011 年，环保部发布了《关于加强电石法生产聚氯乙烯及相关行业汞污染防治工作的通知》，明确提出以下几点：现有电石法聚氯乙烯生产装置在未完成低汞触媒替代高汞触媒前不得改建、扩建。电石法聚氯乙烯生产企业应积极采用盐酸深度脱析、气相汞高效回收、硫氢化钠处理含汞废水等先进的清洁生产技术和汞污染防治技术，加大技术改造力度，减少汞排放。逐步削减高汞触媒生产，2015 年年底前全面淘汰高汞触媒；根据产业发展需要，合理、适度扩大低汞触媒生产能力，完善和提高现有低汞触媒生产水平，满足替代应用需求；鼓励开展无汞触媒研发。

（3）关于荧光灯等行业清洁生产技术推行方案的通知

2012 年，工信部发布了《关于荧光灯等行业清洁生产技术推行方案的通知》，其中对荧光灯行业的清洁生产技术推行方案的总体目标是到 2015 年，完成低汞生产工艺（年产 3000 万只以上紧凑型荧光灯）、荧光灯用高性能固汞生产工艺的产业化应用示范。在全行业推广固汞为原料的生产工艺、荧光灯灯管纳米保护膜涂敷等清洁生产技术，力争到 2014 年实现固汞为原料的生产工艺在荧光灯行业全面普及，到 2015 年实现荧光灯灯管纳米保护膜涂敷技术普及率达到 50%。

（4）中国逐步降低荧光灯含汞量路线图[9]

2013 年，工信部、科技部、环保部联合发布了《中国逐步降低荧光灯含汞量路线图》，其基本思路是围绕荧光灯产品及其制造过程低汞化目标，以减汞技术创新为基础，淘汰落后生产工艺与推广应用先进低汞技术相结合，加强政策标准引导，充分发挥市场机制作用，分阶段逐步降低荧光灯产品含汞量。

到 2013 年年底，争取淘汰紧凑型荧光灯液汞生产工艺（生产过程中以液态汞或液态汞包裹物形式为原料生产荧光灯）；到 2014 年年底，力争全面淘汰液汞生产工艺。对国内生产的功率不超过 60W 的普通照明用荧光灯，分三个阶段逐步降低其含汞量（详见表 1-4），力争实现 50% 以上的产品含汞量不超过同阶段目标值。

表 1-4　逐步降低荧光灯含汞量时间

| 阶段 | 时间 | 产品 | | 目标值/mg | 与现行标准比含汞量削减/% |
|---|---|---|---|---|---|
| 1 | 2013 年 12 月 31 日止 | 紧凑型荧光灯 | 功率≤30W | 1.5 | 70 |
| | | | 功率＞30W | 2.5 | 50 |
| | | 长效荧光灯 | | 4.0 | 50 |
| | | 其他荧光灯 | 管径≤17mm | 2.5 | 75 |
| | | | 管径＞17mm | 3.0 | 70 |
| 2 | 2014 年 12 月 31 日止 | 紧凑型荧光灯 | 功率≤30W | 1.0 | 80 |
| | | | 功率＞30W | 1.5 | 70 |
| | | 长效荧光灯 | | 3.0 | 63 |
| | | 其他荧光灯 | 管径≤17mm | 1.5 | 85 |
| | | | 管径＞17mm | 2.0 | 80 |
| 3 | 2015 年 12 月 31 日止 | 紧凑型荧光灯 | 功率≤30W | 0.8 | 84 |
| | | | 功率＞30W | 1.0 | 80 |
| | | 长效荧光灯 | | 2.5 | 69 |
| | | 其他荧光灯 | 管径≤17mm | 1.0 | 90 |
| | | | 管径＞17mm | 1.5 | 85 |

注：1. 紧凑型荧光灯俗称节能灯，长效荧光灯指寿命大于 25000h 的双端荧光灯。
　　2. 含汞量削减效果指目标值与现行产品标准《照明电器产品中有毒有害物质的限量要求》（QB/T 2940—2008）有关要求相比，单只荧光灯产品含汞量的削减比例。

（5）电池行业清洁生产评价指标体系[7]

2015 年 12 月，国家发改委、环保部、工信部联合发布了《电池行业清洁生产评价指标体系》，其中包括锌系列电池的清洁生产评价指标体系，其中，产品特征指标中一级基准值：糊式锌锰电池汞含量为 $120\mu g/g$，纸板锌锰电池、碱锰电池、叠层电池汞含量为 $1\mu g/g$，扣式碱锰电池、扣式氧化银电池、扣式锌空气电池汞含量为 $5\mu g/g$。污染物产生指标中单位产品总汞产生量的一级基准值：万只糊式锌锰电池汞含量为 0.4g，万只纸板锌锰电池、碱锰电池、叠层电池汞含量为 0.03g，万只扣式碱锰电池、扣式氧化银电池、扣式锌空气电池汞含量为 0.05g。

（6）有色金属工业发展规划（2016—2020 年）

2016 年 10 月，工信部发布了《有色金属工业发展规划（2016—2020年）》，其中在涉汞方面涉及的主要任务包括以下方面：实施创新驱动中重金属污染防治方面的烟气脱汞技术、资源综合利用中的锌浸出渣含锌二次物料高效处理技术等；促进绿色可持续发展中加强重金属污染防治方面的以铅、砷、镉、汞和铬等 I 类重金属污染物综合防治为重点，严格执行国家约束性减排指标，确保重金属污染物稳定、达标排放。

# 1.3　国际汞污染防治法律法规

## 1.3.1　《关于汞的水俣公约》生效实施

2013 年 10 月，世界各国包括中国在内在日本签署通过了《关于汞的水俣公约》，该公约主要针对添汞产品、用汞工艺、大气汞排放、汞释放、汞临时储存、含汞废物及污染场地等提出了相关要求。其中涉及含汞废物管理的相关要求主要包括以下几个方面：

（1）含汞废物的管理要求[10,11]

①参照《巴塞尔公约》指导准则，并遵照缔约方大会将以增列附件的形式通过的各项要求的情况下，以环境无害化的方式得到管理；②仅为公约允许用途、或环境无害化处置而得到回收、再循环、再生或直接再使用；③除进行环境无害化处置的情况外，《巴塞尔公约》缔约方不得进行跨越国际边境的运输。

（2）添汞产品限期淘汰对相关产品领域含汞废物管理的影响

公约规定，对除牙科银汞合金外以外的 6 大类添汞产品（电池、开关和继电器、电光源、化妆品、农药和生物杀虫剂及局部抗菌剂、非电子测量仪器）明确了淘汰期限为 2020 年，同时公约的豁免条款规定，前 5 年是豁免登记，缔约方可根据自己医院享受 5 年的豁免，后 5 年为延期豁免，需要缔约方大会审议通过后方可得到延期豁免[10,11]。

目前，我国电光源、电池、温度计、血压计等添汞产品的生产过程中主要产生的含汞废物包括废荧光灯管、废电池、废温度计及血压计、含汞活性炭、含汞粉尘、含汞污泥等，其中含汞废物产生量较大的是废旧荧光灯管、废电池等，危害性较大的含汞废物是含汞活性炭、含汞污泥等。而在以上添汞产品淘汰期限以内，该类产品生产过程中产生的含汞废物数量逐渐减少。目前，我国对电池、荧光灯管的管理是以降低产品中的汞含量为主，使其低于公约中所要求的最低限值，同时对历史遗留的废旧荧光灯管和电池进行环境无害化处理。

（3）原生汞矿关闭及用汞工艺淘汰对该行业含汞废物管理的影响

公约生效后，禁止新建原生汞矿，15 年内关闭所有原生汞矿，期间原生汞仅可用于公约允许用途或含汞废物处置。禁止新增氯碱生产、使用汞或汞化合物作催化剂的乙醛生产、氯乙烯单体生产以及甲醇钠、甲醇钾、乙醇钠或乙醇钾的生产等用汞工艺。限期淘汰氯碱生产、使用汞或汞化合物作催化剂的乙醛生产，淘汰期限分别是 2025 年和 2018 年，其中氯碱生产的最迟淘汰期限是 2030 年或 2035 年，乙醛生产的最迟淘汰期限是 2023 年或 2028年。10 年内逐步淘汰甲醇钠、甲醇钾、乙醇钠或乙醇钾的生产和使用含汞催化剂的聚氨酯生产。严格控制和减少汞的使用和排放，其中氯乙烯单体生产，需在缔约方大会确认无汞催化剂技术和经济均可行 5 年后禁止使用汞催化剂[10,11]。

## 1.3.2 《巴塞尔公约》涉汞污染控制要求

《控制危险废物越境转移及其处置巴塞尔公约》（以下简称《巴塞尔公约》）的主要目标是危险废物的安全处置和将危险废物的越境转移应当减少至与环境无害管理相符合的最低限度。汞及其化合物是《巴塞尔公约》列为应加控制的废物类别。

公约中对含汞废物相关领域的污染控制要求要点包括如下方面[12]：

• 各缔约国应保证将其国内产生的危险废物和其他废物减至最低限度。

• 保证提供充分的处置设施用以从事危险废物和其他废物的环境无害管理。

• 保证在其领土内参与危险废物和其他废物管理的人员视需要采取步骤，防止在这类管理工作中产生危险废物和其他废物的污染，并在产生这类污染时，尽量减少其对人类健康和环境的影响。

• 在其他废物的环境无害和有效管理下，把这类废物越境转移减至最低限度，进行此类转移时，应保护环境和人类健康免受此类转移可能产生的不利影响。

在废弃物越境控制上，《巴塞尔公约》对危险废物越境转移施行严格控制：

• 越境转移危险废物的成员国之间必须执行"事先知情同意"程序，即出口国应当书面通知废物越境转移可能影响到的所有国家。在收到进口国和经过的国家的书面同意之前，出口国不应当许可废物产生者或者出口者开始实施越境转移。

• 成员国不应当许可危险废物或其他废物出口到非缔约国或者从非缔约国进口此类废物。

• 当越境转移根据合同的条件无法完成时，出口方有义务运回已出口的危险废物或其他废物，即便是在有关各方事先表示同意的情况下。

• 规定涉及越境转移的危险废物和其他废物须按照有关包装、标签和运输方面普遍接受和承认的国际规则和标准进行包装、标签和运输，并应适当计及国际上公认的有关惯例。

• 规定在危险废物和其他废物的越境转移中，从越境转移起点至处置地点皆须随附一份转移文件。

• 每一缔约国应规定，拟出口的危险废物或其他废物必须以对环境无害的方式在进口国或他处处理。

• 产生危险废物的国家遵照本公约以环境无害方式管理此种废物的义务不得在任何情况下转移到进口国或过境国。

## 1.3.3 国外涉汞法律法规及标准

（1）美国

美国的涉汞排放法律法规包括《2008 汞出口禁令》《1996 含汞和充电电池管理法》《资源保护和恢复法案（RCRA）》《安全饮用水法》及相关涉汞规定标准等[13]。

①《2008 汞出口禁令》 该法案包括汞出口和长期汞的规定管理和存

储。主要包括以下 3 种规定：一是对受联邦机构管辖或控制的汞实施禁止销售、分销、转让和出口元素汞，包括能源和国防部持有的库存汞；二是从 2013 年 1 月开始，美国禁止出口元素汞；三是 2010 年 1 月 1 日以前，由美国能源部（DOE）指定一个或多个能源部设施在美国长期管理和储存元素汞。

②《1996 含汞和充电电池管理法》 该管理法的宗旨是逐步淘汰电池中的汞，并提供高效、符合成本效益的废旧镍镉（Ni-Cd）电池，使用小密封铅酸（SSLA）电池和某些其他调节电池。法规适用于电池和产品制造商，电池废物处理机构以及某些电池和产品进口商零售商。

③《资源保护和恢复法案（RCRA）》 该法案要求 EPA 对危险废物尤其是汞废物开展包括从废物产生、储存、运输及处理处置的过程全生命周期管理。EPA 建立了含汞废物的处置和回收利用标准，这些含汞废物必须满足以上标准（家庭产生的含汞废物及极少量的含汞废物除外）。该法案同时规定了含汞废物焚烧的标准限值。美国各州主要负责实施 RCRA 计划，其要求可能比联邦要求更严，如一些地方州已经确定了特定的含汞废物，如牙科汞合金，其需要更严格的处理和处置。

（2）欧盟相关法律法规[14]

①（EU）2017/852 该法规是关于汞的相关规定，2017 年 5 月 24 日，欧盟官方公报正式发布法规（EU）2017/852，新法规规定了金属汞、汞化合物、汞混合物以及汞添加产品的制造、使用、储存和贸易要求，并增加了汞废物的管理方式，以保护人类健康和环境免受汞和汞化合物的不良影响。新法规自欧盟公报公布后第二十天生效，并将于 2018 年 1 月 1 日起正式实施。

② 电池指令（91/157/EEC） 该指令是对含有一定危险物质的电池和蓄电池规定的指令，该指令规定成员国禁止销售含有质量分数超过 0.0005% 的汞的电池及蓄电池，包括电器中的电池。同时规定了纽扣电池和按钮用电池的最高汞含量为 2%。

③ 限制指令（76/769/EEC） 该指令是对成员国限制销售和使用危险物质和制剂的有关规定。该指令规定汞化合物不得用作以下物质或制剂成分，如微生物防止结垢制剂，船体、笼子、浮子、网和任何其他器具上的防腐制剂，工业纺织品和纱线浸渍制剂，不得用于工业废水治理的化学药剂等。

④ 杀菌剂产品指令（98/8/EC） 该指令规定成员国应按照指令批准销售和使用杀菌剂（这些杀菌剂是已经发布的低风险产品），这些杀菌剂含有的活性物质包含在该指令规定的附件中可以被允许批准或注册，而附件中所列活性物质不包含汞，因此，该指令禁止国家或地区使用含汞杀菌剂。

⑤ 对植物保护产品的禁令（79/117/EECD） 该指令禁止投放市场和使用含有某些活性物质的植物保护产品，全面禁止植物保护产品使用汞。

⑥ 关于体外诊断医疗器械的指令（98/79/EC） 该指令对体外诊断医疗器械产品使用硫柳汞防腐剂没有限定，但应充分考虑对自然环境的影响。

⑦ 机动车辆型式认可指令（70/156/EEC） 该指令是基于《欧共体条约》第 95 条，并考虑环境影响而制定的。该指令中的 EC 条约规定禁止含汞车辆生产和使用。

⑧ 关于报废车辆的指令（2000/53/EC） 该指令规定成员国应确保 2003 年 7 月 1 日以后投放市场的车辆使用的材料和部件中不包含附件中所列的汞等有毒物质（附件中所列的汞可能包含在灯泡、仪表板等）。

⑨ 电子指令（2002/95/EC） 该指令规定电气电子产品限制使用汞，成员国应在 2006 年 7 月 1 日起，确保新的电气电子产品不含汞。

⑩ 进出口条例［（EC）No304/2003］ 该条例执行《鹿特丹公约》事先知情同意书（PIC）程序。该条例列出了关于汞化合物进口出口的要求，其中规定了禁止出口含汞化妆品、肥皂等。

⑪ 化妆品指令（76/768/EEC） 该指令规定成员国应禁止使用含有附件所列物质的化妆品，如汞及其化合物。允许使用某些防腐剂，如最大汞浓度为 0.007％的盐和硫柳汞（仅允许用于眼部化妆和去眼部护理产品）。

⑫ 药品指令和法规［（EEC）No2309/93］ 该指令和法规没有对药品中的防腐剂硫柳汞和硝酸苯汞等进行禁止的禁令，只是对这些药品要求应评估其对环境和人体健康的影响。

⑬ 医疗器械指令（93/42/EEC） 欧盟各成员国对含汞医疗设备如临床温度计、血压计和牙科材料的要求应符合 CE 标志，并逐步淘汰牙科汞齐和禁止使用汞合金等。

（3）德国涉汞法律法规[15,16]

德国涉汞法律法规主要包括《防止空气污染有害影响法》和废水排放标

准的涉汞部分，其中《防止空气污染有害影响法》中规定：①固体燃料燃烧废气排放，汞排放限值为日平均 $0.03mg/m^3$、小时平均 $0.05mg/m^3$、半小时平均 $0.06mg/m^3$。②垃圾焚烧废气排放，汞排放限值为日平均 $0.03mg/m^3$、半小时平均 $0.05mg/m^3$。③无机颗粒物废气排放，汞及其化合物排放质量流量限值为 $0.25g/h$、质量浓度限值 $0.05mg/m^3$。德国废水排放涉汞标准规定化工厂、生物废物处理、物理化学方式处理废物及废油处理、金属加工、废物储存过程产生的废水及洗衣废水中的汞限值为 $0.05mg/L$。

（4）挪威汞减排行动计划[17]

挪威汞减排行动计划是由挪威皇家环境部发布实施的，其行动计划的目标：一是到 2010 年汞排放量与 1995 年相比大幅下降；二是到 2020 年，汞使用和排放在一代以内消除。该行动计划包括以下十条：

① 在 2005 年期间，禁止用汞产品使用汞（特殊重要的领域除外）。

② 继续严格控制制造业的汞排放。

③ 减少废物焚烧和填埋的汞排放量，增加收集、合法处置含汞废物的比例。

④ 倡导所有牙科手术过程安装汞合金分离器设备来收集 95% 以上的汞合金废料。

⑤ 获取更多关于汞的影响、作用和汞排放来源等方面的信息。

⑥ 致力于制定具有法律约束力的全球汞问题文书，即新的约定或协议。

⑦ 向发展中国家提供双边援助，帮助他们减少汞排放。

⑧ 参与继续监测北极的汞污染情况。

⑨ 在欧盟委员会中倡导建立积极有效的汞防治政策。

⑩ 由欧洲经济区财务机构提供资金来支持对新的欧盟成员国关于汞的行动计划的实施。

（5）瑞典禁止化学品（含汞）进出口及处理法规[18]

瑞典发布了禁止化学品（含汞）进出口及处理法规，主要规定了化学品的处理、进出口禁令，其中包括汞及其化合物的化学品的禁令条例，主要内容包括汞化学品、含汞货物等的定义、进出口规定及除外条件等。该条例规定含汞化学品、含汞货物不准在瑞典市场上流通，不准使用和出口。其中含汞货物指的是使用汞或添加了汞的货物和设备等。

（6）加拿大汞排放国家通用标准[19]

加拿大汞排放国家通用标准由加拿大国家环境部发布并实施，致力于在国家层面上对汞进行全生命周期管理和减少汞排放的行动措施。主要涉汞行业排放标准包括贱金属冶炼、废物焚烧、燃煤发电等行业，其中对贱金属冶炼、废物焚烧开发了国家汞排放通用标准。

① 贱金属冶炼汞排放通用标准　对于现有的设施，2008 年之前，所有原生矿锌、铅和铜冶炼厂应用可实现的污染防治技术，实现环境大气汞排放指标：2g/t 生产成品金属。对于新的和不断扩大的设施，在贱金属采选冶整个生命周期内，应用最佳可用的污染防治技术措施尽量减少汞排放，其指标为 2g/t 生产成品金属（锌、镍和铅）和 1g/t 生产成品金属铜。考虑一项汞抵消排放方案，以确保不会出现"净"排放增加。

② 废物焚烧　对于任何规模的新建或扩建设施，应用最佳可用污染防治控制技术，如汞废物转移计划，以实现设施排放废气最大浓度如下：城市垃圾焚烧 $20\mu g/m^3$、医疗废物焚烧 $20\mu g/m^3$、危险废物焚烧 $50\mu g/m^3$、城市污泥焚烧 $70\mu g/m^3$。

对于现有设施，应用最佳可用污染防治控制技术，以实现设施排放废气最大浓度如下：城市垃圾焚烧 $20\mu g/m^3$、医疗废物焚烧 $20\mu g/m^3$（处理量＞120 万吨/年）、医疗废物焚烧 $40\mu g/m^3$（处理量＜120 万吨/年）、危险废物焚烧 $50\mu g/m^3$、城市污泥焚烧 $70\mu g/m^3$。

（7）加拿大含汞灯管国家通用标准[20]

加拿大的含汞灯具标准采取污染预防方法通过减少销售的灯的汞含量来减少汞的环境排放，将在含汞灯具生产、运输、填埋及焚烧等四个阶段减少汞排放。该标准规定，到 2005 年，加拿大销售的所有含汞灯管中的汞含量将比 1990 年降低 70%，到 2010 年，其灯管汞含量降低 80%。

（8）日本涉汞标准及规定[21]

日本涉汞标准及规定主要包括环境质量标准和其他相关标准及规定。主要内容如表 1-5 所示。

表 1-5　环境质量涉汞标准及其他相关标准规定

| 标准名称 | 标准规定 |
| --- | --- |
| 环境质量标准（土壤污染） | 总汞：低于 0.0005mg/L（试液中）<br>烷基汞：不得检出 |

| 标准名称 | 标准规定 |
|---|---|
| 临时监管标准（去除底泥） | 以水俣湾案例为准；水俣湾中总汞含量超过 25mg/L（干基）的底部沉积物均被掏挖、清理和填埋 |
| 工业安全卫生法（室内工作室空气标准） | 烷基汞化合物：0.01mg/m³；汞和无机汞化合物：低于 0.05mg/m³（硫化汞除外） |
| 家庭用品含有害物质管理法 | 有机汞化合物：不得检出 |

# 1.4　发达国家含汞废物管理及经验借鉴

## 1.4.1　发达国家汞污染控制及含汞废物管理

（1）美国

美国是国际上最早开展汞污染防治战略的国家之一，国内汞排放源较多，主要包括垃圾焚烧炉、氯碱工业设施、燃煤电厂及工业锅炉、金矿开采、钢铁冶炼厂等大气排放源，来自医药部门、牙科诊所、学校及一些工业部门的污水处理、采矿过程导致的含汞废水排放及采矿逸出、对土层底泥的腐蚀等，同时还包括用汞工艺和含汞产品如氯碱工业、电池、涂料、电子和测量设备、开关、牙科设备、荧光灯管、汞试剂等。1998 年，美国环保局发布了《汞行动计划》草案，随后制定了美国环保局汞路线图，主要从以下几个方面开展了相关工作。①削减向大气、水体、土壤的汞排放；②削减工业生产工艺和产品汞使用；③解决商贸层面的汞过剩问题；④宣传汞的危害以减少人们的汞暴露；⑤积极参与国际合作，以解决全球汞的排放、使用问题，从而从根本上减少国际汞流入；⑥开展汞研究与监测，提供科学、准确的信息和数据[22]。

美国环保局汞路线图的总体战略[22]：一是制定法律法规限制汞排放和汞使用；二是研究汞危害和掌握汞的排放-传输-归趋-受体影响的规律；三是采取鼓励和引导的措施及开展公众宣传等以减少汞使用、促进汞回收及汞替代品开发；四是最终实施汞安全储存。

美国对含汞废物的管理以减少其产生量为目标，对汞及其化合物实施优先管理，同时鼓励含汞废物的资源化回收，对废旧荧光灯管、废电池等实施生产者延伸制度等。美国电池中汞使用限制有关法规如表 1-6 所示。

**表 1-6　美国电池中汞使用限制有关法规**

| 序号 | 相关法规 | 主要相关内容 | 颁布机构及年份 |
|---|---|---|---|
| 1 | 限制电池中汞含量的规定 | 除了扣式电池之外,电池中的汞含量不超过电池重量的 0.025% | 1989 年年末至 1991 年年初 |
| 2 | 含汞电池和可充电池管理办法 | a. 禁止销售有汞碱锰电池(扣式碱锰电池允许含汞量为每只电池不超过 25mg);<br>b. 禁止销售含汞碳锌电池;<br>c. 在美国禁止使用扣式氧化汞电池;<br>d. 禁止销售任何氧化汞电池,除非该电池的制造商明确标示电池回收处,电池回收点必须经联邦、州、当地政府管理部门的批准,许可从事接收和回收处理废旧电池 | 联邦政府 1996 年 |
| 3 | 普通废物垃圾的管理办法(UWR) | 增加了含汞灯具的内容,普通废物垃圾包括废旧电池、温度计和农药 | 环境保护协会 1995 年制定 1999 年修订 |

（2）欧盟

2005 年，欧洲委员会通过了《欧盟汞共同战略》，其宗旨是"降低环境中汞含量，减少人体汞暴露"，其主要内容包括以下 6 项：①减少汞排放；②削减汞的供应和使用；③解决过量汞及其储存；④防止汞暴露；⑤加强对汞污染问题的解决；⑥支持涉汞国际行动的开展[22]。

《欧盟汞共同战略》发布后，主要采取了以下行动措施：发布涉汞排放的综合污染指令、鼓励成员国和企业提供涉汞排放和防控技术的信息、开展小规模燃煤汞减排方案的研究、发布废物框架工作指令（其中将牙科汞齐废物视为有害废物）、发布禁止欧盟汞出口的禁令，发布限制销售含汞的设备、产品等的限令，采取行动要求氯碱行业储存汞、研究汞的环境归趋及其危害、倡导全球淘汰原生汞生产及鼓励阻止废物回收的多余汞重新进入市场等[22]。

《欧盟汞共同战略》的总体战略：一是通过禁止汞出口和限制含汞产品生产等减少汞供应；二是通过推行最佳可行技术鼓励涉汞行业减少汞排放和寻求汞替代工艺；三是投入专项资金研究汞，并积极推进国际汞污染防治；四是开展汞污染防治成效评估和承诺审查[22]。

欧盟对含汞废物的管理也是以减少废物产生量为目标，鼓励开展废物预防行动、资源化利用及可持续消费方式等。对重点含汞产品和涉汞设备装置采取严厉的措施，禁止含汞电池的生产与进口，禁止医疗器械含汞等。

（3）日本

日本深受汞污染毒害，对汞的污染防治尤其重视，在日本水俣病事件以后，日本政府、产业界、市民等联合起来共同制定涉汞问题应对对策，先后采取了一系列措施：①绘制汞物质流，完善汞回收、储存及处理的机制。②削减汞需求、停止汞矿开采，通过引进汞替代品和采用减少汞使用的技术，实现汞用量从 2500t/a 降低至 10t/a。同时开发了离子交换膜法烧碱制造技术和二氯乙烷法、氧氯化法替代汞触媒生产氯乙烯。③削减产品汞使用，规定了禁止使用汞和设定了限量汞标准（包括农药、污泥肥料、家庭用品、医药品、电池等），开发了汞定量封入技术、普及电子式产品体温计和血压计、削减牙齿填充剂及含汞化学品等。④推进收集回收和管理产品汞，包括以下措施：a. 对高含汞的废物管理采取特别管理的方式（如含汞粉尘、污泥等），将汞含量高于一定浓度的废物称为"特别管理工业废物"，处理后可送至一般填埋场处理，但若仍属于特别废物，则须进入防护型填埋场；b. 构建废干电池及废荧光灯管的广域收集和处理系统。⑤削减汞的环境排放。⑥积极参与国际合作，包括编写汞废物管理优秀案例汇编、巴塞尔公约汞废物环境无害化管理技术指南等[22]。

日本具有非常完善的废物无害化管理系统，并建立了废干电池及废荧光管的广域收集和处理系统，在旧矿山循环再利用废旧产品和回收汞，回收的汞即可满足国内用汞行业汞需求，并出口过量的汞。对于所有涉汞环节中产生的含汞废物，回收汞是首选，对于不能回收的部分，再采取固化填埋措施。

为进一步满足公约要求，日本 2014 年起草了含汞废物环境无害化管理政策，完善含汞废物无害化管理。将含汞废物定义为"需要特别管理的工业废物"，对其收集、运输、储存、处理处置方法及单质汞的最终处置提出了要求。对含有汞或汞化合物、受到汞或汞化合物污染的废物、废弃的汞添加产品及其他含汞废物实施严格的收集、运输、储存及最终处置。如今日本面临的问题是一些含汞废物无害化处置新技术还没有得到实践证明，处理后的废物的长期环境风险如何，如何对其进行有效的管理等。

## 1.4.2 发达国家含汞废物管理经验借鉴

（1）对含汞废物实施分类管理

含汞废物分类管理是国外主要国家和地区的共同做法。美国是将含汞废物纳入到危险废物管理体系中，根据产生来源和风险度，将危险废物分为特性废物、普遍性废物、混合废物和名录废物 4 类，将废电池、废灯具等列入普遍性废物类。欧盟废物管理方面的标准（指令和条例）可分为 4 类：①废物框架标准；②废物经营管理指令；③特殊废物指令；④其他相关指令，其中将废电池、电子电气设备、含汞医疗器械等列入特殊废物类进行管理。日本则将所有含汞废物直接列入"需要特别管理的工业废物"，并分为含有汞或者汞化合物的废物、受到汞或汞化合物污染的废物、废弃的汞添加产品及其他含汞废物等 4 类，按照含汞废物的种类分别进行严格管理。

（2）对重点含汞废物实施优先管理

美国 2006 年制定并实施了国家废物最小化计划，制定了 31 种优先控制化学物质作为减量目标，汞是其 31 种优先控制化学物质中的一种。欧盟利用风险评价方法对危险废物从浓度和毒性大小两方面进行危险废物风险评估，在此基础上确定废物优先管理浓度标准。在含汞废物管理方面，各国针对不同的含汞废物实施更加明细化、具体化、针对性强的管理，如美国、欧盟等国家地区均出台实施了电池、灯具等汞含量限量要求，并实施回收管理。

（3）处理处置及资源化技术的升级

国外含汞废物处理处置技术早期以填埋为主，随着国外禁汞限汞的开展，一些落后的涉汞工艺已淘汰，含汞废物数量有所减少，同时产品中汞含量也逐步降低，对处理处置技术的要求也提高，技术也逐步成熟，到目前以自动化的资源回收技术为主。含汞废物处理处置过程中首先要考虑资源的回收利用，如美国 RCRA 规定鼓励危险废物的回收利用。废旧荧光灯直接破碎、切断吹扫技术以汞的回收为主，热处理法处理废电池技术中，也以金属包括汞的回收为主。

（4）对含汞废物实施全生命周期及风险管理

国外含汞废物管理实施生命周期和全过程管理理念，从产品设计阶段即考虑减少废物产生量及其危害，对产生含汞废物的生产工艺、过程、运输、储存等中间环节加以监管，降低环境风险。如欧盟管理废物的方法是基于废物预防、循环与回收利用和提高最终的处置与监控 3 项主要原则。此外，降低环境风险是危险废物管理的主要目的之一，国外发达国家含汞废物管理中也贯穿这一理念，包括含汞废物生命周期和全过程管理的实施，力争把潜在的环境风险降到最低，保证含汞废物处理处置过程的环境安全性，避免产生二次污染等。

### 1.4.3　我国含汞废物管理对策

针对我国含汞废物产生量大、面广、涉汞行业企业众多、成分复杂、危害性大的特点，如果对所有含汞废物直接采取限制或禁止的手段是不切实际的，因此需要对含汞废物进行全面的风险评估，根据不同的风险特征采取有针对性的管控措施，实现环境风险最小化，并逐步推进履约进程，最终实现含汞废物无害化处置和安全储存。

（1）建立成熟的法律标准体系

目前，我国针对含汞废物的管理制定了国家危险废物名录、汞污染防治技术政策、产业指导目录及部分涉汞行业的清洁生产或汞污染防治的规定及相关规划等，但还缺乏关于含汞废物的综合利用污染控制标准和综合利用产品的环境保护质量标准，及鼓励含汞产品的替代品开发及含汞废物无害化、资源化处理技术研发等相关政策。因此，应当在现有国家标准政策的基础上，针对各涉汞行业企业等汞排放源的实际情况分别制定相应标准和技术规范，形成加强汞源头控制、规范化管理和末端有效治理的有机法律标准体系，促进涉汞企业的守法经营和含汞废物的环境无害化处置。

（2）鼓励研发含汞废物无害化、资源化回收技术

对不同的含汞废物开发无害化、资源化回收技术是解决我国含汞废物污染防治的根本，国外发达国家经过几十年的努力，已经开发了一些先进的技术，如废弃荧光灯管高温气化技术和切端吹扫分离技术、含汞电池的热处理技术和湿法处理技术、单质汞安全储存或填埋技术等，而我国在此领域还处于初级阶段。因此在开展含汞废物处理处置新技术研发的同时，还应积极寻求国际合作，争取引进先进技术或专项资金，促进我国含汞废物无害化、资源化回收技术水平的提高。

（3）倡导建立含汞废物分类回收体系

目前，日本已经建立了废干电池及废荧光管的广域收集和处理系统，对废干电池及废荧光管的管理已经得到了巨大的成效，而我国在这方面还存在很大差距，居民缺乏主动回收意识、社区缺乏有效的回收体系、国家财政补贴不到位、国家相关法规中没有明确的针对生产者和销售者的责任延伸制度等。因此，我国应积极倡导建立典型含汞废物分类回收体系，培养全社会人员的含汞废物主动回收意识，从而减少汞暴露，消除汞的危害。

（4）研究汞的环境归趋与暴露危害

美国很早就开展了对汞的调查及其环境影响的研究，提供了丰富的信息和数据，建立了国家科学大气模拟模型，该模型包括了汞在内的污染物化学物理过程及汞与其他大气污染物的复杂反应。同时开展了汞暴露及对人体危害方面的研究。而我国对汞的研究甚少，缺乏汞的迁移、转化、生物富集及汞暴露、对人体健康危害等机理的研究。因此，在实现我国含汞废物无害化，彻底消除汞污染的相当长的时间里，开展汞的环境归趋与暴露危害的研究，以规避或减少汞暴露及危害是十分必要的。

# 参 考 文 献

[1] 环保部. 国家危险废物名录（2016年版）[S]. 北京：中国标准出版社，2016.

[2] 北京师范大学，华中师范大学，南京师范大学无机化学教研室编. 无机化学：下册[M]. 第4版. 北京：高等教育出版社，2010.

[3] 菅小东，刘景洋. 汞生产和使用行业最佳环境实践[M]. 北京：中国环境出版社，2013.

[4] 国家环保部，国家质量监督检验检疫总局. 危险废物毒性物质含量鉴别标准[S]. 北京：中国标准出版社，2007.

[5] 国家环保部. 汞污染防治技术政策（国家环保部公告 公告2015年 第90号）[S]. 北京：中国标准出版社，2015.

[6] 国家工业和信息化部. 部分工业行业淘汰落后生产工艺装备和产品指导目录[S]. 北京：中国标准出版社，2010.

[7] 国家发改委，环保部，工信部. 电池行业清洁生产评价指标体系[S]. 北京：中国标准出版社，2015.

[8] 工业和信息化部. 聚氯乙烯行业清洁生产技术推行方案[S]. 北京：中国标准出版社，2010.

[9] 工信部，科技部，环保部. 中国逐步降低荧光灯含汞量路线图[S]. 北京：中国标准出版社，2013.

[10] 联合国环境规划署理事会. 关于汞的水俣公约（中英文）. 中国限控汞行动网. http://www.mercury.org.cn/[OL]. 2009.

[11] 环保部，外交部，国家发改委，科技部，工信部，财政部，国土资源部，住建部，农业部，商务部，卫计委，海关总署，质检总局，安监局，药监局，统计局，能源局.《关于汞的水俣公约》生效公告[EB]. 2017.

[12] 联合国环境规划署理事会. 巴塞尔公约（中英文）. 中国限控汞行动网 http://www.mercury.org.cn/[EB]. 1992.

[13] 美国涉汞环境法规总结. 中国限控汞行动网 http://www.mercury.org.cn/[EB].

[14] 欧盟涉汞指令和条例分析. 中国限控汞行动网 http://www.mercury.org.cn/[EB].

[15] 德国大气汞排放控制法. 中国限控汞行动网 http://www.mercury.org.cn/[EB].

[16] 德国废水涉汞法规. 中国限控汞行动网 http://www.mercury.org.cn/[EB].

[17] 挪威汞减排行动计划. 中国限控汞行动网 http://www.mercury.org.cn/[EB].

[18] 瑞典禁止化学品(含汞)进出口及处理法规. 中国限控汞行动网 http://www.mercury.org.cn/
[EB]. 2009.

[19] 加拿大汞排放国家通用标准. 中国限控汞行动网 http://www.mercury.org.cn/[EB]. 2000.

[20] 加拿大含汞灯管国家通用标准. 中国限控汞行动网 http://www.mercury.org.cn/[EB]. 2001.

[21] 日本涉汞标准汇总. 中国限控汞行动网 http://www.mercury.org.cn/[EB]. 2002.

[22] 环境保护部环境对外合作中心. 国际汞管理策略[M]. 北京：中国环境出版社，2015.

# 第2章 含汞废物特性分析方法

含汞废物的特性分析方法包括物理分析和化学分析。含汞废物的物理分析是指对其进行形貌分析和物理相分析，分析的目的是充分了解其中汞的物理形态和构成，以掌握含汞废物中汞的物理特性及其毒性风险；含汞废物的化学分析是指通过对其总汞、汞形态分析，以明确含汞废物中汞的化学特性及其毒性风险。本章首先介绍含汞废物的采样、制样方法，然后分别介绍含汞废物的物理特性和化学特性的分析方法，针对汞的强挥发性的特点深入剖析现有测试方法的原理、优缺点和适用性，根据实际情况提出合适的分析测试方法。

## 2.1 含汞废物采样制样方法

我国含汞废物的采样方法可依据《工业固体废物采样制样技术规范》（HJ/T 20—1998）及《商品煤样人工采取方法》（GB 475—2008）的规定方法，主要包括系统采样、分层采样和随机采样等方法，应针对不同的采样对象和实际情况分别采用对应的采样方法。如针对连续生产企业分批分阶段采样，如废汞催化剂、蒸馏渣；针对尾矿库内含汞尾矿渣按不同深度分层采样；针对含汞污泥、废汞活性炭等进行分时随机采样。

① 采样前定性分析重金属含量，以确保采取的样品具有代表性。可选择采用重金属快速分析仪对固体样品进行重金属检测分析，目的是分析其中有没有汞等重金属，其含量大致情况如何等。

② 系统采样法。一批按一定顺序排列的废物，按照规定的采样间隔，

每隔一个间隔采取一个份样,组成小样,然后组合成一个大样。

③ 分时随机采样法。子样在预先划分的时间间隔内以随机方式采取,采取 10~20 个子样,混合成一个样品。

④ 分层采样法。根据对一批废物已有的认识,将其按照有关标志分若干层,然后在每层中随机采取份样。

固体样品的制备参照 ASTM 标准方法 D2013-03:Standard Practice for Preparing Coal Samples for Analysis,样品首先通过空气干燥至恒重,然后利用球磨机研磨至 80 目(粒径约为 $200\mu m$),将样品放入自封袋中,写上编号,置于阴凉干燥的环境保存,以供分析之用[1]。

## 2.2 含汞废物物理特性分析方法

### 2.2.1 形貌分析

含汞废物的形貌分析一方面是通过分析其微观形貌,明确其物理形态、表面结构特征;另一方面是结合元素分析及成分分析,确定其化学成分及结构特征,从而为其处理处置和安全管理提供依据。对含汞废物的形貌分析是采用电子扫描电镜的方法对样品的微观样貌(如几何形状、粗糙度等)及物理特性(如粒径范围、孔隙等)进行分析的过程,从样品物理特性角度来分析其毒性风险。

一般采用扫描电镜(SEM,以下同)进行样品的形貌分析,其原理是电子枪发射的电子经聚焦缩小后形成的微细电子束在扫描线圈驱动下在试样表面做栅网式扫描,电子束与试样作用产生的二次电子的量随试样表面形貌而变,二次电子信号被探测器收集转化为电信号,经处理后得到反映试样表面形貌的二次电子像[2]。SEM 的特点是采用二次电子成像,分辨率高,对样品形貌十分敏感,能够有效地显示样品的形貌特征。

一般表征形貌的参数是比表面积、孔隙率、粗糙度等,一般情况下样品颗粒的粒径越小,其比表面积越大,物质的活性越强。样品的孔隙率对样品内物质的活性、稳定性也有较大的影响,一般孔隙率较高的样品,物质活性也较强。粗糙度对样品表面物质的吸附分布特征影响很大。

(1) 样品比表面积、孔隙率

一般样品颗粒的粒径越小,比表面积越大,可以通过观察扫描电镜下样品颗粒的粒径分布特征和孔分布特征初步分析样品的比表面积、孔隙率等，也可根据国家标准规定的方法测量。对样品比表面积、孔隙率的测定参考《煤质颗粒活性炭试验方法　孔容积　比表面积的测定》（GB/T 7702.20—2008）。

（2）样品粗糙度

样品粗糙度是影响样品表面形貌特征的重要参数，一般情况下通过扫描电镜可观察样品表面的粒子组成、表面凹凸等粗糙程度，可直观地看出污染物的吸附程度和分布状态等，进而分析其毒性风险。

目前，定量描述含汞废物样品粗糙度的方法就是采用分形理论对粗糙度进行定量描述。分形理论是当代非线性科学的前沿之一，它是不具有特征长度而有自相似性的图像结构事件的总称，它的研究对象是那些外表极不规则与支离破碎的几何形体，这些几何体存在着内在的规律性：自相似性、层次性、递归性等。其中自相似性是指物体的某一部分放大后的形状与整个物体的形状相同的特征。在经典几何学中，点是零维的，曲线是一维的，平面是二维的，立体是三维的，这种维数只取整数，是拓扑维数，记为 $D_r$。而分形几何中的分形维数 $D_p$ 可以是整数，也可以是分数，可以这样来描述样品粗糙度：对于样品表面极为粗糙，峰、谷深度较大的情况，其分形维数 $D_p \geqslant 3$；对于样品表面比较粗糙，峰、谷深度较小的情况，其分形维数 $2 \leqslant D_p < 3$；对于样品表面粗糙程度较小，峰、谷深度小且表面较为平整的情况，其分形维数 $1 \leqslant D_p < 2$；对于样品表面光滑，几乎没有峰、谷的情况，其分形维数 $D_p < 1$[3~5]。

分形维数的计算方法有两种，一是根据扫描电镜提供的样品表面信息，通过周长-面积法可以得到图像中泥沙颗粒的表面分形维数。二是对于多孔隙结构的样品，其真实形貌更加复杂，一般采用吸附法量测分形维数。

① 周长-面积法　许多研究表明，周长-面积法有着计算快捷、精度高与适用性好等优点。该方法说明如下：对于形状规则的几何图形，其周长 $L$ 与面积 $A$ 成比例，即 $L \infty A^{1/2}$；对于形状不规则的几何平面，则有：$L^{1/D_p} \infty A^{1/2}$。式中，$D_p$ 为颗粒表面的分形维数。由上分析即有：$L(\varepsilon) = \alpha A(\varepsilon)^{D_p/2}$。式中，$\varepsilon$ 为步长。对上式取对数，则有：$\lg L(\varepsilon) = K \lg A(\varepsilon) + C$。式中，$K = D_p/2$，$D_p = 2K$。以上公式表明，通过周长与面积的关系式，可以得到分形维数 $D_p$。具体求解步骤如下：首先利用图像处理软件Photoshop对颗粒的电镜图像进行处理，并将扫描电镜图像（栅格图像）转

换为黑白二值图像，通过软件 ENVI 再将黑白二值图像转成矢量化图像，由 ArcMap 得到矢量图像中周长与面积的数据，最后使用 Excel 软件处理周长与面积的关系数据，得到颗粒表面形貌的分形维数[3,6]。

② 吸附法测量分形维数　该方法为用半径 $r$ 的吸附质分子去覆盖吸附剂，所需吸附质分子的最小数目 $N$ 应该与吸附质分子的截面半径 $r$ 的负 $D_f$ 次方成正比，即

$$N = Ar^{-D_f} \tag{2-1}$$

式中，$A$ 为比例常数。

设想有一个吸附质系列，该系列每个成员分子的吸附截面积 $\sigma$ 与截面半径 $r$ 的比值相同，即

$$r^2/\sigma = C \tag{2-2}$$

式中，$C$ 对于该系列为一个常数。

再将式（2-2）代入式（2-1），则有：

$$N = K\sigma^{-D_f/2} \tag{2-3}$$

式中，$K$ 为比例常数。

对式（2-3）两边取对数可得：

$$\lg N = \lg K (D_f/2) \lg \sigma \tag{2-4}$$

这样就得到了一个含有分形维数 $D_f$ 的方程。式（2-4）是一个重要结果，也是定量计算吸附剂形貌结构分形维数的依据。由式（2-4）可知：用具有不同吸附分子截面 $\sigma$ 的吸附质对所研究的吸附剂进行单层吸附，只要这些不同的吸附质属于同一系列，这里以吸附量的对数 $\lg N$ 作为纵坐标，以吸附分子截面对数 $\lg \sigma$ 作为横坐标作图，由直线的斜率就可求出吸附剂形貌结构的分形维数[3,6]。

Hochella 等的研究表明，颗粒表面的化学活性由颗粒表面的成分、原子结构和微形貌所决定。清华大学陈志和等的研究表明，复杂形貌对重金属离子有着较大的吸附势能，在吸附反应中起到关键作用[3]。因此，样品表面的微观形貌对颗粒表面的化学活性、吸附特性有重要影响，而目前，我国对于样品微观形貌的研究主要集中在金属材料领域，对环保领域相关方面的研究极少，还停留在定性分析阶段。而采用分形维数能够准确描述样品的微观几何形状，给出样品粗糙度的定量化数据指标，有利于开展样品颗粒活性和吸附特性的深入研究，对今后样品污染物的解毒处理处置和开发环保功能吸附材料具有十分重要的意义。

目前，分形理论和分形维数的计算方法还不够成熟，有待于进一步深入研究和验证，但仍是能够表征样品微观形貌及表面粗糙度非常重要的理论方法之一。

### 2.2.2 物理相分析

对含汞废物的物理相分析是指通过 X 射线衍射等方法对含汞废物中由各元素组成的固定结构的化合物（即物相）的组成和含量进行定性和定量分析的过程。任何一种结晶物质（包括单质元素、固溶体和化合物）都具有特定的晶体结构（包括结构类型、晶胞的形状和大小等），在一定波长的 X 射线照射下，每种晶体物质都给出自己特有的衍射花样（衍射线位置 $d$ 和强度 $I$），每一种物质和它的衍射花样是一一对应的。因此，可以根据这一原理进行物相定性分析。即将试样测得的 $d$-$I$ 数据与已经结构物质的标准数据组对比，从而鉴定出试样中存在的物相。同时通过测定试样衍射峰的强度来进行物相的定量分析[2]。

一般情况下，用 X 射线衍射分析方法来鉴定物相有它的局限性，单从 $d$、$I$ 两个参数数据进行鉴别，有时会发生误判或漏判。有些物质的晶体结构相同，点阵参数相近，其衍射花样在允许的误差范围内可能与几张标准花样相符，这就需要分析其化学成分，并结合试样来源、物质相图等方面的知识，在满足结果的合理性和可能性条件下，判定物相的组成。

对样品化学成分的分析主要采用能量色散谱仪（EDS，以下同），该仪器已经成为扫描电镜普遍应用的附件。它与主机共用电子光学系统，在观察分析样品的表面形貌的同时，EDS 就可以探测到感兴趣的某一微区的化学成分。

能谱仪是利用 X 光量子的能量不同来进行元素分析的方法，对于某一种元素的 X 光量子从主量子数为 $n_1$ 的层上跃迁到主量子数为 $n_2$ 的层上时有特定的能量 $E_{n_1} - E_{n_2}$。如每一个铁 $K_\alpha$ X 光量子的能量为 6.40keV。X 光量子的数目作为测量样品中某元素的相对百分含量用，即不同的 X 光量子在多道分析器的不同道址出现，脉冲数-脉冲高度曲线在荧光屏或打印机上显示出来，这就是 X 光量子的能谱曲线，如图 2-1 所示。图中的横坐标表示 X 光子的能量（反映元素种类），纵坐标表示具有该能量的 X 光子的数目（反映元素百分含量），也称谱线强度。

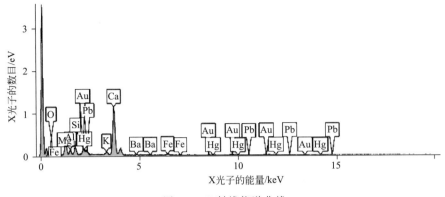

图 2-1　X 射线能谱曲线

# 2.3　含汞废物化学特性分析方法

## 2.3.1　总汞分析

含汞废物的总汞分析包括对含汞废物消解液进行总汞分析和对含汞废物经毒性浸出获得的浸出液进行总汞分析，分析方法主要包括专门测汞的双硫腙分光光度法，冷原子吸收，冷原子荧光法及测汞、其他金属的原子荧光光谱法，电感耦合等离子体质谱法等。目前常用的方法包括冷原子吸收、冷原子荧光、原子荧光及电感耦合等离子体质谱法等，这些方法主要是将液体中可溶态汞离子还原为元素汞后，在一定的载气条件下将汞以汞蒸气形式吹入测汞仪或将液态汞气化电离后送入电感耦合等离子体质谱系统，通过测定汞的荧光强度或离子电子脉冲大小来分析样品中的总汞浓度。

这些方法的主要特点是灵敏度高、准确性好、干扰因素少、方法检出限低、测定范围较宽、适应性强等。这几种方法的准确度不仅依赖于其本身对汞的响应及其灵敏性，同时受到样品前处理消解的影响也很大，样品消解过程各类形态汞的氧化程度、进测汞仪前可溶态汞离子还原程度及整个过程中的抗干扰能力等均是重要影响因素。

### 2.3.1.1　样品前处理

含汞废物的前处理包括样品消解和毒性浸出过程，其中样品消解的目的是将含汞废物中的各类形态的汞转变为可溶态汞离子，并全部溶解于消解液中，通过对液体中总汞含量的测试而得到含汞废物的总汞含量。含汞废物毒性浸出是以危险废物毒性鉴别为目的，按照国家标准的要求开展毒性浸出实验，对浸出液进行总汞分析的过程，下面将分别进行介绍。

（1）含汞废物消解

常用的方法为硫酸-硝酸-高锰酸钾/五氧化二钒体系消解法、微波消解法等，这两种方法均能有效消解固体废物中的有机物等，但湿法消解操作较复杂、易产生二次污染，而微波消解法需要严格控制消解温度、时间，并且在消解后需要取出、放气等操作，存在汞损失风险。近年来，有人采用热分解齐化方法对土壤进行消解，并采用原子吸收光度法测定总汞。结果表明，该方法避免了常规消解方法烦琐的操作程序，充分利用了汞的挥发特性，减少了汞流失，提高了准确度，同时与测汞仪一体化设计，操作更为简便、分析较快、成本较低。

① 硫酸-硝酸-高锰酸钾体系消解法　硫酸和硝酸均具有较强的氧化能力，其中硝酸沸点低，硫酸沸点高，两者结合使用，可提高消解温度和消解效果。同时高锰酸钾是强氧化剂，在酸性、中性、碱性条件下均能够充分氧化有机物，主要步骤如下。

先将硫酸-硝酸混合液（体积比约 2∶5）加入样品中，待剧烈反应后加入一定量高锰酸钾溶液，将其加热至近沸，保持近 1h，在此过程中应保持高锰酸钾过量。消解完成后，取下冷却，在测试前滴加盐酸羟胺溶液使紫色刚好全部褪去为止。

② 微波消解法　微波消解主要是利用水或酸的极性分子在微波电场作用下，极性分子高速碰撞和摩擦而产生高热，同时一些无机酸类物质溶于水后，分子电离成离子，在微波电场作用下，离子定向流动，形成离子电流，离子在流动过程中与周围的分子和离子发生高速摩擦和碰撞，使微波能转换为热能，主要步骤如下。

将固态样品试样置于溶样杯中，加入一定量盐酸、硝酸进行初步消解，反应结束后，将其密封，送入消解罐，放入微波消解仪中，按照一定的升温程度和时间进行消解反应，待消解完全后将其温度降至室温，并在通风橱取出、放气，得到澄清的消解液，最后将消解液加入一定量盐酸后待测。含汞废物的微波消解升温程序见表 2-1。

表 2-1　含汞废物的微波消解升温程序

| 步骤 | 升温时间/min | 目标温度/℃ | 保持时间/min |
|---|---|---|---|
| 1 | 5 | 100 | 2 |

| 步骤 | 升温时间/min | 目标温度/℃ | 保持时间/min |
|---|---|---|---|
| 2 | 5 | 150 | 3 |
| 3 | 5 | 180 | 25 |

③ 热分解齐化法[3,4]　含汞废物的热分解齐化法是利用氧化分解炉高温加热，使固体废物被干燥及分解，释放汞及其他燃烧气体，分解产物通过氧气直接被输送到炉的还原部分，氧化物、卤素及氮硫氧化物在还原催化处捕获，剩下的分解产物被带入汞齐化管，因汞被齐化吸附，而杂质气体及分解产物都通过齐化管后，汞齐化器被再次充分加热而释放汞蒸气。通过载气将汞蒸气带入具单波长光程原子吸收分光光度计的吸收池中，在 254nm 的波长下测量汞的吸收。这种方法避开了将含汞废物消解的过程，通过高温氧化使各种形态的汞变为氧化汞蒸气，经催化还原后以汞齐化形式被选择性捕集，加热汞齐化器解析出汞蒸气，并直接随氧气带入测汞仪，整个过程几乎不存在汞流失风险，准确度高，汞灵敏性好，操作方便。由于这种方法属于近年来新兴的测汞方法，对含汞废物总汞测定而言，某些条件还需要进一步确定，如热解温度与时间、催化温度、汞齐温度与解析时间及氧气流速、气压等[7,8]。

（2）含汞废物毒性浸出

固体废物的浸出标准包括《固体废物　浸出毒性浸出方法　水平振荡法》（HJ 557—2010）、《固体废物　浸出毒性浸出方法　硫酸硝酸法》（HJ 299—2007）和《固体废物　浸出毒性浸出方法　醋酸缓冲溶液法》（HJ 300—2007）三个国家行业标准，这三个标准规定的浸出浸提方法均不同，包括不同的浸提液、浸出时间、固体废物粒度及振荡方式等。含汞废物的浸出采用何种浸出方法是值得探究的问题，一般情况下，以危险废物毒性浸出鉴别为目的，则按规定采用第二种方法；以考察含汞废物的环境风险为目的，需要结合实际情况综合考虑各种因素选择合适的浸出方法。有人对固体废物分别以三种方法进行浸出实验，研究结果表明：水平振荡法测得固体废物中汞的迁移效率为 5.4%～43.0%；硫酸硝酸法汞的迁移效率为 33.9%～52.4%；醋酸缓冲溶液法汞的迁移效率为 47.2%～81.0%[9]，因此，可根据不同情况及目的选择合适的浸出方法。

① 水平振荡法　固体废物水平振荡浸出法适用于评估在受到地表水或地下水浸沥时，固体废物及其他固态物质中无机污染物（氰化物、硫化物等

不稳定污染物除外）的浸出风险。主要浸出步骤如下。

根据固体含水率计算，按液固比为 10∶1（L/kg）将蒸馏水浸提剂加入样品中，盖紧瓶盖后固定在水平振荡器上，按规定调节振荡器频率、振幅，在室温下振荡 8h 后，静置 16h。在振荡过程中有气体产生时，应定时在通风橱中打开提取瓶，释放过度的压力。

② 硫酸硝酸法　该方法是危险废物鉴别标准中规定的使用方法，适用于固体废物及其再利用产物以及土壤样品中有机物和无机物的浸出毒性鉴别。其原理是以硝酸/硫酸混合溶液为浸提剂，模拟废物在不规范填埋处置、堆存过程中或经无害化处理后的土地利用时，其中的有害组分在酸性降水的影响下，从废物中浸出而进入环境的过程。主要浸出步骤如下。

根据固体含水率计算，按液固比为 10∶1（L/kg）将酸浸提剂（浓硫酸与浓硝酸质量比为 2∶1、pH 值为 3.20±0.05）加入样品中，盖紧瓶盖后固定在翻转式振荡装置上，按规定调节转速、温度，振荡（18±2）h。在振荡过程中有气体产生时，应定时在通风橱中打开提取瓶，释放过度的压力。

③ 醋酸缓冲溶液法　醋酸缓冲溶液浸出法适用于固体废物及其再利用产物中有机物和无机物的浸出毒性鉴别，但不适用于氰化物的浸出毒性鉴别。其原理是以醋酸缓冲溶液为浸提剂，模拟工业废物在进入卫生填埋场后，其中的有害组分在填埋场渗滤液的影响下，从废物中浸出的过程。主要浸出步骤如下。

根据固体含水率计算，按液固比为 20∶1（L/kg）将醋酸浸提剂（pH 值为 4.93±0.05）加入样品中，盖紧瓶盖后固定在翻转式振荡器上，按规定调节转速、温度，振荡（18±2）h。在振荡过程中有气体产生时，应定时在通风橱中打开提取瓶，释放过度的压力。

### 2.3.1.2　冷原子吸收法

冷原子吸收法是基于汞在常温下易蒸发、汞蒸气对 253.7nm 紫外线有特征吸收的原理而建立的方法。该方法是利用氯化亚锡将液体中的可溶态汞离子还原为 $Hg^0$，在室温下通入空气或氮气将其载入冷原子吸收测汞仪，测量对特征波长光的吸光度，其吸光度与试样中的汞元素含量具有线性关系。冷原子吸收测汞仪实物图如图 2-2 所示。

冷原子吸收系统流程描述如下：首先，将载气经水蒸气吸收瓶、汞吸收瓶处理后通入吸收池，通过低压汞灯向吸收池辐射 253.7nm 紫外线，通过紫外线透过吸收池经石英透镜聚焦于光电倍增管上，产生的光电流转变为电

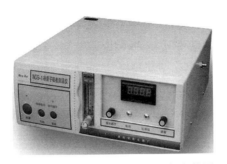

图 2-2　NCG-冷原子吸收测汞仪实物图

信号进入计算机系统，得到原紫外线的光度值。其次，试液进入氯化亚锡还原瓶，经还原处理后生成的单质汞挥发，在载气为空气或氮气条件下汞蒸气随载气经变色硅胶脱水后进入吸收池，低压汞灯向吸收池辐射 253.7nm 紫外线，其中部分被上述汞蒸气所吸收，剩余紫外线透过吸收池经石英透镜聚焦于光电倍增管上，产生的光电流转变为电信号进入计算机系统，得到其紫外线的光度值，两者差值为吸光度值，将吸光度与标准曲线对比间接得到汞的浓度。

该方法在最佳条件下，对液体中总汞的最低检出限为 $0.1 \sim 0.5 \mu g/L$。该方法对汞的灵敏度高，载气条件简单，成本低，但同时也存在着检出限偏高、系统流程复杂、稳定性不高等问题，其主要原因是冷原子吸收法的前处理多采用高锰酸钾酸消解法，这种前处理方法可能导致液体中由于加入盐酸羟胺除去过量高锰酸钾而残留 $Cl_2$ 和 $NO_3^-$，$Cl_2$ 可吸收 253.7nm 紫外线而造成正干扰，$NO_3^-$ 会影响汞对紫外线的吸收，造成负干扰。解决办法是控制盐酸羟胺溶液加入量使紫色刚好褪去，即稀释定容，然后采用翻泡瓶及抽气泵将 $Cl_2$ 赶尽。

### 2.3.1.3　冷原子荧光法

冷原子荧光法的原理是利用硼氢化钾溶液将液体中的可溶态汞离子还原为基态汞原子蒸气，在载气为氩气的条件下，吸收低压汞灯发射的 253.7nm 紫外线后，被激发而发射特征共振荧光，在一定的测量条件下和较低的浓度范围内，荧光强度与汞浓度成正比。冷原子荧光测汞系统设备实物图如图 2-3 所示。

冷原子荧光测汞系统流程：首先试液进入还原瓶，还原瓶中含有一定浓度的硼氢化钾溶液，试液经还原后生成基态汞原子蒸气，由抽气泵抽入荧光池内的吸收-激发池，在低压汞灯的照射下，基态汞原子蒸气吸收紫外线后

图 2-3　冷原子荧光测汞系统设备实物图

被激发而产生的原子荧光经石英聚光灯、光电倍增管和放大器后被计算机接收，通过计算荧光强度间接测定总汞含量。

冷原子荧光法测液体中汞的检出限是 $0.0015\mu g/L$，测定下限是 $0.006\mu g/L$，该方法对汞灵敏度高、干扰因素少。但该方法的缺点是系统较为复杂、操作精细度要求高、影响因素较多等，其中主要的影响因素包括系统的严密性、稳定性及系统操作的严格性等。

① 系统严密性　整个系统操作过程应保证气路的严密，以防止空气进入导致发生汞的原子荧光猝灭。

② 系统稳定性　应调节气体流量，使测汞过程在稳定的状态下进行，既要避免气流过大导致无法检测，也要防止抽气量过小导致结果偏低。

③ 系统操作严格性　首先是各试剂的纯度要符合要求，实验用水、试剂具有较高纯度，容器和实验室环境应有较高的洁净度；其次是每次测量完毕应当清洗还原瓶、荧光池及系统管路等，确保没有残留物；最后是测量过程中应小心操作，避免废气、废液对环境的污染。

### 2.3.1.4　原子荧光法

气态自由原子吸收光源的特征辐射后，原子的外层电子跃迁到较高能级，然后又跃迁返回基态或较低能级，同时发射出与原激发波长相同或不同的发射，即为原子荧光。含汞废物的总汞分析原子荧光光谱法是将含汞废物消解液中的 $Hg^{2+}$ 还原为汞原子蒸气，在元素汞发射光的激发下，基态汞原子外层电子被激发而发生跃迁行为，从而发出特征共振荧光，其荧光强度与试样中的汞元素含量具有线性关系。原子荧光法设备实物图如图 2-4 所示。

原子荧光法测总汞的流程：首先以硼氢化钾溶液为还原剂、盐酸溶液为载流，将标准溶液按浓度先低后高的顺序依次测定标准系列溶液的原子荧光强度，绘制标准曲线。然后，将待测溶液经还原处理后，在氩氢火焰中形成基态汞原子，在元素汞灯的激发下发出原子荧光，通过测量其原子荧光强度与标准曲线对比计算得到总汞浓度值。

图 2-4　原子荧光法设备实物图

总体上看，原子荧光法和冷原子荧光法的区别主要在于采用的元素汞灯不一样，前者采用空心阴极灯辐照，可发射一系列波长范围的谱线，同时可对样品中多种金属元素进行分析，应用范围广，而后者主要采用低压汞灯，发射 253.7nm 紫外线，只适用于测汞。

原子荧光光谱法在取样量为 0.5g 时，对汞的检出限为 $0.002\mu g/g$，测定下限为 $0.008\mu g/g$，当固体废物浸出液取样体积为 40mL 时，汞的检出限为 $0.02\mu g/L$，测定下限为 $0.08\mu g/L$。该方法具有灵敏度高、较宽的线性动态范围以及较小的系统记忆效应的优点，适应性较强，适用于大多数含汞废物的检测分析。同时该方法也具有操作复杂、系统流程长、技术水平要求高等缺点，在需要快速分析总汞的场合不适用。

### 2.3.1.5　电感耦合等离子体质谱法

电感耦合等离子体质谱法（ICP-MS）是以电感耦合等离子体为离子源，以质谱仪进行检测的无机多元素分析方法。被测元素通常以水溶液的气溶胶形式引入氩气流中，然后进入由射频能量激发的处于大气压下的氩等离子体中心区，等离子体的高温使样品去溶剂化、气化解离和电离。部分等离子体经不同的压力区进入真空系统，在真空系统内，正离子被推入加速区而加速并按照质荷比分离。检测器将离子转化为电子脉冲，生成样品的质谱图，电子脉冲大小与样品中分析离子的浓度有关。通过与已知的标准物质或参考物质比较，实现未知样品的元素定量分析[10]。

电感耦合等离子体质谱仪由以下几部分组成：高真空系统、进样系统、离子源、质量分析器、离子检测器[10]。电感耦合等离子体质谱仪实物图如图 2-5 所示。

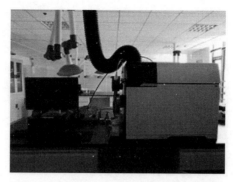

图 2-5　电感耦合等离子体质谱仪实物图

（1）高真空系统

电感耦合等离子体质谱仪的主要部件均须在真空状态下工作（一般为 $10^{-4}\sim10^{-6}$ Pa），目的是避免离子散射以及离子与残余气体分子碰撞引起能量变化，同时也可降低本底和记忆效应。高真空系统一般由旋转泵和扩散泵串联组合而成，也可由分子泵获得更高的真空度。

（2）进样系统

进样系统，也叫样品导入系统，它是电感耦合等离子体质谱仪的重要组成部分。所有样品应以气体、蒸气、细雾滴的气溶胶或固体小颗粒的形式引入中心通道气流中。其样品导入方式通常是溶液气溶胶形式（比如气动雾化或超声雾化法），另外，也采用气化进样和固体粉末进样形式。

（3）离子源

离子源的作用是使被分析物质离子化，并使其具有一定的能量。目前，应用最多的是等离子体离子源。ICP-MS 对离子源的要求：①易于点火；②功率稳定性高；③发生器的耦合效率高；④对来自样品基体成分或不同挥发性溶剂引起的阻抗变化的匹配补偿能力强。

电感耦合等离子体装置由等离子体炬管和高频发生器组成。三个同心管组成的等离子体炬管放在一个连接于高频发生器的线圈里。当引入氩气时，若用一高压火花使管内气体电离，产生少量电子和离子，电子和离子因受管内轴向磁场的作用而高速运动，碰撞中性原子和分子，使更多的气体被电离，很快形成等离子体。因此，该装置能将大多数元素有效地转化为离子，样品的解离非常完全，不存在任何分子碎片，特别适合作为质谱仪的离子源。

（4）质量分析器

质量分析器是将离子源中形成的离子按质荷比的差异进行分离的装置。

常用的为四级杆质量分析器，它由四根平行、对称放置的圆柱形电极组成，对角电极连接构成两组，两组电极间加以一定的直流电压 $U$ 和高频电压 $V\cos\omega t$。当离子束进入圆柱形电极所包围的空间后，将受到交、直流叠加电场的作用而波动前进。在一定的直流电压和交流电压比（$U/V$）以及场半径 $R$ 固定的条件下，对于一定的高频电压，只有某一种（或一定范围）质荷比的离子能够通过电场区到达收集器产生信号，利用电压扫描或频率扫描均可使不同质荷比的离子依次通过四级滤质器到达检测器。

（5）检测器

离子检测器的作用是将微弱的离子流信号接收并放大，然后送至显示单元及计算机数据处理系统，得到被分析样品的质谱图和数据。目前的离子检测器常采用电子倍增器及微通道板检测器。一般电子倍增器的增益可达 $10^6$，放大后的信号进入宽频放大器再次放大，即可将微弱的离子信号转变为较强的电信号送入记录及数据处理系统。微通道板检测器的原理与电子倍增器的原理类似，但可获得更高的增益及较低的噪声。

电感耦合等离子体质谱法作为比较有效的重金属检测方法，具有较低的检测限、较宽的动态线性范围，并且可以跟踪多元素同位素信号变化。该方法对液体中 $^{202}Hg$ 的检出限为 $0.2\mu g/L$[10]。ICP-MS 虽然具有分析速度快和图谱简单等诸多优点，但是也存在质谱干扰和基体效应等问题。针对上述问题，常用的措施有：运用适当的计算机软件进行校正；调整相关的试验条件（如射频能量、取样孔大小和等离子气体成分等）；采用稀释、基体匹配、标准加入或者同位素稀释法等消除干扰或将干扰降到最低。运用单级甚至多级联用技术，提高分离效果，并克服基体效应和干扰，进一步降低检出限，扩大可测定元素的范围，是 ICP-MS 发展的必然趋势。

综上所述，对含汞废物总汞分析及浸出液总汞分析方法需要根据分析的目的、场地环境条件的要求、分析灵敏度、准确度的要求等综合分析，选择合适的检测技术。主要检测技术原理、优缺点和适用性见表 2-2。

表 2-2　含汞废物总汞分析检测方法对比表

| 检测技术 | 原理 | 优点 | 缺点 |
| --- | --- | --- | --- |
| 原子荧光法（AFS） | 基态原子(一般是蒸气状态)吸收一定波长的辐射而被激发至高能态，而后去活化回到较低的激发态或基态时发射出一定波长的辐射 | 谱线简单，干扰少；灵敏度高，检出限低，线性范围宽，精密度好，灵敏度较 CVAAS 法低 | 需要使用载气，现场要求高；配制试剂要求高 |

| 检测技术 | 原理 | 优点 | 缺点 |
|---|---|---|---|
| 冷原子吸收法（CVAAS） | 利用被测元素基态原子蒸气对其共振辐射线的吸收特性进行元素定量分析的方法 | 检出限较低,适用于单元素汞痕量分析 | 需要使用载气;样品前处理复杂 |
| 冷原子荧光法 | 通过测定被测物质在特定波长处(253.7nm)的发光强度,对该物质进行定性和定量分析的方法 | 检出限低,灵敏度高,干扰少,是专门测汞的方法 | 需要使用载气;样品需要进行前处理 |
| 电感耦合等离子体质谱法(ICP-MS) | 通过对样品离子的质荷比分析而实现对样品进行定性和定量的一种方法 | 多元素快速分析;灵敏度高,背景低,检出限低;谱线简单、干扰少 | 需要使用载气;样品需要进行前处理 |

### 2.3.1.6 汞快速检测法

在样品采样、汞污染事故应急处置时,常常需要对样品中的汞进行快速分析,现有国家标准及常用的汞检测方法多为实验室检测,需要对样品进行复杂的前处理和上机检测过程,难以满足实际需要。目前,对汞的快速检测方法主要包括 X 射线辐照分析法、荧光探针检测法和试纸法等,其中,试纸法存在操作有误差、灵敏度差、颜色变化不明显等问题,应用很少。其他两类方法应用相对较多,其特点是检测速度快、操作简单、检出限低、检测效率高,其主要问题是方法的准确度有待于提升。

（1）X 射线辐照分析法

X 射线辐照分析法是一种利用样品对 X 射线的吸收随样品中的成分及其多少而变化来定性或定量测定样品中成分的方法,具有试样制备简单、分析速度快、重现性好、非破坏性测定,并且可测元素范围广、可测浓度范围宽、能同时测定多种元素、成本低等特点,已成为样品多元素同时测定的有效方法之一。X 射线辐照分析仪实物图和手持便携式 XRF 分析仪实物图如图 2-6、图 2-7 所示。

图 2-6　X 射线辐照分析仪实物图　　图 2-7　手持便捷式 XRF 分析仪实物图

X射线辐照分析法定性分析原理：依据莫斯莱（Moseley）定律，当 X 射线照射样品后，样品中各元素产生特征 X 射线的频率的平方根与元素的原子系数呈线性关系。只要测出了特征 X 射线的波长 $\lambda$，就可以求出产生该波长的元素，即可做定性分析[11]。

X射线辐照分析法定量分析原理：在一定条件下（样品组成均匀，表面光滑平整，元素间无相互激发），荧光 X 射线强度与分析元素含量之间存在线性关系，根据谱线的强度可以进行定量分析[11]。

基于以上原理，目前应用最广泛的是手持便捷式 XRF 分析仪，该分析仪可对固体样品进行汞等多种重金属元素分析，该仪器只包含单体设备及网络存储传输系统，操作时只需对准样品，扣动开关，在 30s 内即可得到结果数据。该仪器的主要特点是仪器小巧、操作简单、测定速度快、安全性高等，缺点是对汞的测试结果存在一定的误差，其仪器校准、元素抗干扰等性能需要进一步提高。

（2）荧光探针

荧光探针根据其荧光材料的不同，其测汞原理也不同，总体上都是利用荧光材料与 $Hg^{2+}$ 结合后，在激发光谱作用下，该荧光材料的荧光强度升高或降低，其荧光强度的变化幅度与 $Hg^{2+}$ 的浓度具有线性关系[12]。荧光探针分析仪实物图如图 2-8 所示。

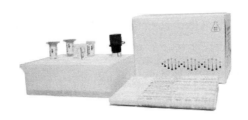

图 2-8　荧光探针分析仪实物图

目前，我国对荧光材料的研究较多，主要包括金银纳米颗粒、有机分子、半导体、DNA 类等，这些材料对 $Hg^{2+}$ 的选择性较好、灵敏度较高，而且对 $Hg^{2+}$ 选择性吸附后直接进入荧光分析仪分析，避免了 $Hg^{2+}$ 的还原过程、缩短了检测系统管路、提高了液体中 $Hg^{2+}$ 的检测效率。目前，该方法主要存在的问题是生产成本较高、探针材料的毒性、稳定性差及合成方法较复杂等，属于最新发展起来的检测技术，其实用性有待于进一步提高。

### 2.3.2　汞形态分析

目前，国内外关于固体汞形态分析的研究较少，主要集中在有机汞的分离富集和有机汞形态分析方面，常用的有机汞分离富集方法包括溶剂浸取、微波消化萃取、固相微萃取等，对有机汞形态分析的方法主要包括气相色谱法、液相色谱法、毛细管电泳法等，结合各类终端测汞仪（原子吸收、原子荧光及电感耦合等离子体质谱仪等）来测定各形态的有机汞含量（主要为甲基汞、乙基汞、苯基汞)[13]。

#### 2.3.2.1　有机汞分离富集法

（1）溶剂浸取

一般情况下，自然界中的固体样品中有机汞含量低，无法满足测汞仪的要求，需要进行前处理，将其富集后再测试。溶剂浸取是最常用的方法之一，该方法是采用酸或碱浸取样品得到有机汞化合物，然后利用苯、半胱氨酸反萃取，使甲基汞富集，或利用甲苯或氯仿等有机溶剂溶解富集有机汞。该方法萃取效果好、可靠性高，但萃取时间长、操作复杂，每天只能进行很少量样品的处理。

（2）微波消化萃取

微波辅助萃取技术在密闭系统中，以略高于溶剂沸点的温度在几分钟之内就可以把待提取物萃取出来。微波辅助萃取固形物和生物样品中的甲基汞，是在酸浸提和碱消解的基础上利用微波特殊的能量，加快有机汞从固形物和生物样品中萃取。孙瑾等选择 6mol/L HCl 作为溶剂，超声 2h，以二氯甲烷萃取，再以水反萃，稀释后直接测量甲基汞的含量。此方法可以同时测定总汞和甲基汞，检出限为 0.01ng/mL，所得回收率为 80％～97％。微波辅助萃取能同时进行几个样品的处理，所需的有毒溶剂的量也非常少，样品基体基本无影响。

（3）固相微萃取

固相微萃取原理是以熔融石英光导纤维或其他材料为基体支持物，利用"相似相溶"的特点，在其表面涂渍不同性质的高分子固定相薄层，通过顶空方式，对待测物进行提取、富集、进样和解析。何滨等用氢化物发生顶空固相微萃取法富集了农田土壤中的甲基汞和乙基汞，并以毛细管气相色谱-原子吸收法进行了测定。甲基汞和乙基汞的回收率分别为 93.8％ 和

94.7%[14]。该方法集萃取、浓缩、解吸于一体，具有操作简捷、适用范围广、无溶剂、萃取时间短等优点，特别适合现场分析。

### 2.3.2.2 有机汞形态分析法

（1）气相色谱法

气相色谱法是汞的形态分析使用较为广泛的一种分离方法。气相色谱法具有明显的优点，如高灵敏度、高选择性、高效能、速度快、应用范围广、所需试样量少，但在分离前必须首先把液态汞形态转化成气态汞形态。汞的各种形态中元素汞和甲基汞易于挥发，而其他的几种形态包括二价汞、乙基汞和苯基汞等均不易挥发，因此必须将汞的这些形态转化为挥发性强的组分，常用的方法是柱前衍生，Fernadez 等采用 GC-ICP-MS 检测分析了生物样品中的甲基汞和无机汞，同时还对格林试剂丁基化衍生、NaBEt₄水相中乙基化衍生和 NaBPr₄丙基化衍生 3 种衍生方法进行了比较，3 种衍生方法处理后，甲基汞和无机汞的 GC-ICP-MS 绝对检出限分别在 220～600fg 和 90～190fg 范围，其中乙基化衍生效果最好。

该方法灵敏度高、分离效果较好，但操作步骤复杂、效率低且易带来误差，同时预处理衍生化过程会引起甲基汞的形态转化问题。气相色谱仪实物图如图 2-9 所示。

图 2-9　气相色谱仪实物图

（2）液相色谱法

液相色谱适用于不易挥发物质的分离分析，对于有机金属形态分析，液相色谱比气相色谱更具有优势。高沸点化合物不需要经过衍生就可以直接分离，分离可以在较低的温度下进行，更适用于分离热稳定性差的组分。到目前为止，用液相分离汞化合物主要采用 RP-HPLC 模式，以硅胶键合作固定相，流动相通常需要优化 pH 条件，并且加入有机修饰剂或者螯合剂或者离子对试剂（如 2-巯基乙醇、吡咯二硫代氨基甲酸盐和 L-半胱氨酸）。但是高效液相色谱方法的灵敏度不高，且由于液体的扩散性比气体的小得多，溶质的传质速率慢，通常要考虑其柱外区域的扩张，因此在痕量汞形态分离检测中具有一定的局限性。液相色谱仪实物图如图 2-10 所示。

图 2-10  液相色谱仪实物图

（3）毛细管电泳法

毛细管电泳法（CE）是近年来发展最快的一种新型微分离分析技术，是将经典电泳技术和现代微柱分离有机结合，以高压电场为驱动力，以电解质为电泳介质，以毛细管为分离通道，样品组分依据淌度和分配行为的差异而实现分离的一种色谱方法。毛细管电泳由于具有分辨率高、快速、样品需要量少以及对不同物种之间平衡扰动小等优点，已成为一种很有吸引力的形态分析技术。卢瑞宏等应用 CE-UV 成功地实现了无机汞和甲基汞化合物的形态分析[15]。毛细管电泳典型的检测器是紫外-可见检测器，其灵敏度低，抗干扰能力差。毛细管电泳与其他检测器如原子吸收光谱仪、原子荧光光谱仪和电感耦合等离子体质谱仪的联用，可以有效地提高汞形态分析的灵敏度和选择性。

## 参 考 文 献

[1] 王书肖，张磊，吴清茹. 中国大气汞排放特征、环境影响及控制途径[M]. 北京：科学出版社，2016.

[2] 常铁军，刘喜军. 材料近代分析测试方法[M]. 哈尔滨：哈尔滨工业大学出版社，2016.

[3] 陈志和. 泥沙吸附重金属铜离子后表面形貌及结构特征研究[D]. 北京：清华大学，2008.

[4] 武生智，魏春玲，马崇武，等. 沙粒粗糙度和粒径分布的分形特性[J]. 兰州大学学报（自然科学版），1999，35(1)：53-56.

[5] 杨志远，曲建林，周安宁. 超细煤粉颗粒形状分形维数与球磨工艺的研究[J]. 煤炭学报，2004，29（3）：342-345.

[6] Hochella M F，Eggleston C M，Elings V B，et al. Mineralogy in two dimensions：scanning tunneling microscopy of semiconducting minerals with implications for geochemical reactivity[J]. American Mineralogist，1989，(11-12)：1233-1246.

[7] 徐颂，陈美纶. 热分解齐化原子吸收光度法测定土壤中汞的研究[J]. 能源与环境，2017，2：80-83.

[8] 张旭云，吴晋霞. 热分解齐化原子吸收光度法测定土壤中汞[J]. 干旱环境监测，2015，29(2)：80-83.

[9] 段华波. 危险废物浸出毒性鉴别理论和方法研究[D]. 北京：中国环境科学研究院，2006.

[10] 孙瑾，陈春英，李玉锋，等. 超声波辅助溶剂萃取-电感耦合等离子体质谱法测定生物样品中的总汞和甲基汞[J]. 光谱学与光谱分析，2007，27(1)：173-176.

[11] 刘燕德，万常斓，孙旭东，等. X射线荧光光谱技术在重金属检测中的应用[J]. 激光与红外，2011，41(6)：606-611.

[12] 史慧芳，赵强，安众福，等. 基于小分子的汞离子荧光探针[J]. 化学进展，2010，22(9)：1741-1751.

[13] 许秀艳，朱红霞，于建钊，等. 环境中汞化学形态分析研究进展[J]. 环境化学，2015，34(6)：1086-1094.

[14] 河滨，江桂斌. 固相微萃取毛细管气相色谱-原子吸收联用测定农田土壤中的甲基汞和乙基汞[J]. 岩矿测试，1999，18(4)：259-262.

[15] 卢瑞宏. 毛细管电泳汞形态分析[J]. 广东化工，2006，33(4)：43-45.

# 第3章　原生汞/再生汞行业含汞废物特性及处理处置

　　原生汞采选冶及再生汞行业一直以来都是我国重点管理的行业，作为汞资源来源的源头，更是我国汞污染防治的重点。该行业产生的含汞废物种类多、产生量大、分布广、汞含量差异性较大，其治理难度大。2010 年，据不完全统计，我国选矿过程产生含汞尾矿渣堆存量达 17.84 万吨[1]，近年来，我国汞矿采选越来越少，几乎处于停滞状态，但由于缺乏有效的处理方法，尾矿渣的总量仍然很大。据不完全统计，2016 年我国汞精矿蒸馏法冶炼过程产生的含汞废物包括冶炼渣、废汞炱、含汞污泥、冶炼粉尘等的总量约为 2.16 万吨[2,3]。鉴于含汞废物中汞的毒性、可迁移特性，这些含汞废物亟待进行无害化处理处置。目前，对这些含汞废物的处置技术研究的不多，且大都处于实验研发阶段，没有得到实际应用。而究竟哪些技术能够解决主要问题、具备市场应用潜力，还需要结合含汞废物特性，进一步深入研究，经综合比较分析后，再明确研究和推广技术对象。

　　基于以上目的，下面系统梳理和分析了我国原生汞/再生汞行业含汞废物的产废特征、理化特性及毒性，筛选出了典型含汞废物，研究了这些典型含汞废物处置技术原理、优缺点及适用性，为我国该行业含汞废物处置和管理提供了支持。

## 3.1　行业发展概况

　　汞是人类最早发现的古老金属之一，早在 2000 多年前人类就开始使用汞。汞的用途广泛，自然界的汞以硫化汞的形式存在，一般可作为红色颜料使用，工业上用于化工行业、电子、电气、轻工、国防工业等领域。我国对汞的开采与冶炼起始于秦汉时期，当时即有丹砂炼汞的技术，朱砂在流动的空气中加热后汞可以还原，温度降低后汞凝结，这是生产汞的最主要的方式——土法炼汞。随着科技的发展，炼汞工艺经历了从土法炼汞到新法炼汞的嬗变，现今主要包括火法和湿法炼汞。火法炼汞是采用高温蒸馏/焙烧的方式从汞矿石或汞精矿中提取金属汞的过程，其中提汞环节主要发生在对含汞烟气的冷凝阶段，该方法成本较低，应用广泛，但如果汞废气治理不好则危害环境。湿法炼汞是用浸出剂或吸收剂将含汞物料中的汞溶解或吸收入溶液，再从溶液中提取汞或汞盐的过程，与火法炼汞相比，湿法炼汞能有效控制污染环境的汞蒸气，但因浸出剂价格昂贵，其生产成本高，工业应用不多。

原生汞生产包括汞矿采矿、选矿和冶炼三个部分，其产品分别是汞矿石、汞精矿和金属汞。汞矿开采一般采用全面空场法、房柱空场法、留矿法、崩落法等采矿方法，整个开采过程在地下进行[1]。采出的汞矿石一般采用浮选法选矿得到汞精矿，然后对汞精矿进行火法冶炼得到金属汞[1]。近年来，随着汞矿资源的枯竭及环境管理的需要，我国原生汞生产企业逐渐减少，取而代之的是再生汞行业逐渐兴起，其再生汞的原料主要为废汞催化剂、含汞冶炼废渣、有色金属冶炼产生的酸泥等，这些原料均属于危险废物，由于这些危险废物的处置和资源化回收的市场需求大，再生汞行业得到了较快的发展。我国再生汞生产主要是先对原料进行预处理，加入石灰或氢氧化钠使其中的汞转化为氧化汞，然后将其进行火法冶炼生产金属汞的过程。

目前，我国仅存 2 家原生汞矿公司和 14 家再生汞企业，主要分布在贵州、陕西、湖南、宁夏、新疆等省、自治区。其中原生汞生产企业生产规模为 200～300t 汞/a，再生汞企业处理能力为 1500～56000t 原料/a，以上企业均采用火法冶炼技术生产金属汞。据统计，我国 2000～2016 年间金属汞年产量呈逐渐上升趋势，2016 年已达 3480t（包含原生汞和再生汞的产量）[3,4]，但从 2017 年开始，在国际汞价的下跌和国内外限汞禁汞管理日趋严格的大背景下，我国汞生产企业大部分处于停产整顿状态，金属汞产量将有大幅降低。我国 2000～2016 年每年汞产量统计如图 3-1 所示。

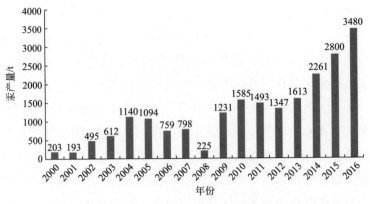

图 3-1　2000~2016 年每年汞产量统计[2,3]

# 3.2　原生汞/再生汞行业含汞废物产污特征

## 3.2.1　含汞废物产污流程

原生汞/再生汞生产过程产生的含汞废物包括采矿过程产生的废石、采选粉尘,选矿过程产生的尾矿渣及冶炼过程产生的冶炼渣、废汞炱、含汞污泥、冶炼粉尘等[4~8],我国原生汞/再生汞冶炼过程中含汞废物产污流程如图 3-2 所示。

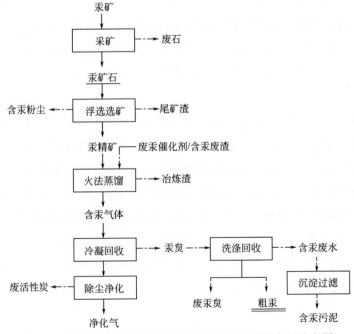

图 3-2　我国原生汞/再生汞冶炼过程中含汞废物产污流程图

汞矿开采过程产生的废弃矿石——含汞废石，其汞含量低，一般将其回填至矿坑。废石的产生量主要受矿体分布的影响，由于不同矿区的矿体分布情况不同，较难统计，一般情况下，废石的产生量较大，虽然汞含量低，但其排放总量仍然较大，具有一定的环境风险。

选矿过程产生的含汞废物包括破碎、分选过程产生的含汞粉尘和精选过程产生的尾矿渣，由于汞含量较低，大都堆存在专用尾矿库中。据不完全统计，2010 年我国选矿过程产生的含汞粉尘和尾矿渣的总量为 17.84 万吨[1]。随着汞矿资源的逐渐枯竭，每年汞矿采选过程产生的选矿含汞粉尘、尾矿渣逐渐减少，而由于缺乏有效的综合利用技术，总量很大，对周边水体、土壤造成了环境威胁，也是目前我国亟待解决的环境问题之一。

汞冶炼过程产生的含汞废物包括冶炼渣、废汞灵、含汞污泥、冶炼粉尘。其中废汞灵、冶炼粉尘和含汞污泥中汞含量较高，一般进行返炉冶炼。而冶炼渣中汞含量低，一般将其安全堆存，待经济技术条件成熟时再进行金属回收利用。

### 3.2.2 含汞废物产污过程汞分布特征

#### 3.2.2.1 原生汞冶炼过程含汞废物汞分布特征

选择某典型原生汞火法冶炼企业为调查对象，对该企业各个生产环节中的含汞废物开展采样测试，调查其生产情况、原辅料消耗情况等，采用物料衡算的方法研究其生产过程中含汞废物的汞分布特征，为含汞废物的处理处置及环境管理提供参考。

某原生汞冶炼企业产生的含汞废物主要包括废汞灵冶炼渣、含汞污泥、废汞活性炭等。该企业工艺流程如下：汞精矿经挤压脱水后，送到冶炼车间，加入一定量的生石灰与汞精矿搅拌均匀。待汞精矿中的水分蒸发到一定程度后，投入焙烧炉内焙烧，控制温度在 650~850℃，使矿料中的 HgS 转化为汞蒸气，硫余留在渣中。汞蒸气首先进入冷却水箱，然后进入列管冷凝器，使汞沉降集于集汞槽内，尾气经两级串联填料吸收塔后经 30m 烟囱排放。

该企业生产过程中含汞废物汞分布特征如图 3-3 所示。

由图 3-3 可见，该企业生产过程中约 90% 的汞得到了回收，其余汞主要进入汞灵渣、废活性炭、含汞污泥中，余量汞进入冶炼渣及随尾气排放。其中含汞较高的汞灵渣、废活性炭、含汞污泥等经预处理后返炉或送往再生汞

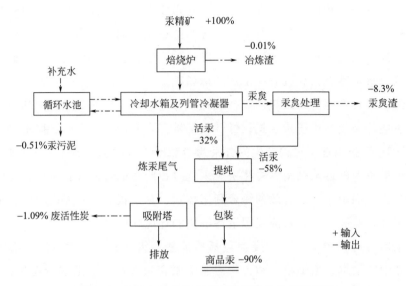

图 3-3　某原生汞冶炼企业含汞废物汞分布特征图

企业进一步回收汞，剩余少量废物按危险废物处置。产生的冶炼渣大部分经鉴定不属于危险废物，主要堆存在厂区内，待技术经济条件允许后再进行综合利用。

### 3.2.2.2　再生汞冶炼过程含汞废物汞分布特征

再生汞行业最常用的工艺是火法蒸馏工艺[5~7]，生产基本流程是：废汞催化剂或含汞废渣首先进行加碱预处理，其中的氯化汞被氧化为氧化汞；经预处理的原料输送至燃气蒸馏炉，控制炉温在 750℃ 左右，运行约 8h，原料中的汞蒸发进入尾气中，含汞尾气经多管冷凝器处理得到活汞和汞冑，汞冑进一步进行旋流器处理后得到活汞；经冷凝后的含汞尾气进入焦炭吸附塔和活性炭吸附塔除汞后排放。在此过程中产生的汞冑残渣干燥后返回蒸馏炉继续炼汞；产生的废水经沉淀处理后得到的含汞污泥进行干化后返回蒸馏炉炼汞。

由图 3-4 可见，该企业生产过程中约 96% 的汞得到了回收，其余汞主要进入汞冑渣、废活性炭、含汞污泥、废焦炭、蒸馏渣中，少量汞随尾气排放。以上固体废物中的汞主要进行返炉处理，最后排出的炉渣经鉴定不属于危险废物的部分堆存在厂内，待技术经济允许时再综合利用，属于危险废物的炉渣按危险废物处理处置。

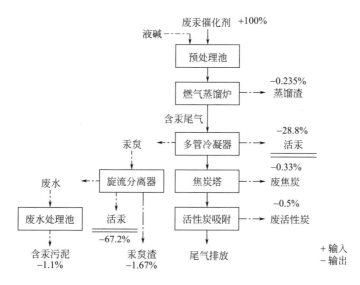

图 3-4　某再生汞冶炼企业含汞废物汞分布特征图

# 3.3　原生汞/再生汞行业含汞废物特性分析

## 3.3.1　含汞废物特性分析方法

针对我国原生汞/再生汞行业产生的含汞废物分别进行物理化学特性分析，其主要分析程序如图 3-5 所示。

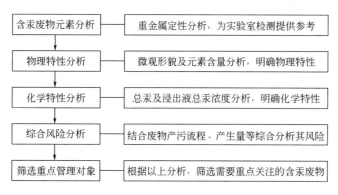

图 3-5　含汞废物分析程序

含汞废物特性分析方法及仪器见表 3-1。

表 3-1　含汞废物特性分析方法及仪器

| 分析项目 | 分析方法 | 仪器 | 标准依据 |
|---|---|---|---|
| 重金属元素定性分析 | X 射线辐照分析 | 手持便捷式 XRF 分析仪 | — |
| 形貌分析、能谱分析 | 扫描电镜与 X 射线能谱分析 | SEM 和 EDS 分析仪 | — |
| 总汞分析 | 原子荧光法 | 微波消解仪＋原子荧光分析仪 | 《固体废物　汞、砷、硒、铋、锑的测定　微波消解/原子荧光法》（HJ 702—2014） |
| 浸出毒性分析 | 固体废物硫酸硝酸法浸出＋原子荧光法 | 翻转式振荡仪＋原子荧光分析仪 | 《固体废物　浸出毒性浸出方法　硫酸硝酸法》（HJ 299—2007） |

### 3.3.2　尾矿渣

尾矿渣是汞矿选矿过程废弃的含汞废物，品位较低，不能用作炼汞原料，一般将其储存在专用尾矿库中。早期主要采用露天采矿和人工选矿，产生的尾矿渣含汞量较高。而近几年主要采用浮选法或重-浮联合法进行选矿，其产生的尾矿渣含汞量较低。

我国早期尾矿渣的汞含量一般平均为 240mg/kg，近期汞含量一般平均为 180mg/kg，主要堆存在尾矿库中，目前，据不完全统计，我国约有规模较大的尾矿库 5 个以上，其中某尾矿库堆积坝实际高度达到设计高度的 87%（总设计库容 12.5 万立方米），占用了大量土地，并对周边环境造成了威胁，其治理刻不容缓。

某大型尾矿库尾矿渣样品的分析结果表明，早期尾矿渣样品中除含有少量汞外，还含有较多的 Si、Sb 等，近期尾矿渣样品中除含有少量汞外，还含有较多的 Ca、Mg、Sb 等。通过样品微观形貌分析，样品表面主要由较大颗粒物构成，具有一定的活性。

① 早期老尾矿渣样品外观为面状，表面呈银灰色，颜色和颗粒分布均匀，样品较干（见图 3-6）。近期新尾矿渣样品外观为泥状，表面呈银白色，颜色和颗粒分布均匀，样品很湿（见图 3-7）。

② 按照《固体废物　汞、砷、硒、铋、锑的测定　微波消解/原子荧光法》（HJ 702—2014）分析样品及浸出液中总汞含量，早期老尾矿渣结果为 240mg/kg，汞浸出浓度为未检出。近期新尾矿渣结果为 180mg/kg，汞浸出浓度为未检出。

③ 采用 X 射线荧光光谱仪对粉碎后的样品进行了主要成分分析，结果见表 3-2。

图 3-6 原生汞矿老矿区尾矿渣外观

图 3-7 原生汞矿新矿区尾矿渣外观

表 3-2 样品组分及含量（以氧化物计）

| 早期矿渣样品 | MgO | CaO | Fe₂O₃ | Sb₂O₃ | HgO | Al₂O₃ | SiO₂ |
|---|---|---|---|---|---|---|---|
| 含量（质量分数）/% | 1.7 | 2.48 | 0.26 | 5.67 | 0.05 | 1.36 | 58.95 |
| 近期矿渣样品 | MgO | CaO | Fe₂O₃ | Sb₂O₃ | HgO | PbO | |
| 含量（质量分数）/% | 18.87 | 31.46 | 1.29 | 2.25 | 0.03 | 0.32 | |

④ 样品扫描电镜观察及能谱分析。老矿区尾矿渣样品形貌是基体上分布众多大小不等的颗粒，粒径范围 0～0.35mm，如图 3-8 所示；新矿区尾矿渣样品形貌是基体上分布少量大小不等的颗粒，粒径范围 0～0.1mm，如图 3-9 所示。能谱显示老矿区样品主要含有 Si、Sb、Ca、Mg、Al，少量 Fe、Hg，如图 3-10 所示；新矿区样品主要含有 Ca、Mg、Sb、Fe，少量 Hg，如图 3-11 所示。

图 3-8 老矿区的尾矿渣样品形貌

图 3-9　新矿区的尾矿渣样品形貌

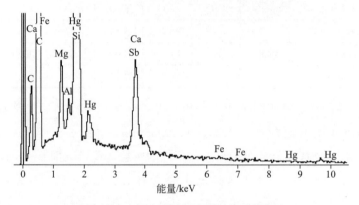

图 3-10　老矿区尾矿渣样品能谱分析

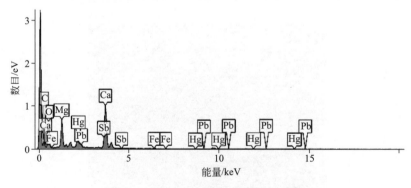

图 3-11　新矿区尾矿渣样品能谱分析

### 3.3.3　汞冶炼渣

汞冶炼过程产生的含汞固废主要是冶炼渣，一般汞冶炼渣中汞含量为

80～190000mg/kg[1]，最初产生的冶炼渣含汞高，返炉继续冶炼，最后品位达不到要求的冶炼渣堆存在渣场，因其还含有较多量的汞，环境风险较大。

某原生汞/再生汞冶炼过程汞冶炼渣样品的分析结果表明：①该原生汞冶炼渣样品汞含量为 300mg/kg，汞浸出浓度为 0.09mg/L，如图 3-12 所示。由于样品汞含量较高，未能得到其形貌、能谱分析图，但总体上看，汞冶炼渣的重金属汞含量高，其浸出浓度已经接近标准限值（0.1mg/L），具有较大的环境风险。②废汞催化剂冶炼渣样品中除含有少量汞外，还含有 Ca、Cl、Al 及少量 Pb、As、Zn 等。该样品中汞含量为 239mg/kg，汞浸出浓度为 0.01mg/L，样品物质聚集成不规则块，表面粗糙，且分布着较多小颗粒，活性较强，如图 3-13 所示。③酸泥冶炼渣样品中含 Cl、Pb、Al、Hg 及少量 Zn 等。该样品中汞含量为 270mg/kg，汞浸出浓度为 0.04mg/L，样品物质聚集成不规则团，表面很粗糙，且分布着较多细小颗粒，活性强，如图 3-14 所示。

图 3-12　原生汞冶炼渣

图 3-13　废汞催化剂冶炼渣

图 3-14　酸泥冶炼渣外观

① 原生汞冶炼渣样品外观为黏性块状，黑色，样品较湿，含水率40%。废汞催化剂冶炼渣样品外观为圆柱状，浅灰色，样品干；酸泥样品外观为块状，深灰色，含水率约20%。

② 按照《固体废物 汞、砷、硒、铋、锑的测定 微波消解/原子荧光法》（HJ 702—2014）分析样品及浸出液中总汞含量，结果为原生汞冶炼渣300mg/kg，汞浸出浓度为0.09mg/L；废汞催化剂冶炼渣239mg/kg，汞浸出浓度为0.01mg/L；酸泥冶炼渣270mg/kg，汞浸出浓度为0.04mg/L。

③ 采用X射线荧光光谱仪对粉碎后的样品进行了主要成分分析，结果见表3-3。

表 3-3　样品组分及含量（除 Cl 外，其他元素均以氧化物计）

| 废汞催化剂冶炼渣 | CaO | Cl | SiO₂ | Al₂O₃ | Na₂O | Fe₂O₃ | PbO | As₂O₃ | ZnO | HgO |
|---|---|---|---|---|---|---|---|---|---|---|
| 含量(质量分数)/% | 6.66 | 2.84 | 2.64 | 2.38 | 1.54 | 1.14 | 1.01 | 0.13 | 0.10 | 0.01 |
| 酸泥冶炼渣 | Cl | BaO | PbO | Al₂O₃ | HgO | Na₂O | Fe₂O₃ | CaO | ZnO | |
| 含量(质量分数)/% | 1.18 | 1.10 | 0.48 | 0.47 | 0.35 | 0.34 | 0.29 | 0.27 | 0.06 | |

④ 样品扫描电镜观察及能谱分析。废汞催化剂蒸馏渣基体上样品大部分物质团聚一起，其他部分呈碎块状零星散布，团聚块粒径范围0.6～1mm，如图3-15所示；酸泥蒸馏渣的物质聚集成团块，表面有很多细小银白晶粒，如图3-16所示。能谱显示废汞催化剂蒸馏渣样品中含有少量的Ca、Cl、Si元素，微量的Al、Na、Hg、Pb、Fe元素，可能含有极微量的Zn、As，如图3-17所示；酸泥冶炼渣样品中含有少量的Cl、Ba、Pb、Al、Hg、Na等元素，微量的Fe、Ca、Zn元素，如图3-18所示。

图 3-15　废汞催化剂蒸馏渣形貌

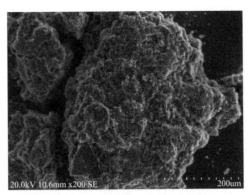

图 3-16　酸泥蒸馏渣样品形貌

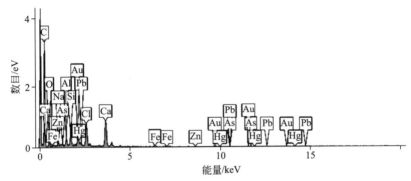

图 3-17　废汞催化剂冶炼蒸馏渣样品能谱分析

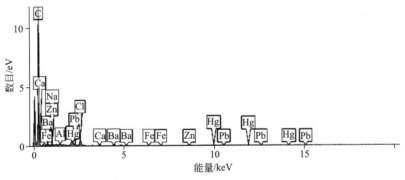

图 3-18　酸泥冶炼渣样品能谱分析

### 3.3.4　废汞凒

火法炼汞主要是通过冷凝过程回收液态金属汞，同时烟气中的灰尘等杂质经冷凝过程与汞混合在一起进入汞凒收集槽，汞凒经过水力旋流分离器或机械蒸馏炉处理得到金属汞，最后剩余的废汞凒返炉处理。

某汞冶炼过程废汞凒样品的分析结果表明，该样品汞含量为 110025mg/kg，汞浸出浓度为 5.43mg/L。由于样品汞含量高，未能得到其形貌、能谱分析图，废汞炱的重金属汞含量高，其浸出浓度远超过标准限值（0.1mg/L），具有极大的环境风险。

① 样品外观为颗粒状，黑色颗粒中夹杂较多水银珠，样品较湿。如图3-19 所示。

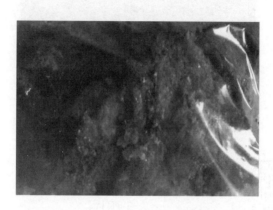

图 3-19　废汞炱样品外观图

② 按照《固体废物　汞、砷、硒、铋、锑的测定　微波消解/原子荧光法》（HJ 702—2014）分析样品中总汞含量，结果为汞含量 110025mg/kg，汞浸出浓度为 5.43mg/L。

### 3.3.5　含汞污泥

该行业产生的含汞污泥主要是含汞废水经化学沉淀产生的污泥，其汞含量极高，流动性强，毒性大，一般将其干化后返炉处理，其余少量污泥作为危废（危险废物）外运处置。某汞冶炼过程含汞污泥样品的分析结果表明，该样品汞含量为 4100mg/kg，汞浸出浓度为 1.43mg/L。由于样品汞含量高，未能得到其形貌、能谱分析图，含汞污泥中汞浸出浓度＞0.1mg/L，具有较大的环境风险。

① 样品外观为污泥，样品很黏、湿，深黑色，含水率53％。含汞污泥样品外观如图 3-20 所示。

② 按照《固体废物　汞、砷、硒、铋、锑的测定　微波消解/原子荧光法》（HJ 702—2014）分析样品中总汞含量，结果为汞含量 4100mg/kg，汞浸出浓度为 1.43mg/L。

图 3-20　含汞污泥样品外观图

### 3.3.6　含汞土壤

　　我国原生汞/再生汞生产过程产生的含汞废水、废气、固废的排放造成了周边土壤的严重污染，段志斌等研究我国万山地区含汞土壤汞含量在 $0.33\sim850mg/kg$ [9]。随着国家"土十条"的正式发布，土壤风险管控与修复成为我国的热点问题，因此含汞土壤的特性和修复技术也成为我国重点关注对象之一。某典型含汞尾矿库下游土壤样品的分析结果表明，该样品中除含有一部分汞外，还含有较多的 Si、Al、K、Ti 等，同时含有少量 Sn、Ba。样品中汞含量较高，为 780mg/kg，汞浸出浓度为 0.12mg/L，通过样品微观形貌分析，样品表面比较粗糙，且分布着较多颗粒，在环境中容易迁移，存在较大的环境风险。

　　① 样品为某含汞尾矿库下游表层土壤（200mm 内），呈棕黄色，主要由颗粒物组成，含水率30%。含汞尾矿库下游表层土壤外观如图 3-21 所示。

图 3-21　含汞尾矿库下游表层土壤外观

② 按照《土壤和沉积物 汞、砷、硒、铋、锑的测定 微波消解/原子荧光法》(HJ 680—2013) 分析样品及浸出液中总汞含量，结果为780mg/kg，汞浸出浓度为0.12mg/L。

③ 采用X射线荧光光谱仪对粉碎后的样品进行了主要成分分析，结果见表3-4。

表 3-4 样品组分及含量 (以氧化物计)

| 样品 | TiO$_2$ | Al$_2$O$_3$ | ZrO$_2$ | SiO$_2$ | Fe$_2$O$_3$ | K$_2$O | SnO | BaO | HgO |
|---|---|---|---|---|---|---|---|---|---|
| 含量(质量分数)/% | 3.00 | 14.61 | 2.07 | 20.32 | 6.90 | 7.02 | 1.31 | 0.16 | 2.68 |

④ 样品扫描电镜观察及能谱分析。样品表面不均匀分布大小不等的颗粒，最大颗粒粒径约0.23mm，如图3-22所示。能谱显示样品主要含有 Si、Al、K、Hg、Ti 等，同时含有少量 Sn、Ba。如图3-23所示。

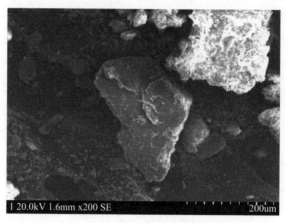

图 3-22 含汞土壤样品形貌

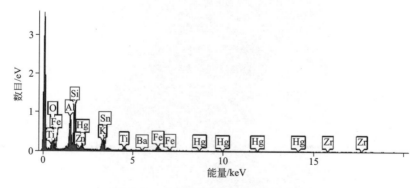

图 3-23 含汞土壤样品 EDS 能谱分析

### 3.3.7　含汞废物综合风险分析

含汞废物的风险影响因素主要包括废物产生量、产污特征、废物理化特性、毒性及处理处置安全性等，同时考虑到政府监管等因素，因此，主要基于以上影响因素对我国原生汞采选冶行业的含汞废物进行综合风险分析，以从含汞废物特性角度分析其风险特征，为其处理处置提供参考依据，也为该行业含汞废物的环境管理提供帮助。原生汞/再生汞行业含汞废物综合风险分析见表3-5。

表 3-5　原生汞/再生汞行业含汞废物综合风险分析

| 分析项目 | 尾矿渣 | 汞冶炼渣 | 废汞炱 | 含汞污泥 | 含汞土壤 |
|---|---|---|---|---|---|
| 产污特征 | 来源于选矿过程，容易产生 | 来源于冶炼过程，容易产生 | 来源于冶炼过程，多被利用，不外排 | 来源于水处理过程，多被利用或按危废处置 | 来源于涉汞企业周边农田污染土 |
| 产生量 | 大 | 较小 | 较大 | 小 | 大 |
| 理化特性 | 总汞 180～240mg/kg，具有一定活性，含有较多Sb | 总汞 239～300mg/kg，活性大，含有少量Pb、Zn等 | 总汞含量110025mg/kg | 总汞含量4100mg/kg | 总汞含量780mg/kg，活性大，含有Si、Al、K、Ti等 |
| 毒性 | 汞浸出浓度：未检出 | 汞浸出浓度：0.01～0.09mg/L | 汞浸出浓度：5.43mg/L | 汞浸出浓度：1.43mg/L | 汞浸出浓度：0.12mg/L |
| 处理处置安全性 | 堆存尾矿库，不易利用 | 堆存至渣场，不易利用 | 回收利用 | 回收利用，少量按危废处置 | 未得到有效的处理处置 |
| 监管要求 | 监管较严 | 一般监管 | 监管较严 | 严格监管 | 监管渐严 |

由表3-5可知，①尾矿渣汞含量较低，毒性较小，但其产生量大，且含有一定量的Sb资源，在条件允许时可进行综合利用，政府监管较严；②汞冶炼渣汞含量较高，具有一定的毒性，其产生量较小，一般多堆存在厂内，政府监管程度一般；③废汞炱汞含量很高，毒性大，一般企业均将其综合利用，几乎不外排，政府监管也较严；④含汞污泥汞含量很高，毒性大，属于严格管控的危险废物，一般企业将其干燥后返炉处理，或按危废处置；⑤该行业企业周边土壤汞含量较高、毒性较大，企业还没有进行有效的处理处置，而政府监管越来越严。

综上所述，我国原生汞/再生汞行业产生的含汞废物监管较严的包括废汞炱、含汞污泥和尾矿渣、含汞土壤，前两者已明确为危险废物，其中，废汞炱产生量较大，企业一般采用水力分级方法处理，风险较大；含汞污泥产生量小，企业一般将其干化后返回冶炼炉，少量按危废外运处置。尾矿渣、含汞土壤的处理处置虽然没有明确的法律法规及国家标准等，但已经逐渐被当地政府列入了重点环境治理对象之一。因此，我国原生汞/再生汞行业风险较大，受到较大关注的含汞废物主要为废汞氡、尾矿渣、含汞土壤。

## 3.4 原生汞/再生汞行业含汞废物处理处置

目前，我国原生汞采选冶企业对含汞废物的处理处置包括厂内综合利用和堆存，主要问题之一是生产过程中产生的汞氡采用传统的水力分级法回收汞，该方法存在操作复杂、生产效率低、二次污染重等问题，急需开发高效率、自动化程度高、清洁污染少的资源化回收技术。汞选矿过程产生的尾矿渣大都堆存在尾矿库中，堆存量巨大，对周边环境造成了很大的风险隐患，亟待开发相应的处理处置技术。另外，我国涉汞企业场地及周边农田污染土壤面积大，污染程度各异，也具有较大的环境风险，急需开发相应的处理处置技术。

### 3.4.1 废汞氡处理处置

汞冶炼企业对汞氡的处理一般是将其进行加热或利用水力旋流器高效回收汞，然后将汞氡残渣/泥返回冶炼炉继续炼汞。采用水力旋流器处理汞氡是企业最常用的方法，该方法利用汞的密度比其他杂质和水较重的特点，从旋流器底部将汞分离回收，汞回收率不高、操作复杂，产生的含汞废水需要进一步处理。近年来，我国对汞氡的处理技术研发主要集中在提高汞回收率和自动化水平上，湿法冶金技术是汞氡资源化回收技术的主要方向，固相电还原技术是其中主要技术之一。

（1）水力旋流技术

水力旋流技术是将汞氡加水以矿浆形式通入水力旋流器内，利用矿浆中汞与其他物质粒径、密度不同而产生的离心力不同，汞被抛向筒壁，按螺旋线轨迹下旋到底部，从沉砂口排出得到回收。而其他轻物质及细颗粒向筒壁移动的速度较小，被朝向中心流动的液体带动由中心溢流管流出，成为溢流。水力旋流技术原理如图 3-24 所示。

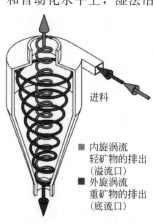

进料

■ 内旋涡流
轻矿物的排出
（溢流口）
■ 外旋涡流
重矿物的排出
（底流口）

图 3-24　水力旋流技术原理图

该技术是传统的汞分离回收技术，多次循环使用可提高汞回收率。该技术具有设备构造简单、占地面积小、造价低、材料消耗少等优点，适用于高浓度汞泥（50%以上）的处理。

（2）固相电还原技术

固相电还原技术是利用汞和汞的化合物在电池充电过程中被还原的特性，将汞泥中的汞在电解池中从电极阴极析出的过程，该技术充分利用了汞的电解还原特性，将其电解分离回收，汞回收率较高，可实现自动化生产，且省略了废气治理步骤，成本低。适用于较高浓度汞泥、汞盐及其他含汞固废（废汞催化剂、含汞冶炼渣等）的处理处置[10,11]。

① 电解还原基本原理　利用汞及汞的化合物在阴极发生还原反应，电解液中的 $OH^-$ 和 $Cl^-$ 在阳极发生氧化反应，而使金属汞在阴极析出实现分离回收。主要电解反应式如下。

阴极反应式[10,11]：

$$HgSO_4 + 2e^- \longrightarrow Hg\downarrow + SO_4^{2-}$$

$$HgS + 2e^- \longrightarrow Hg\downarrow + S^{2-}$$

$$HgO + H_2O + 2e^- \longrightarrow Hg\downarrow + 2OH^-$$

$$HgCl_2 + 2e^- \longrightarrow Hg\downarrow + 2Cl^-$$

$$Hg_2Cl_2 + 2e^- \longrightarrow 2Hg\downarrow + 2Cl^-$$

$$PbSO_4 + 2e^- \longrightarrow Pb\downarrow + SO_4^{2-}$$

$$Sb^{3+} + 3e^- \longrightarrow Sb\downarrow$$

$$As^{3+} + 3e^- \longrightarrow As\downarrow$$

$$2H^+ + 2e^- \longrightarrow H_2$$

阳极反应式：

$$2OH^- - 2e^- \longrightarrow H_2O + 0.5O_2\uparrow$$

$$2Cl^- - 2e^- \longrightarrow Cl_2\uparrow$$

② 系统运行基本流程　汞泥回收固相电还原系统主要包括备料系统、固相电还原装置、螺旋分离系统。其工作流程：将汞泥或汞盐浆化后均匀送入阴极槽中，该阴极槽自动进入固相电还原系统，开始固相电还原过程。在此过程中，汞及其化合物以元素汞的形式在阴极析出，并沉入槽底，利用汞的密度大于水的特点，定期放出产品金属汞。一个生产周期结束后，将阴极泥自动带出送入螺旋分离机，经螺旋分离产出液态金属汞，然后再进行固液分离，产生的滤液回用至备料浆化，剩余滤渣含汞很低，对环境危害

小[10,11]。汞氽/汞盐固相电还原系统工艺流程如图3-25所示。

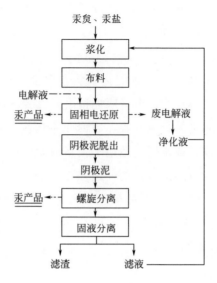

图 3-25 汞氽/汞盐固相电还原系统工艺流程图[10,11]

③ 技术效果 该技术具有汞回收率高、自动化程度高、操作简单、成本低等优势。平均汞回收率95%以上，每吨汞直接运行成本1450.10元，间接费用约为147元，该技术具有金属回收率高、综合利用好和较好的经济效益的特点[10,11]。

### 3.4.2 尾矿渣处理处置

目前，我国原生汞企业的尾矿库内堆存了大量的尾矿渣，亟待进行处理处置。依据3.3.3节所述，尾矿渣除含有少量汞外，还含有较多的Sb，因此，开发Sb资源回收和Hg无害化处理是其处理技术的主要发展方向。目前，我国还没有对尾矿渣的处置技术报道，相似的处置技术包括含汞废渣的无害化处置、汞锑复合矿汞锑火法及湿法分离技术等，本书重点介绍以下几种技术，以期为新技术的开发提供参考。

（1）含汞废渣的无害化处置技术

近年来，国内谢锋等开展了含汞废渣无害化处置技术研究，获得了相应的发明专利。该技术主要采用硫代硫酸盐溶液将含汞废物中的汞以络合物的形式浸出，然后在60℃以上条件下鼓入二氧化碳将体系中的汞转化为硫化汞析出，或者对浸出液加入硒化物使汞转化为硒化汞析出。该技术对含汞废渣的可溶态汞浸出率为 99%～99.9%，总汞回收率 80%～82.9%[12~14]。

① 技术原理　将含汞尾渣采用硫代硫酸盐溶液进行络合浸出，使含汞尾渣中可迁移态汞转移至浸出液，然后在 60℃ 以上条件下鼓入二氧化碳将体系中的汞转化为硫化汞析出，或者对浸出液加入硒化物使汞转化为硒化汞析出。

硫代硫酸盐浸出含汞固废物主要基于以下反应[12~14]：

$$Hg^{2+} + 2S_2O_3^{2-} \Longrightarrow [Hg(S_2O_3)_2]^{2-} \qquad lgK_2 = 29.44$$

$$Hg^{2+} + 3S_2O_3^{2-} \Longrightarrow [Hg(S_2O_3)_3]^{4-} \qquad lgK_3 = 31.90$$

$$Hg^{2+} + 4S_2O_3^{2-} \Longrightarrow [Hg(S_2O_3)_4]^{6-} \qquad lgK_4 = 33.24$$

② 技术流程　该技术流程包括：搅拌浸出、浸出液分解、絮凝沉降及固液分离。其工艺流程如图 3-26[12~14]所示。

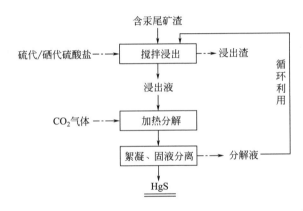

图 3-26　硫代硫酸盐浸出技术从含汞废渣中回收汞技术流程图[12~14]

a. 搅拌/堆浸浸出。将含汞尾矿渣加入硫代硫酸盐、硒代硫酸盐的混合溶液，在常温下进行搅拌浸出或采用堆浸方式浸出，然后进行固液分离，得到浸出液和浸出渣。

b. 浸出液分解。将得到的浸出液加热至 60℃ 以上，同时鼓入二氧化碳气体，强制分解，使活性汞化合物转化为硫化汞析出。

c. 絮凝沉降。将产生的硫化汞沉淀物加入 1～2g/L PAM，使其絮凝沉降。

d. 固液分离。将得到的絮凝沉降物进行固液分离操作，得到硫化汞沉淀和分解液，溶液中 99% 以上的汞转化为含汞沉淀[12~14]。

该技术生产设备少、操作简单，可溶态汞浸出率高达 99.9% 以上，总汞回收率80%以上[12~14]。该技术能够将含汞尾矿渣的汞转化为溶解度低、稳定性高、毒性小的硫化汞或硒化汞沉淀形式，消除了含汞尾渣中汞对环境的污染危害，同时处理含汞尾渣所用的浸出溶液可重复使用，全过程无含汞废气和含汞废水排放，是一种较为理想的技术方法。

（2）汞锑复合矿汞锑火法分离技术

周炜、刘源园等开发了一种环保汞锑复合矿汞锑分离方法及装置，该技术是采用鼓风炉将汞锑复合矿粉末高温加热至1200~1400℃，得到三氧化二锑和汞蒸气，然后用反射炉将三氧化二锑和煤反应回收锑，回收率达97.5%以上；然后采用循环冷却装置对汞蒸气冷却至30~40℃，使汞的回收率高达98.5%以上，汞锑中不产生互含物[15]。

① 技术原理　汞锑复合矿在高温1200~1400℃下，发生以下氧化反应：$2Sb_2S_3 + 9O_2 \Longrightarrow 2Sb_2O_3 + 6SO_2$，$HgS + O_2 \Longrightarrow Hg + SO_2$。其中，$Sb_2O_3$以颗粒物形式存在，Hg以汞蒸气形式存在。通过鼓风机将其吹入多级表冷室，其中部分$Sb_2O_3$粉末沉积回收，然后再进入布袋除尘器将其余$Sb_2O_3$颗粒物捕获。最后含汞气体进入循环冷却器冷却回收金属汞。$Sb_2O_3$可通过在反射炉内与煤炭反应，得到金属锑，反应式如下：$2Sb_2O_3 + 3C \Longrightarrow 4Sb + 3CO_2$。

② 技术流程　该技术主要包括鼓风炉、鼓风机、多级表冷室、引风机、$Sb_2O_3$过滤室及汞冷却回收装置[15]。其技术流程如图3-27所示。

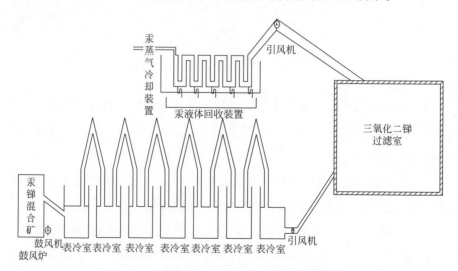

图3-27　汞锑复合矿火法分离回收技术流程图[15]

③ 技术效果　试验结果表明，该技术对汞锑复合矿（品位：含 40% 的锑和 6% 的汞）汞的回收率达 98.65%、锑的回收率达 97.8%；对浮选分离后的含汞锑精矿（品位：含 43% 的锑和 1% 的汞）汞的回收率达 98.53%、锑的回收率达 98.3%；对含锑的汞精矿（品位：含 20% 的锑和 50% 的汞）汞的回收率达 99.26%、锑的回收率达 97.5%[15]。

（3）汞锑复合矿汞锑湿法分离技术

张正洁等开发了一种汞锑混合矿协同锑提取的方法，该技术是利用碱洗湿法浸出的原理，将汞锑混合矿中的汞锑一起浸出进入溶液中，然后利用电解沉积技术将它们转化为汞锑合金，对其进行真空分离而得到粗汞和粗锑，最后分别冶炼得到金属汞和锑。金属汞的综合回收率 99% 以上，金属锑的综合回收率 97% 以上[16]。

① 技术原理　汞锑混合矿中的含锑化合物容易与硫化钠反应，生成溶于水的硫代亚锑酸钠，见反应式（1）、式（2）。在 pH＝13.6～14.2 时，$SbS_3^{3-}$ 配位离子稳定。汞锑混合矿中的含汞化合物在常温下可与硫化钠反应生成可溶性复合物，见反应式（3）。碱洗浸出液选用 $Na_2S$ 和 NaOH 的混合溶液，NaOH 的作用是抑制 $Na_2S$ 的水解，见反应式（4）。

$$Sb_2S_3 + 3Na_2S =\!=\!= 2Na_3SbS_3 \tag{1}$$

$$Sb_2O_3 + 6Na_2S + 3H_2O =\!=\!= 2Na_3SbS_3 + 6NaOH \tag{2}$$

$$Na_2S + HgS \longrightarrow HgS \cdot Na_2S \tag{3}$$

$$Na_2S + H_2O =\!=\!= NaOH + NaHS \tag{4}$$

对浸出液进行电解，其中 $SbS_3^{3-}$ 在阴极发生还原反应生成金属 Sb，$HgS_2^{2-}$ 在阴极发生还原反应生成金属 Hg，两者组成汞锑合金，最后将汞锑合金进行真空分离得到粗汞和粗锑，进一步精制得到金属汞和金属锑。

浸出液锑电解总反应式：$2Na_3SbS_3 + 6NaOH =\!=\!= 2Sb + 6Na_2S + 3H_2O + 1.5O_2$

浸出液汞电解总反应式：$Na_2HgS_2 + 2NaOH =\!=\!= Hg + 2Na_2S + H_2O + 0.5O_2$

② 技术流程　将汞锑混合矿加入 $Na_2S$ 和 NaOH 的混合溶液进行两级湿法浸出，得到的汞锑富液进入电解工序，二次滤渣经洗涤后的滤液重复利用。汞锑富液经两级电解沉积得到汞锑合金和汞锑贫液，汞锑合金进入分离工序，而汞锑贫液经结晶、离心分离后得到 $Na_2S$ 晶体，母液回用于浸出工序。汞锑合金采用真空熔炼炉进行加热，生成的蒸气冷凝后进入水吸收塔得

到粗汞和粗锑，粗汞经除杂后得到精汞，粗锑采用火法精炼得到金属锑[16]。其技术流程如图3-28所示。

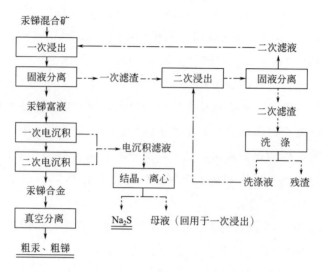

图 3-28 汞锑复合矿湿法分离回收技术流程图[16]

③ 技术效果 试验结果表明，该技术对汞锑混合矿（品位：含 1.53% 的锑和 0.52% 的汞）汞的回收率达 99% 以上、锑的回收率达 98% 以上[16]，该技术具有生产过程清洁环保、金属汞和锑回收率高的特点，具有较好的应用价值。

### 3.4.3 含汞土壤处理处置

目前，我国原生汞/再生汞生产企业周边土壤污染比较严重，有研究表明，我国铜仁汞矿地区周边土壤总汞含量 5.1～790mg/kg，务川汞矿地区土壤总汞含量 0.33～320mg/kg，滥木厂汞矿地区土壤总汞含量 8.4～850mg/kg[9]。由于我国含汞土壤的汞含量差异大，汞在土壤中主要以残渣态形式存在，且汞的迁移特性较为复杂，容易受到土壤中各种物质的作用，其修复难度较大。

目前，我国对含汞土壤修复技术的研究较多，常用的技术主要为淋洗、固化稳定化、热解析、生物修复技术和钝化技术等，这些技术均具有一定的效果，但由于土壤的理化性质不同、污染程度不同等，需要根据实际情况选取适宜的修复技术，含汞土壤修复技术原理、优缺点及适用性分析见表3-6。

## 表 3-6　含汞土壤修复技术原理、优缺点及适用性

| 技术类型 | 技术描述 | 技术优势 | 存在问题 | 适用性 |
|---|---|---|---|---|
| 淋洗 | 采用水或其他药剂溶液将土壤中汞等重金属淋洗出来,淋洗液处理后循环使用 | 能够减少污染土壤体积,设备设施可实现模块化,技术成熟度高,运营成本低 | 技术使用受限、破坏土壤结构、淋洗液处理问题 | 适用于低有机质土壤,不适用于高有机质或黏土土壤及汞污染物与土壤颗粒的密度等性质差异不大的情况[17,18] |
| 固化稳定化 | 采用水泥、硫化物等药剂将汞等重金属固定在水泥晶格中,同时将汞转化为稳定的化学形态 | 适用范围广,可处理所有高浓度含汞土壤及废物,工艺设备简单,技术成熟等 | 固化体在高酸碱条件下存在汞流失风险,混合不足导致处理效果下降,处置成本较高等[17,19] | 适用于高浓度含汞土壤(包括单质汞和价态汞污染) |
| 热解析 | 采用减压加热方法将土壤中汞挥发分离并冷凝回收金属汞 | 充分利用汞的易挥发性,技术成熟,处理时间短,效率高等 | 能耗高、设备设施要求高、破坏土壤结构、含汞废气处理问题 | 适用于较高浓度含汞土壤(包括单质汞和价态汞污染) |
| 生物修复 | 采用超累积植物将汞富集分离,或采用耐汞微生物吸附汞和降低含汞土壤毒性 | 修复成本低,环境友好,不破坏土壤结构 | 汞超累积植物种类少、修复周期长、修复深度有限;微生物修复技术理论基础薄弱、受环境影响大 | 适用于中低浓度污染土壤 |
| 钝化 | 采用生物化学药剂,将土壤中汞等吸附、稳定化,降低汞的生物有效性的方法 | 修复成本低,环境友好,不破坏土壤结构,无二次污染 | 理论基础薄弱,钝化后的重金属经农业生产过程存在汞再次活化风险 | 仅适用于较低浓度污染的土壤 |

由表 3-6 可知,热解析和固化稳定化技术适用于较高浓度含汞土壤,淋洗技术和生物修复技术适用于中低浓度含汞土壤,土壤钝化技术适用于低浓度污染土壤。其中热解析技术的发展方向是开发低温热解析技术;固化稳定化的发展方向是开发汞的固定化效果好、适用于多种形态汞的修复技术;土壤淋洗的发展方向是开发淋洗效率高、对土壤结构破坏小及淋洗液容易处理的技术;生物修复技术的发展方向是开发超富集汞的植物、微生物及植物-微生物联合修复技术;土壤钝化技术的发展方向是开发有效态汞去除率高、钝化效果好、处理后的土壤不容易再次活化的技术。

本书分别从技术原理、优缺点、适用范围等方面对我国 2016～2017 年含汞土壤低温热解析、固化稳定化、淋洗、钝化、植物修复、微生物修复等专利新技术进行了比较分析,为我国含汞土壤修复技术的筛选和应用提供参考。见表 3-7。

表 3-7　2016～2017 年我国典型含汞土壤修复专利技术比较分析[20~26]

| 技术名称 | 技术描述 | 技术优势 | 适用范围 |
|---|---|---|---|
| 一种低温热解修复汞污染土壤的方法 | 将活性炭分散在汞污染土壤中,采用微波加热,使活性炭颗粒所在区域产生高温热点(600℃)脱汞,而土壤整体温度保持在 310℃ 以下 | 该技术借助活性炭特性,利用微波加热实现低温脱汞,脱汞效率 81.7%～83.1%,具有工艺简单、能耗低、易操作等优点 | 该技术可将污染土壤汞含量从 234.17mg/kg 降低至 39.57～42.85mg/kg |
| 一种低温热脱附联合化学稳定修复汞污染土壤的方法 | 在 300～350℃ 下加热含汞土壤脱除易挥发汞,然后加入硫化盐溶液进行硫化反应,再加入亚铁盐沉淀 $S^{2-}$,最后加入黏土矿物及腐殖质再次吸附汞,调节 pH 至 6～7,养护 3 天以上 | 该技术首次开发低温热解析与稳定化联合修复技术,回收了金属汞,使工艺及设备更加简单、易操作,汞固定化率 96.7%～99.8% | 该技术可将某化工厂遗留场地污染土壤(总汞 120mg/kg)使汞浸出浓度从 0.13mg/L 降低至 0.001mg/L 以下 |
| 一种汞污染土壤高效复合稳定剂及汞污染土壤修复的方法 | 将酸性过硫酸盐溶液加入含汞土壤进行氧化反应,然后加入硫化盐溶液进行硫化反应,再加入亚铁盐沉淀 $S^{2-}$,最后加入黏土矿物及腐殖质再次吸附汞,调节 pH 至 6～7,养护 3 天以上 | 该技术对汞固定化率高,为 99.4%～99.8%。适用于多种形态汞污染场地土壤的固化稳定化修复 | 该技术可将某化工厂遗留场地污染土壤(总汞 120mg/kg)使汞浸出浓度从 0.13mg/L 降低至 0.001mg/L 以下 |
| 一种汞污染土壤高效修复方法 | 采用酸性过硫酸盐溶液首先对土壤进行氧化处理,将各种价态汞转化为高价汞离子,然后用 $Na_2S_2O_3$ 溶液、有机酸及碘盐分别淋洗,最后用 NaOH 与 $Na_2S$ 混合溶液进一步淋洗去除 HgS | 该技术土壤汞淋洗率为 78.85%～90.38%,具有淋洗率高、汞残留低的特点 | 适用于所有形态汞污染土壤的修复,该技术可将某汞矿周边农田土壤汞含量从 7.8mg/kg 降低至 0.75～1.65mg/kg |
| 一种农作物修复农田汞污染土壤的方法 | 采用水稻、油菜、苎麻依次种植的方法循环修复含汞土壤。3 月底种植水稻,在秧苗期喷洒微生物菌液,8 月收割,随后种植油菜,成熟后收割,次年 4 月种植苎麻,成熟后收割。可开展多轮修复 | 该技术采取了混合种植依次轮作的方法,实现了对汞的去除。土壤中汞年平均净化率 42%～48% | 该技术可将汞污染农田中的汞含量从 15～128mg/kg 降低至 2.1～15.36mg/kg |
| 一种利用好氧菌异化还原产物矿化土壤汞的方法 | 选取能将亚硒酸钠异化还原的菌种,将其还原产物混合菌液经超声破碎得到目标物,将其施入含汞土壤,数天后,该还原产物可捕获并将其转化为残渣态 | 该技术首次应用某好氧菌还原亚硒酸钠得到的产物与元素汞反应生成硒化汞,从而矿化土壤中的元素汞,对元素汞的矿化率为 47.5%～60.8% | 该技术针对 15～30mg/kg 元素汞污染的土壤,对元素汞矿化率达 47.5% 以上 |
| 一种汞污染土壤修复剂及其制备方法 | 将池塘淤泥、竹炭、壳聚糖、蚯蚓粪、聚丙烯酰胺、硫黄粉等按一定比例、一定工序制备微囊化包装修复剂。将其施加到含汞土壤表面 2cm 厚度,翻耕搅拌,10 天后达到修复效果 | 该技术的药剂成本低,修复过程简单,不破坏土壤结构,汞的固定率为 96.9%～99.3% | 该技术可将污染土壤汞浸出浓度从 5.72mg/L 降低至 0.04～0.18mg/L |

由表 3-7 可知，含汞土壤低温热解析技术和固化稳定化技术适用于高浓度含汞土壤的修复，低温热解析技术具有较大的成本优势，将低温热解析与稳定化技术结合，为含汞土壤修复提供了新的思路，实现了高汞污染土壤的安全修复，具有较好的应用前景。土壤淋洗、生物修复技术适用于中低浓度含汞土壤的修复，其中淋洗技术具有效率高、设备模块化、成本低的优点，对低有机质的土壤适用性好。生物修复技术主要适用于大面积低浓度含汞土壤的修复，其中植物修复存在修复周期长、脱汞效率低、修复深度有限等问题，微生物修复主要问题是对环境条件敏感，修复效果稳定性差。有研究表明[27]，植物与微生物联用技术修复重金属污染土壤具有较好的效果，其修复机理是通过微生物、植物之间的互利作用来提高土壤重金属的修复效率。植物为微生物提供良好的生长环境，叶片光合作用、根系分泌物、落叶残体等为根系土壤微生物提供生长所需的各种营养元素。微生物则通过活化土壤中的重金属，促进植物吸收土壤中的有益生长元素，增加植物对汞的富集，提高植物的修复效率。

## 参 考 文 献

[1] 菅小东，刘景洋. 汞生产和使用行业最佳环境实践[M]. 北京：中国环境出版社，2013.

[2] 有色金属协会官方网站 http://www.chinania.org.cn/[OL].

[3] 中国有色金属工业协会编. 新中国有色金属工业 60 年. 长沙：中南大学出版社，2009.

[4] 周瑞，林青，于跃. 中国原生汞生产行业典型企业 Hg 的污染排放特征[J]. 环境科学研究，2016，29(5)：664-671.

[5] 龙红艳. 再生汞冶炼行业典型企业汞污染源解析研究[D]. 湘潭：湘潭大学，2013：83-84.

[6] 曾华星，胡奔流，张银玲，等. 再生汞冶炼工艺及产污节点分析[J]. 有色冶金设计与研究，2012，33(6)：20-21.

[7] 甘露. 含汞废物再生污染防治技术分析[J]. 有色冶金设计与研究，2014，35(5)：84-85.

[8] 王祖光，蓝虹，吴建民，等. 中国原生汞矿行业现状及未来关停政策建议[J]. 地球与环境，2014，42(5)：659-662.

[9] 段志斌，王济，安吉平，等. 汞矿山废弃地土壤汞污染研究[J]. 环境科学与管理，2016，41(11)：41-44.

[10] 张正洁，陈扬，等. 一种从汞氧或汞盐中环保回收汞的方法[P]：ZL 2013 1 0521388.5. 2015-09-23.

[11] 张正洁，陈扬，等. 从汞氧或汞盐中环保回收汞的设备及其回收方法[P]：ZL 2014 1 0537537.1. 2016.08.24.

[12] 路殿坤，畅永锋，等. 一种络合浸出-强化分解从含汞废渣中回收汞的方法[P]：ZL

201410247462. 3.2016-03-30.

[13] 谢锋，畅永锋，等. 一种堆浸-沉淀稳定化处理含汞废渣的方法[P]：ZL 201410246647. 2.2016-04-20.

[14] 谢锋，畅永锋，等. 一种以硒化物形式从含汞尾渣中回收汞的方法[P]：ZL 201410246637. 9.2016-06-22.

[15] 刘善安. 火法汞锑分离[P]：ZL 201310153174. 7.2014-10-29.

[16] 张正洁，陈扬，等. 一种汞锑混合矿协同提取汞锑的方法[P]：ZL 201710315524. 3.2017-11-03.

[17] Xu J，Kleja D B，Biester H，et al. Influence of particle size distribution, organic carbon, pH and chlorides on washing of mercury contaminated soil[J]. Chemosphere, 2014, 109：99-105.

[18] Bollen A. Mercury extraction from contaminated soils by L-cysteine：species dependency and transformation processes[J]. Water Air Soil Pollut, 2011, 219(1-4)：175-189.

[19] Mulligan C N，Yong R N，Gibbs B F. An evaluation of technologies for the heavy metal remediation of dredged sediments[J]. J Hazard Mater, 2001, 85(1)：145-163.

[20] 邵乐，史学峰，等. 一种汞污染土壤高效复合稳定剂及汞污染土壤修复的方法[P]：ZL 201710687037. X.2017-11-24.

[21] 曹海雷，吕健，等. 一种低温热解修复汞污染土壤的方法[P]：ZL 201710859133. 8.2017-12-22.

[22] 邵乐，史学峰，等. 一种低温热脱附联合化学稳定修复汞污染土壤的方法[P]：ZL 201710737153. 8.2017-11-28.

[23] 邵乐，史学峰，等. 一种汞污染土壤高效复合稳定剂及汞污染土壤修复的方法[P]：ZL 201710687037. X.2017-11-24.

[24] 阮玺睿，莫本田，等. 一种农作物修复农田汞污染土壤的方法[P]：ZL 201710817689. 0.2017-12-29.

[25] 潘响亮，王潇男，等. 一种利用好氧菌异化还原产物矿化土壤汞的方法[P]：CN 104889154 B.2017-03-22.

[26] 王少平. 一种汞污染土壤修复剂及其制备方法[P]：ZL 201610722577. 2.2017-02-08.

[27] 周启星，宋玉芳. 污染土壤修复原理与方法[M]. 北京：科学出版社，2004：156-159.

# 第4章 荧光灯生产行业含汞废物特性及处理处置

## 4.1 荧光灯生产行业发展概况

荧光灯是指利用低气压的汞蒸气在通电后释放紫外线，从而使荧光粉发出可见光的原理进行发光的电光源，主要包括直管荧光灯、环形荧光灯、单端紧凑型节能荧光灯。其构成主要包括玻璃管、灯管电极、惰性气体、金属汞、荧光粉等。近几年来，我国荧光灯使用量迅猛增加，已经取代传统的白炽灯成为我国主要照明电器。在此情况下，每年产生大量废旧荧光灯管，据不完全统计，2011 年产生的废旧荧光灯管约 70 亿只[1]。唐丹平等依据美国荧光灯管废弃量及回收率计算方法，对我国近年来废弃荧光灯管的理论产生量和汞的排放量进行初步分析，结果见表 4-1。

表 4-1 我国废弃荧光灯管理论产生量和汞的排放量[1]

| 年份 | 废弃量/万只 | 汞排放量/t |
|------|------------|-----------|
| 2005 | 99720.6 | 9 |
| 2006 | 133969.7 | 12 |
| 2007 | 142905.0 | 13 |
| 2008 | 185097.0 | 17 |
| 2009 | 237311.4 | 21 |
| 2010 | 287576.0 | 26 |
| 2011 | 370965.7 | 33 |
| 2012 | 476979.4 | 43 |
| 2015 | 669000.0 | 42 |

目前，我国废旧荧光灯管的回收利用技术主要包括干法和湿法处置技术等，其中干法处置技术包括切端吹扫法和直接破碎法，干法处置是当前的主流技术，而湿法处置技术是液态汞荧光灯的处置方法，在早期处理中使用较多。目前国际上最大的废旧荧光灯管干法处置企业包括瑞典的 MRT 公司和美国明尼苏达汞技术公司，其干法处置包括粉碎分选和汞蒸馏两个阶段，第一阶段：灯管粉碎后，分选设备可以将整灯分离出荧光粉、玻璃、导丝和灯座材料，还可以针对灯座进行进一步分离，分离出塑料件和金属，包括铁、铝等金属，甚至可以分离节能灯电路板元件。第二阶段是汞蒸馏：分离过程在负压状态下进行，整个过程污染少。

目前，我国废旧荧光灯的处置率较低，主要问题是缺乏相关法规，没有建立完善的回收体系及缺少补贴政策等，导致大量废旧荧光灯管混入垃圾污染环境。未来随着我国垃圾分类制度的完善、各项相关政策制度的完善、国家汞污染防治力度的加强及相关处置技术的发展等，我国废旧荧光灯管处置率会逐渐上升。

# 4.2 含汞废物产污特征

我国废旧荧光灯管处置技术包括切端吹扫技术、直接破碎处置技术和湿法处置技术，其技术流程、产污节点如下。

（1）切端吹扫技术

切端吹扫分离技术是指先将直管荧光灯的两端切掉，再吹入高压空气将含汞的荧光粉吹出后收集，然后通过蒸馏装置回收汞。主要设备设施包括上料机、分选器、切端吹扫器、破碎分离器及蒸馏设备等。

废旧荧光灯管在处理前对荧光粉进行检测分析稀土成分含量，然后将其投入直管上料机，进入切端吹扫器，其中的稀土荧光粉被吹出后收集，灯头进入储存器储存，其他的铝盖、玻璃等经破碎分选进一步分离。荧光粉进入真空蒸馏器进行蒸馏回收汞，同时回收稀土。在蒸馏过程中产生的含汞废气经活性炭吸附后排放，产污流程如图 4-1 所示。

（2）直接破碎处置技术

直接破碎处置技术是将灯管整体粉碎洗净干燥后，经蒸馏回收汞。其工艺流程是废旧荧光灯管经自动破碎机破碎后进入自动分选器，将铝盖、玻璃

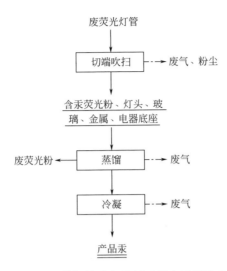

图 4-1  废旧荧光灯管切端吹扫处置过程含汞废物产污流程图

及荧光粉分选出来。荧光粉进入蒸馏器蒸馏回收汞。产生的含汞废气经活性炭吸附后排放，产污流程如图 4-2 所示。该技术处理后的荧光粉纯度不高，一般进行填埋处理。

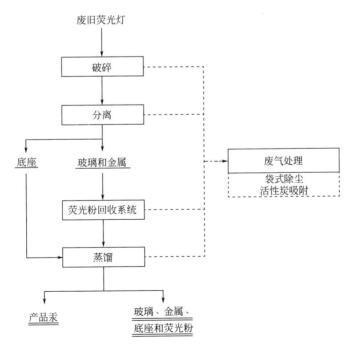

图 4-2  废旧荧光灯管直接破碎过程含汞废物产污流程图

（3）湿法处置技术

湿法处置技术是利用水封防止汞蒸气污染空气的特点，通过水洗脱离玻璃上的残留荧光粉，对汞进行回收。该技术需对产生的含汞废水进行处理，在荧光灯管回收利用的早期处理中使用较多。适用于使用液态汞荧光灯的处理处置。主要设备设施包括破碎机、分选器、清洗槽、磁选分离器及蒸馏设备等。

废旧荧光灯管经水封破碎机破碎后进入水洗清洗槽，利用汞密度大于水的原理将汞分离回收，然后破碎物进入酸洗清洗槽分离出荧光粉，然后再进入水洗漂洗槽和磁选分离器，分离出铝盖、玻璃等。在此过程中主要产生含汞荧光粉。在破碎、清洗过程中产生废气和废水，废气经活性炭吸附后排放，废水经水处理系统处理后排放，产污流程如图 4-3 所示。

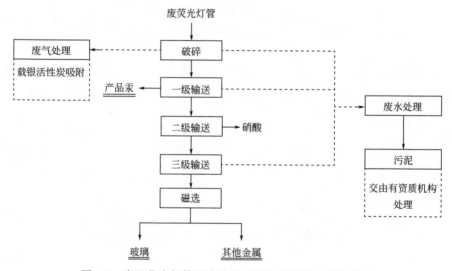

图 4-3　废旧荧光灯管湿法处置过程含汞废物产污流程图

# 4.3　含汞废物特性分析

废荧光灯管处置行业产生的含汞废物主要为废荧光粉。废荧光粉按其利用价值可分为普通卤磷酸钙荧光粉和稀土三基色荧光粉，其中稀土三基色荧光粉中含有宝贵的稀土资源，如钇、铕、铽等，回收价值较大。

## 4.3.1　普通荧光粉

我国废旧荧光灯管处置过程产生的普通荧光粉由于其利用价值低，多被填埋处置，而在废旧荧光灯管处置过程中汞主要富集在荧光粉之中，玻璃上汞含量极少[1,2]。因此其填埋处置具有较大的环境风险。高敏等对上海某荧光灯处置企业产生的荧光粉进行了粒度、形貌及汞含量分析，主要分析结果如下。

（1）样品粒度分布及微观形貌

利用顶击式振筛机和 100 目、200 目、300 目的不锈钢筛网对一定质量的废旧含汞荧光粉原料进行筛分，对应得到粒径分别为 $>150\mu m$、$75\sim150\mu m$、$53\sim75\mu m$ 和 $<53\mu m$ 的筛分物，通过肉眼观察和 SEM 方法分析筛分物粒径分布规律。结果表明，粒径大于 $150\mu m$ 的筛分物占主要部分，约 72.63%，经 SEM 观察，粒径 $>150\mu m$ 和 $53\sim150\mu m$ 的筛分物几乎都是玻璃颗粒，荧光粉主要集中在粒径 $<53\mu m$ 的筛分物中，也是汞主要集中的粒径范围[2]。荧光粉粒径分布如图 4-4 所示，荧光粉原料不同粒径筛分物样品的形貌表征如图 4-5 所示。

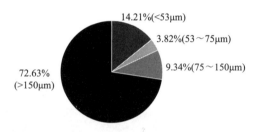

图 4-4　荧光粉粒径分布[2]

图 4-5　荧光粉原料不同粒径筛分物样品的形貌表征[2]
（a）粒径 $>150\mu m$；（b）粒径为 $75\sim150\mu m$；（c）粒径为 $53\sim75\mu m$；（d）粒径 $<53\mu m$

（2）样品汞含量

经测试，荧光粉样品中的汞含量为 60mg/kg，样品颗粒越细，汞浓度越高，根据对各粒径范围样品汞含量测试结果，粒径＜53μm 筛分物中汞在荧光粉原料中的质量分数为 94.97％，即汞主要集中在粒径＜53μm 的荧光粉中，而玻璃颗粒表面残留荧光粉极少，其汞含量也很低[2]。

### 4.3.2　稀土荧光粉

稀土荧光粉是指在外界能量激发下能发荧光的含稀土元素的无机粉末材料，主要包括典型的红粉（$Y_2O_3:Eu$）、绿粉（$Ce_{0.87}Tb_{0.33}MgAl_{11}O_{19}$）和蓝粉（$Ba_{0.86}Eu_{0.14}Mg_2Al_{16}O_{27}$）。武汉理工大学解科峰等对稀土荧光粉进行了形貌分析和成分分析，该稀土荧光粉中红粉质量分数为 39.56％，绿粉为 36.134％，蓝粉为 24.3％。结果表明：①废弃稀土荧光粉物质由大小不等的颗粒构成，表面粗糙，颗粒外形圆润，粗糙的表面和圆润的外形使得废弃荧光粉的比表面积更大，有利于稀土的浸出；②废弃荧光粉中，含量最高的组分是 $Al_2O_3$。其他杂质成分中含量较高的主要为 $P_2O_5$ 和 CaO，稀土成分主要为 $Y_2O_3$，含量高达 22.213％，稀土氧化物总含量占 26.936％，所含稀土元素为 Y、Eu、Ce、Tb、La[3]。废稀土荧光粉形貌如图 4-6 所示。废弃稀土三基色荧光粉组分射线荧光光谱分析见表 4-2。

图 4-6　废弃稀土荧光粉形貌[3]

表 4-2　废弃稀土三基色荧光粉组分射线荧光光谱分析[3]

| 主要分析物 | 化合成分（以氧化物计） | 含量/% |
| --- | --- | --- |
| Al | $Al_2O_3$ | 27.623 |
| P | $P_2O_5$ | 14.415 |
| Ca | CaO | 15.141 |
| Ba | BaO | 2.032 |

| 主要分析物 | 化合成分(以氧化物计) | 含量/% |
|---|---|---|
| Y | $Y_2O_3$ | 23.213 |
| Ce | $CeO_2$ | 2.365 |
| Eu | $Eu_2O_3$ | 1.842 |
| Tb | $Tb_4O_7$ | 0.227 |

# 4.4 含汞废物处理处置

对普通荧光粉的处置主要采用蒸馏法,高敏等的研究结果表明,在恒定氮气量为2L/min的条件下,利用管式炉在700℃的温度下加热240min,汞的蒸馏效果最佳,汞蒸馏效率为61.11%~95.26%[2]。与普通荧光粉相比,稀土荧光粉中含有20%以上的稀土资源,研究废稀土荧光粉的稀土回收利用具有重要的意义。谢科峰等研究了采用盐酸浸出、氨水沉淀、草酸二次沉淀法回收荧光粉中的稀土,取得了一定效果,该技术方案及效果如下。

(1) 稀土荧光粉回收技术方案

稀土荧光粉回收技术主要包括浸出、沉淀两个工序,浸出剂的选取是关键,根据4.3.2节稀土荧光粉特性分析,稀土荧光粉中的稀土含量高的为Y,以氧化物的形式存在,因此不适宜采用碱、盐类浸出[4],常用的酸性浸出剂一般为硫酸、盐酸等,由于荧光粉中钙含量较高,如果用硫酸作浸出剂会生成不易溶于水的硫酸钙,导致硫酸钙颗粒沉积而阻碍稀土的浸出反应,影响效果。因此,选择盐酸作为浸出剂比较合适[3]。

沉淀工序主要是向稀土浸出液中加入碱金属氢氧化物或氨水,沉淀析出凝胶状稀土氢氧化物沉淀,一般该沉淀不易沉降,由于稀土氢氧化物的溶度积常数为20~24,采用分级沉淀法可使其中的非稀土杂质得到分离,从而得到较纯净的稀土氢氧化物沉淀,固液分离后,将稀土沉淀物加入沸水溶解,同时加入草酸溶液进一步沉淀提纯,得到水合稀土草酸盐,将其加热分解处理后最终得到稀土氧化物产品[3]。废弃稀土荧光粉资源化回收工艺流程如图4-7所示。

(2) 稀土荧光粉回收技术效果

实验研究结果表明,在盐酸浓度为4.0mol/L、固液比为10g/mL、搅拌速度为600r/min、反应温度为60℃、加入双氧水0.4mL、反应时间

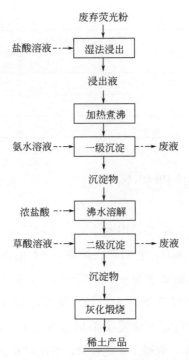

图 4-7　废弃稀土荧光粉资源化回收工艺流程图[3]

60min 条件下，浸出效果最佳，对废弃荧光粉的浸出率达 93.19%[3]。稀土沉淀最佳条件下（氨水浓度 75mg/L、草酸浓度 50g/L 和加入量 100mL/L、沉淀陈化时间 3~4h），废弃荧光粉浸出液中稀土沉淀率为 94.98%，煅烧后得到稀土产品。对其形貌分析结果显示，该产品是以片层结构、花瓣形颗粒为主的高纯度立方晶系 $Y_2O_3$[3]。浸出前废弃稀土荧光粉形貌见图 4-8，煅烧后稀土产品形貌见图 4-9。

图 4-8　浸出前废弃稀土荧光粉形貌[3]

图 4-9 煅烧后稀土产品形貌[3]

## 参 考 文 献

[1] 唐丹平，李敬东，方会，等.废弃荧光灯管回收处理与风险控制技术研究［M］.北京：中国环境出版社，2015.

[2] 高敏，王斌，苑文仪，等.废弃含汞灯具中荧光粉分析及汞处理［J］.安全与环境工程，2016，23（5）：80-84.

[3] 谢科峰.废弃荧光灯无害化、资源化回收处理研究［D］.武汉：武汉理工大学，2007.

[4] 黄礼煌.稀土提取技术［M］.北京：冶金工业出版社，2006.

# 第5章 铜、铅、锌冶炼行业含汞废物特性及处理处置

## 5.1 行业发展概况

我国有色金属冶炼行业汞的排放主要集中在铜、铅、锌的冶炼过程中。我国的铜冶炼具有悠久的历史，新中国第一座铜冶炼厂是铜陵有色金属公司（现在的铜陵有色集团控股有限公司），该公司采用当时比较先进的生产工艺：全水套鼓风炉熔炼——卧式转炉吹炼。20世纪60年代前后我国先后成立了一些大、中型冶炼厂，主要采用反射炉和电炉工艺。改革开放初期，我国铜工业迅猛发展，铜冶炼主要采用富氧熔炼技术，取代了反射炉工艺。近年来，随着国家对环保和节能减排的调控力度加大，国内逐步淘汰了污染严重的鼓风炉、电炉和反射炉粗铜冶炼技术。目前，我国大部分铜冶炼企业基本上采用先进的强化熔炼炼铜工艺，如闪速熔炼、奥斯麦特熔池熔炼等。这些炼铜工艺已经成为主流，其产量占全国总产量的95％以上[1,2]。

我国是较早开发铅锌资源的国家，新中国成立后，我国铅锌冶炼主要采用烧结机、鼓风炉炼铅和竖罐、湿法炼锌技术。在改革开放时期，由于烧结机-鼓风炉炼铅存在严重污染，国家鼓励研发了氧气底吹-鼓风炉炼铅（SKS法）技术，并在安徽池州、豫光金铅成功投产。湿法炼锌技术也获得了长足发展，逐渐扩大产能，降低成本、提高机械化水平等。近年来，我国铅锌冶炼得到了迅猛发展，共有9家铅锌企业挂牌上市，其主要采用的是熔池熔炼技术炼铅和全湿法炼锌技术。目前，我国湿法浸出工艺是现阶段锌冶炼过程的主导工艺，熔池炼铅是当前最主要的铅冶炼工艺，其中，湿法炼锌产能占

全国产能的 90％以上[1,2]。

近年来，我国铜、铅、锌冶炼行业发展逐渐放缓，总体产能缓慢提高，据统计，我国近 17 年的原生铜、铅、锌年产量总体上上升趋势放缓，2016 年我国铜、铅、锌年产量分别为 598t、276t、599t，我国 2000～2016 年每年原生铜、铅、锌产量统计如图 5-1 所示[3,4]。

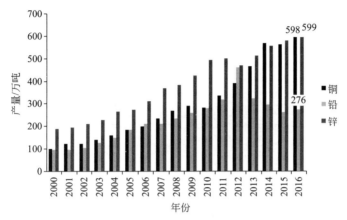

图 5-1　我国 2000～2016 年每年原生铜、铅、锌产量[3,4]
注：2000～2008 年数据来自书籍《新中国有色金属工业 60 年》，
2009～2016 年数据来源于有色金属协会官方网站。

目前，我国的铜、铅、锌冶炼行业的高速增长期已经基本结束，铜、铅、锌消费近三年已趋于稳定。其原因是总体上看国内外的经济发展增速放缓，需求量减少，同时出现了越来越多的替代材料，进一步减少了需求量。另外，由于其多属于粗放式发展模式，生产要素配置不合理、产能过剩等问题突出，而且受环境保护的约束和金融风险的积累，该行业总体上处于发展转型期。

## 5.2　铜、铅、锌冶炼行业含汞废物产污特征

### 5.2.1　含汞废物产污流程

我国铜冶炼过程产生的含汞废物包括冶炼渣、冶炼粉尘、含汞污酸、酸泥、含汞硫酸等[1,2,5,6]，铅冶炼过程产生的含汞废物包括吹炼渣、水淬渣、冶炼粉尘、含汞污酸、酸泥、含汞硫酸等[1,2,6,7]，锌冶炼过程产生的含汞废物包括浸出渣、窑渣、冶炼粉尘、含汞污酸、酸泥、含汞硫酸等[1,2,8,9]。

我国铜、铅、锌冶炼行业含汞废物产污流程分别如图 5-2～图 5-4 所示。

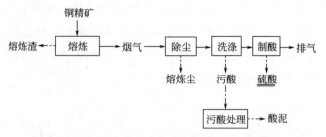

图 5-2  典型铜冶炼涉汞环节工艺产污流程图

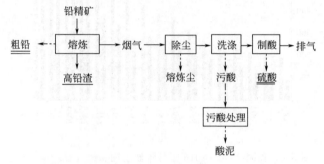

图 5-3  典型铅冶炼涉汞环节工艺产污流程图

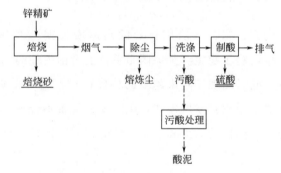

图 5-4  典型锌冶炼涉汞环节工艺产污流程图

铜冶炼涉汞过程主要包括铜精矿熔炼、烟气除尘、洗涤、制酸、脱硫等过程。在此过程主要产生熔炼渣、熔炼粉尘、吹炼渣、吹炼粉尘、精炼渣、精炼粉尘、污酸、酸泥及硫酸等含汞废物。其中熔炼渣采用电炉火法贫化处理，产生的电炉渣经磁选后返回熔炼炉，尾矿堆存处置；吹炼渣返回熔炼系统，精炼渣堆存处置，冶炼粉尘返回熔炼炉或按危险废物外运处置；污酸经处理后产生的酸泥按危险废物外运处置；硫酸主要用于生产化肥，也用于化工厂、冶炼厂和选矿厂等。据有关资料统计，2016 年铜冶炼产生的工业固体废物（冶炼渣）总量为 1526 万吨、烟尘 99 万吨、硫酸 1711 万吨。

铅冶炼涉汞过程主要包括铅精矿熔炼、高铅渣还原、吹炼渣烟化回收氧化锌、烟气除尘及制酸等过程。在此过程中主要产生吹炼渣、水淬渣、氧化锌粉尘、污酸、酸泥及硫酸等含汞废物。其中吹炼渣主要进入烟化炉回收氧化锌；水淬渣为一般固废，堆存处置；表冷粉尘、布袋粉尘主要外售给电解锌企业；污酸经处理后产生的酸泥按危险废物外运处置；硫酸主要用于生产化肥，也用于化工厂、冶炼厂和选矿厂等。据有关资料统计，2016 年铅冶炼产生的工业固体废物（冶炼渣）总量为 180 万～183 万吨、烟尘 81 万～83 万吨、硫酸 178 万～263 万吨。

锌冶炼过程主要包括锌精矿焙烧、锌焙砂浸出、浸出渣进回转窑焙烧回收氧化锌、烟气除尘及制酸等过程。在此过程中主要产生浸出渣、窑渣、冶炼粉尘、污酸、酸泥及硫酸等含汞废物。其中浸出渣主要进入回转窑回收氧化锌；窑渣强度大，可用作路基材料或堆存处置；冶炼粉尘返炉或按危险废物外运处置；污酸经处理后产生的酸泥按危险废物外运处置；硫酸主要用于生产化肥，也用于化工厂、冶炼厂和选矿厂等。据有关资料统计，2016 年锌冶炼产生的工业固体废物（冶炼渣）总量为 351 万～360 万吨、烟尘 178 万～186 万吨、硫酸 1110 万～1124 万吨。

## 5.2.2 含汞废物产污过程汞分布特征

经过调查研究分析，我国锌冶炼主导工艺为精矿焙烧-浸出湿法炼锌；铜冶炼的主导工艺[1,2]为熔池炼铜和闪速炼铜；铅冶炼的主导工艺为熔池炼铅工艺。因此，分别选择确定 4 家铜、铅、锌冶炼企业开展含汞废物产生过程汞分布特征研究，其中铜冶炼企业 2 家（闪速炉冶炼工艺、熔池熔炼工艺）、铅冶炼企业 1 家（熔池熔炼工艺）、锌冶炼企业 1 家（焙烧＋湿法浸出工艺）。测试冶炼厂采集的固体样品见表 5-1。

表 5-1 测试冶炼厂采集的固体样品

| 冶炼厂 | 采集的固体样品 |
| --- | --- |
| 铜厂 A(闪速工艺) | 铜精矿、铜锍、粗铜、阳极铜、熔炼渣、吹炼渣、精炼渣、熔炼粉尘、吹炼粉尘、污酸、酸泥、硫酸和水处理污泥 |
| 铜厂 B(熔池熔炼工艺) | 铜精矿、铜锍、粗铜、阳极铜、熔炼渣、吹炼渣、精炼渣、熔炼粉尘、吹炼粉尘、污酸、酸泥、硫酸 |
| 铅厂(熔池熔炼工艺) | 铅精矿、粗铅、高铅渣、还原渣、水淬渣、熔炼粉尘、吹炼粉尘、氧化锌粉尘、污酸、酸泥、硫酸 |

| 冶炼厂 | 采集的固体样品 |
|---|---|
| 锌厂（焙烧＋湿法浸出工艺） | 锌精矿、焙砂、浸出渣、窑渣、焦粉、焙烧粉尘、氧化锌粉尘、污酸、酸泥、硫酸 |

### 5.2.2.1　铜冶炼过程含汞废物汞分布特征

（1）闪速炉炼铜过程含汞废物汞分布特征

山东某炼铜企业产能 40 万吨/年，主要产品为高纯阴极铜，主要生产工艺为铜精矿闪速炉熔炼、铜锍吹炼、阳极铜精炼。熔炼烟气与吹炼烟气均采用初级除尘、洗涤除尘、双转双吸系统工艺，主要设备包括余热锅炉、旋风除尘器、静电除尘器、烟气净化冲洗塔（如动力波洗涤塔、填料塔）、电除雾、双转双吸系统。精炼烟气采用烟气净化冲洗塔和湿式烟气脱硫系统。

该企业的生产流程如下：

铜精矿经干燥后，在喷嘴中与空气或氧气混合，以高速度（60～70m/s）喷入闪速炉熔炼，熔炼炉温度为 1450～1550℃，铜精矿颗粒在炉内被气体包围，处于悬浮状态，在 2～3s 内就基本完成了硫化物的分解、氧化和熔化等过程。熔融硫化物和氧化物的混合熔体落下到炉体底部的沉淀池中汇集，完成铜锍和炉渣的形成过程，并进行澄清分离。

熔炼过程和吹炼过程产生的烟气进入余热锅炉降温后，依次进入旋风除尘器和静电除尘器，在此过程中产生大量含汞烟尘，汞含量较高，属于危险废物，主要送入再生汞冶炼企业炼汞。经除尘后的烟气进入动力波洗涤塔和填料塔，经充分洗涤后进入电除雾装置，在此过程中产生大量含汞污酸，这些污酸经脱汞、中和处理后排放，同时产生酸泥，酸泥中含汞较高，可作为再生汞原料。烟气进入双转双吸系统制取硫酸，最后烟气经脱硫塔净化后排放。其中硫酸中也含有少量汞，在其后续利用过程中需注意汞污染风险。

对铜冶炼过程中产生的含汞废物进行分析测试，以铜精矿中的汞为基准，计算各含汞废物中汞的质量占比，得到各含汞废物汞分布特征，如图 5-5 所示。由图 5-5 表明：该企业生产过程中 71.1% 的汞进入到污酸处理后的酸泥中，其余汞主要进入到烟尘中，少量汞进入冶炼渣及随尾气排放。其中含汞较高的酸泥、烟尘主要送往再生汞企业进一步回收汞。产生的冶炼渣一部分提取有价金属进行综合利用，另一部分堆存在厂区内，待技术经济条件允许时再利用，经物料衡算法计算该厂排放尾气中汞含量占总量的 9.6%。

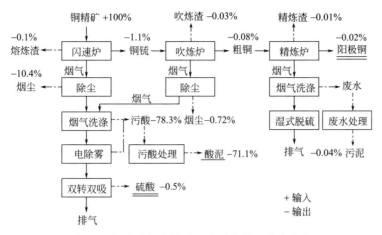

图 5-5　闪速炉铜冶炼过程含汞废物汞分布特征

（2）熔池熔炼工艺炼铜过程含汞废物汞分布特征

河南某炼铜企业产能 10 万吨/年，主要产品为高纯阴极铜，主要生产工艺为铜精矿熔池熔炼、铜锍吹炼、阳极铜精炼。熔炼烟气与吹炼烟气均采用初级除尘、洗涤除尘、双转双吸系统工艺，主要设备包括余热锅炉、旋风除尘器、静电除尘器、烟气净化冲洗塔（如动力波洗涤塔、填料塔）、电除雾、双转双吸系统。精炼烟气采用余热锅炉降温后排放。

该企业的生产流程如下：

铜精矿经干燥后，进入熔池熔炼炉，熔炼炉温度为 1150～1250℃，高温下硫化铜精矿和溶剂在熔炼炉内进行熔炼，炉料中的 Cu、S 与 FeS 形成以 $Cu_2S$-FeS 为主，并溶有其他杂质的铜锍，炉料中的 $SiO_2$、$Al_2O_3$ 和 CaO 等脉石成分与 FeO 一起形成液态炉渣，与铜锍密度不同而分离。

熔池熔炼工艺原理是：用风嘴将富氧空气鼓入铜锍-炉渣熔体内，未经干燥的精矿与熔剂加到受鼓风强烈搅动的熔池表面，然后浸没于熔体之中，完成氧化和熔化反应。由于熔池内的激烈搅动，强化了气-液-固传质传热过程，加速了冶金反应，提高了冶金效率。该熔池熔炼炉与闪速炉相比，其优点是熔炼强度大、炉料备料简单、烟尘率低、冶金过程容易控制等，但同时也存在熔池熔炼对喷嘴或喷枪和冶金炉等设备的要求严格，且容易损坏，要经常更换和维修等问题。

该企业熔炼过程和吹炼过程产生的烟气处理工艺与闪速炉工艺基本一致，主要含汞废物包括含汞烟尘、含汞污酸、酸泥及冶炼渣等，铜冶炼熔池熔炼过程含汞废物汞分布特征如图 5-6 所示。由图 5-6 表明：该企业生产过程中 87.0% 的汞进入到污酸处理后的酸泥中，其余汞主要进入到烟尘中，少量汞进入冶炼渣及随尾气排放。其中含汞较高的酸泥、烟尘主要送往再生汞企业进一步回收汞。产生的冶炼渣一部分提取有价金属进行综合利用，另一部分堆存在厂区内，待技术经济条件允许时再利用，经物料衡算法计算该厂排放尾气中汞含量占总量的 0.5%。

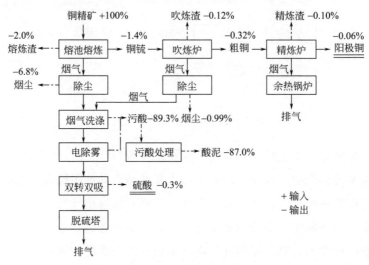

图 5-6　熔池熔炼工艺铜冶炼过程含汞废物汞分布特征

### 5.2.2.2　铅冶炼过程含汞废物汞分布特征

河南某炼铅企业生产规模为 40 万吨/年，主要产品为铅锭，主要生产工艺为富氧熔池熔炼及液态高铅渣还原技术。熔炼烟气采用初级除尘、洗涤除尘、双转双吸系统工艺，主要设备包括余热锅炉、旋风除尘器、静电除尘器、烟气净化冲洗塔（如动力波洗涤塔、填料塔）、电除雾、双转双吸系统。吹炼烟气采用布袋除尘；精炼烟气采用烟气净化冲洗塔后进行布袋除尘。

该企业的生产流程如下：

该企业炼铅包括氧化熔炼阶段、还原熔炼阶段及烟气制酸净化阶段。

（1）氧化熔炼阶段

该阶段富氧浓度将达到 29%，熔炼阶段和还原阶段产生的所有粉尘都返回到熔炼阶段以回收铅。熔炼使用石灰石和石英石作为造渣熔剂。粉煤将用来作为主要的喷枪燃料。还原煤和部分铅精矿将被用作还原剂。在氧化熔炼阶段，铅精矿中的铅和铁的硫化物被通过奥斯麦特炉喷枪喷入的可控制的过量空气氧化。铁氧化物将和炉料中的造渣组元 $SiO_2$、$CaO$、$Al_2O_3$

和 MgO 结合生成含铅大约 40% 的氧化铅渣。

（2）还原熔炼阶段

渣还原阶段将熔炼阶段产生的高铅渣还原到粗铅，高铅渣含铅由 40% 降到 5%。在还原阶段 1 中，富氧浓度为 25%，渣中的铅被加进的还原煤和铅精矿（作还原剂）从 40% 还原到大约 15%。还原阶段 2 不使用富氧，且只加入还原煤作还原剂，渣含铅由 15% 降到 5%。喷枪喷入熔池的燃料和空气的量将被控制到能使粉煤完全燃烧同时熔池温度保持在 1180℃（还原阶段 2 的熔池温度为 1200℃）。在还原过程中，控制加入的还原煤和铅精矿的量以保持熔池的还原性气氛。在氧化铅从渣中被还原的过程中，为了保持渣的流动性，需要升高熔池温度。还原过程产生的烟尘含铅较高，所以这部分烟尘将和从熔炼阶段产生的烟尘一同被返回到熔炼阶段回收。当渣中铅的含量降到 5% 时，粗铅作为铅产品要在还原终点时被放出。粗铅被排出后，液态还原渣被放出，终渣中富含锌，通过渣溜槽流入电热前床使铅进一步沉淀后送烟化炉进行锌渣的烟化作业，锌挥发后以 ZnO 形态进入烟尘，送锌冶炼厂处理。

（3）烟气制酸净化阶段

铅冶炼的烟气制酸净化阶段所采用的工艺与铜冶炼基本相同，只是其吹炼烟气直接进行布袋收尘，精炼烟气则经洗涤后进行布袋收尘。铅冶炼过程产生的含汞废物主要包括含汞烟尘、含汞污酸、酸泥等，铅冶炼熔池熔炼工艺过程含汞废物汞分布特征如图 5-7 所示。

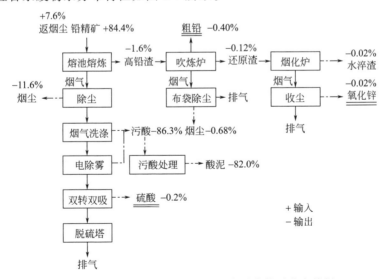

图 5-7　铅冶炼熔池熔炼工艺过程含汞废物汞分布特征

由图 5-7 表明：该企业生产过程中 82.0％的汞进入到污酸处理后的酸泥中，其余汞主要进入到烟尘中，极少量汞进入粗铅、水淬渣及随尾气排放。其中含汞较高的酸泥主要送往再生汞企业进一步回收汞，烟尘主要返回熔炼炉，经物料衡算法计算该厂排放尾气中汞含量占总量的 0.5％。

### 5.2.2.3 锌冶炼过程含汞废物汞分布特征

河南某锌冶炼企业产能 10 万吨/年，主要产品为电解锌，主要生产工艺为焙烧湿法浸出工艺。熔炼烟气采用初级除尘、洗涤除尘、双转双吸系统工艺，主要设备包括余热锅炉、旋风除尘器、静电除尘器、烟气净化冲洗塔、电除雾、双转双吸系统。

该企业的生产流程如下：

锌精矿经干燥后进入焙烧炉，精矿中的硫化锌转化为氧化锌，同时除去硫、铅、砷等杂质。焙烧烟气经初级除尘后进入制酸系统，产生的烟尘含汞较高，属于危险废物，主要送入再生汞冶炼企业炼汞。对焙烧过程产生的锌焙砂进行湿法浸出，包括中性浸出和酸性浸出两段浸出。一段中性浸出采用废电解液，得到含锌 120～170g/L 的浸出液，净化后送往电解池。为溶解中性浸出矿浆中残余的氧化锌，采用硫酸作浸出液进行二段酸性浸出，浸出条件是终点残酸 3～5g/L，温度 60～75℃，时间 120～150min，液固比 (7～9)∶1。酸浸出渣含有 16％～20％的锌，采用回转窑还原挥发技术处理，得到窑渣，同时产生的烟气经表冷器、布袋收尘回收氧化锌产品。

锌冶炼过程中产生的含汞废物主要包括含汞烟尘、含汞污酸、酸泥、窑渣等。锌冶炼过程含汞废物汞分布特征如图 5-8 所示。由图 5-8 表明：该企业生产过程中 77.5％的汞进入到污酸处理后的酸泥中，其余汞主要进入到烟尘中，少量汞进入窑渣及随尾气排放。其中含汞较高的酸泥主要送往再生汞企业进一步回收汞，烟尘主要返回焙烧炉，经物料衡算法计算该厂排放尾气中汞含量占总量的 7％。

### 5.2.2.4 铜、铅、锌冶炼过程含汞废物汞分布特征分析

基于以上研究结果，汇总见表 5-2～表 5-4。

表 5-2 铜冶炼过程含汞废物汞分布特征分析表

| 含汞废物 | 铜厂 A（闪速工艺） | 铜厂 B（熔池熔炼工艺） |
| --- | --- | --- |
| 熔炼渣 | 0.1％ | 2.0％ |

| 含汞废物 | 铜厂 A(闪速工艺) | 铜厂 B(熔池熔炼工艺) |
|---|---|---|
| 吹炼渣 | 0.03% | 0.12% |
| 精炼渣 | 0.01% | 0.10% |
| 熔炼粉尘 | 10.4% | 6.8% |
| 吹炼粉尘 | 0.72% | 0.99% |
| 污酸 | 78.3% | 89.3% |
| 硫酸 | 0.5% | 0.3% |
| 尾气汞占比 | 9.6% | 0.5% |

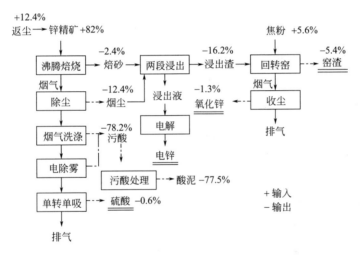

图 5-8 锌湿法冶炼过程含汞废物汞分布特征图

### 表 5-3 铅冶炼过程含汞废物汞分布特征分析表

| 含汞废物 | 铅厂(熔池熔炼工艺) |
|---|---|
| 还原渣 | 0.12% |
| 水淬渣 | 0.02% |
| 熔炼粉尘 | 11.6% |
| 吹炼粉尘 | 0.68% |
| 污酸 | 86.3% |
| 硫酸 | 0.2% |
| 尾气汞占比 | 0.5% |

表 5-4　锌冶炼过程含汞废物汞分布特征分析表

| 含汞废物 | 锌厂（焙烧＋湿法浸出工艺） |
| --- | --- |
| 浸出渣 | 16.2% |
| 窑渣 | 5.4% |
| 焙烧粉尘 | 12.4% |
| 污酸 | 78.2% |
| 硫酸 | 0.6% |
| 尾气汞占比 | 7% |

由表 5-2～表 5-4 可知，铜、铅、锌冶炼行业中的汞主要进入到污酸系统中，还有一部分进入到烟尘中，排入到尾气中的汞占比很小。同时，不同的生产工艺在冶炼过程中汞的分布情况不同，主要区别：①铜冶炼过程。闪速炉工艺生产过程中其熔炼炉渣和污酸中的汞所占比例较小，而排放尾气中的汞所占比例较高；熔池熔炼工艺生产过程中其熔炼炉渣和污酸中的汞所占比例较大，而排放尾气中的汞所占比例较小。②铅冶炼过程。熔池熔炼工艺生产过程中其还原渣、水淬渣、硫酸及尾气排放中的汞所占比例较小，而污酸中的汞所占比例较高。③锌冶炼过程。焙烧＋湿法浸出过程中硫酸中汞所占比例较小，而污酸、焙烧烟尘、浸出渣中汞所占比例较高。

综上所述，铜、铅、锌冶炼过程产生的含汞废物中污酸及酸泥中汞含量很高，排入尾气中的汞含量较低，而不同的生产工艺，其含汞废物中的汞含量有所区别，主要在于铜冶炼的熔池熔炼工艺中含汞废物中汞所占比例高于闪速炉熔炼工艺，如污酸、酸泥及炉渣、粉尘等。因此，铜、铅冶炼选取熔池熔炼工艺为典型的生产工艺进行含汞废物特性分析，具体内容见 5.3 节所述。

# 5.3　铜、铅、锌冶炼行业含汞废物特性分析

针对我国有色金属铜、铅、锌冶炼行业产生的含汞废物分别进行物理化学特性分析，其主要分析程序见 3.3.1 节中图 3-5 所示。含汞废物特性分析项目如表 5-5 所示。

表 5-5　含汞废物特性分析项目

| 冶炼厂 | 采集固体样品 | 分析项目 |
| --- | --- | --- |
| 铜厂 B（熔池熔炼工艺） | 熔炼渣、吹炼渣、精炼渣 | 总汞及浸出液中汞、铜、铅浓度 |
| | 熔炼粉尘、吹炼粉尘、污酸、酸泥、硫酸 | 总汞 |

| 冶炼厂 | 采集固体样品 | 分析项目 |
|---|---|---|
| 铅厂<br>（熔池熔炼工艺） | 还原渣、水淬渣 | 总汞及浸出液中汞、锌浓度 |
| | 吹炼粉尘、污酸、酸泥、硫酸 | 总汞 |
| 锌厂<br>（焙烧＋湿法浸出工艺） | 窑渣 | 总汞及浸出液中汞、锌浓度 |
| | 浸出渣、焙烧粉尘、污酸、硫酸 | 总汞 |

注：依据采样过程中定性元素分析结果确定含汞废物特性分析项目，如铜熔炼渣中含有较高浓度的铜、铅等元素，即分析其浸出液中铜、铅浓度。

### 5.3.1 铜、铅、锌冶炼渣

#### 5.3.1.1 铜冶炼渣

铜冶炼主要包括造锍熔炼、冰铜吹炼、粗铜精炼三个过程，铜冶炼渣主要包括熔炼渣、吹炼渣和精炼渣。铜冶炼过程中的汞主要来自铜精矿，一般国内铜精矿主要产自云南、江西、甘肃、内蒙古等地，其含汞平均浓度为 $0.05\sim13.68mg/kg$[1,2,10]。国外铜精矿含汞平均浓度略低，一般为 $0.85\sim12mg/kg$[1,2]。清华大学吴清茹等对有色金属冶炼行业大气汞排放特征的研究结果表明，汞在铜精矿熔炼工段是大气污染物的主要释放点，即汞在熔炼阶段主要进入到烟气中，渣中汞含量相对较低。熔炼渣采用电炉火法贫化处理，产生的电炉渣经磁选后返回熔炼炉，尾矿堆存处置；吹炼渣返回熔炼系统，精炼渣堆存处置。

某典型铜冶炼企业铜冶炼渣样品的分析结果表明，铜熔炼渣含有较多的 Cu、Fe 和少量 Pb，铜吹炼渣含有较多的 Cu、Fe、Pb、Nb 和少量 Si、Pt，铜精炼渣含有大量 Cu，少量 Pb、Cr。通过样品微观形貌分析，样品均为平面结构，表面颗粒物少，其活性小。

① 熔炼渣样品外观为硬块状，表面发黑，颜色分布较均匀，样品较硬，如图 5-9 所示。吹炼渣样品外观为硬块状，表面黑亮，有金属光泽，可隐约看到黄铜斑点，样品较硬，如图 5-10 所示。精炼渣样品外观为中间发青，周边发黄，有几处可清晰地看到黄铜，样品很硬，如图 5-11 所示。

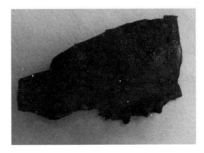

图 5-9　铜熔炼渣外观

图 5-10　铜吹炼渣外观

图 5-11　铜精炼渣外观

② 按照《固体废物　汞、砷、硒、铋、锑的测定　微波消解/原子荧光法》(HJ 702—2014) 分析样品及浸出液中总汞含量,熔炼渣结果为 15mg/kg,吹炼渣结果为 1mg/kg,精炼渣结果为 0.1mg/kg。以上样品汞浸出浓度为未检出,熔炼渣浸出液中铜、铅浓度分别为 0.06mg/L、1.71mg/L;吹炼渣浸出液中铜、铅浓度分别为 0.02mg/L、1.20mg/L;精炼渣浸出液中铜、铅浓度分别为 0.005mg/L、0.41mg/L。

③ 采用 X 射线荧光光谱仪对粉碎后的样品进行了主要成分分析,结果见表 5-6。

表 5-6　样品组分及含量 (除 S 外,样品元素含量以氧化物计)

| 熔炼渣样品 | CuO | $Fe_2O_3$ | PbO | S | — | — |
|---|---|---|---|---|---|---|
| 含量(质量份) | 43.22 | 46.16 | 7.63 | 6.43 | — | — |
| 吹炼渣样品 | CuO | $Fe_2O_3$ | PbO | $Nb_2O_5$ | $SiO_2$ | $PtO_2$ |
| 含量(质量份) | 66.83 | 16.26 | 14.49 | 9.50 | 8.49 | 5.21 |
| 精炼渣样品 | CuO | S | PbO | $Fe_2O_3$ | $Cr_2O_3$ | — |
| 含量(质量份) | 79.07 | 8.29 | 5.47 | 1.3 | 1.12 | — |

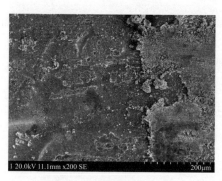

图 5-12　铜熔炼渣形貌

④ 样品扫描电镜观察及能谱分析。熔炼渣、吹炼渣、精炼渣形貌均是平面结构,其中熔炼渣的表面较为平整,局部有散落的碎渣;吹炼渣表面平整,局部有凹陷;精炼渣表面有褶皱,凸凹不平,如图 5-12～图 5-14 所示。能谱显示熔炼渣样品主要含有 Cu、Fe,少量 S,如图 5-15 所示;吹炼渣样品主要含有 Cu、Fe、Pb、Nb,少量 Si、Pt,如图 5-

16 所示；精炼渣样品主要含有 Cu、S、Pb，少量 Fe、Cr，如图 5-17 所示。

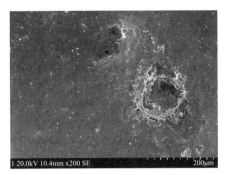

图 5-13　铜吹炼渣形貌

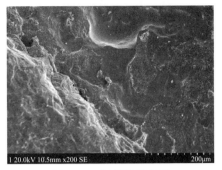

图 5-14　铜精炼渣形貌

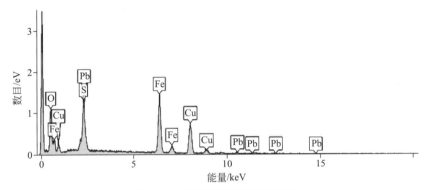

图 5-15　熔炼渣样品能谱分析

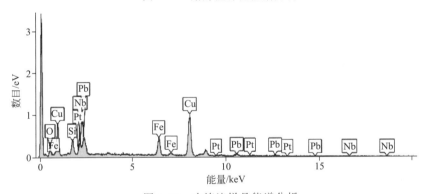

图 5-16　吹炼渣样品能谱分析

### 5.3.1.2　铅冶炼渣

　　铅冶炼过程中的汞主要来自铅精矿，一般国内铅精矿分布最多，其中铅精矿中含汞浓度较高的省份包括重庆、内蒙古、辽宁、山西等地，各地其含汞平均浓度为 $1.31\sim114.91\mathrm{mg/kg}$[1,2,10]。国外铅精矿含汞平均浓度略低，一般为 $1.57\sim10\mathrm{mg/kg}$[1,2]。相关研究结果表明，汞在铅精矿熔炼工段是大

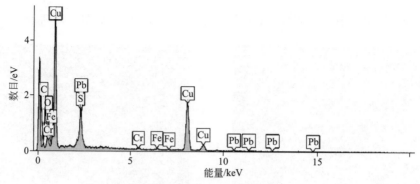

图 5-17　精炼渣样品能谱分析

气污染物的主要释放点，即汞在熔炼阶段主要进入到烟气中，渣中汞含量相对较低。铅熔炼产生的高铅渣作为鼓风炉原料进行还原吹炼，在此过程中，高铅渣中的含铅化合物被还原成金属铅，同时铁氧化物从高价态变成低价态，与脉石成分造渣并与铅分离，即产生吹炼渣。吹炼渣中含锌浓度较高，一般采用烟化炉高效回收氧化锌产品，烟化炉产生的炉渣经水淬处理后堆存或综合利用。

　　某典型铅冶炼企业冶炼渣样品的分析结果表明，铅吹炼渣主要含有 Cu、Fe、Pb，少量 Nb、Pt、Si，水淬渣含有较多的 Fe、Si、Ca、Al 和少量 Nb、Pt。通过样品微观形貌分析发现，样品均由颗粒物组成，颗粒尺寸较大，颗粒表面较为光滑，其活性小。

　　① 吹炼渣样品外观为粉末状，由颗粒组成，外观为浅黑色，颜色和颗粒较均匀（图 5-18）。水淬渣样品外观为粉末状，由颗粒组成，外观为深黑色，颜色和颗粒较均匀（图 5-19）。

图 5-18　铅吹炼渣外观

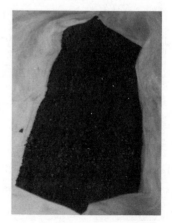

图 5-19　水淬渣外观

② 按照《固体废物　汞、砷、硒、铋、锑的测定　微波消解/原子荧光法》(HJ 702—2014) 分析样品及浸出液中总汞含量，吹炼渣结果为0.2mg/kg，水淬渣结果为未检出。吹炼渣浸出液中汞、锌浓度分别为 0.01mg/L、10.26mg/L，水淬渣浸出液中汞、锌浓度分别为未检出、2.3mg/L。

③ 采用 X 射线荧光光谱仪对粉碎后样品进行成分分析，结果见表5-7。

表 5-7　样品组分及含量（以氧化物计）

| 吹炼渣样品 | CuO | $Fe_2O_3$ | PbO | $Nb_2O_5$ | $SiO_2$ | $PtO_2$ |
|---|---|---|---|---|---|---|
| 含量（质量份） | 66.83 | 16.26 | 14.49 | 9.50 | 8.49 | 5.21 |
| 水淬渣样品 | $Fe_2O_3$ | $SiO_2$ | CaO | $Al_2O_3$ | $Nb_2O_5$ | $PtO_2$ |
| 含量（质量份） | 44.11 | 32.74 | 7.49 | 9.37 | 4.36 | 2.78 |

④ 样品扫描电镜观察及能谱分析。冶炼渣中的物质多聚集成块状，最大粒径约为 0.16mm；水淬渣由大小不等、形状不规则的片状、块状物构成，棱角鲜明，其粒径范围为 0～0.2mm，如图 5-20、图 5-21 所示。能谱显示，吹炼渣样品主要含有 Cu、Fe、Pb，少量 Nb、Pt、Si，如图 5-22 所示；水淬渣样品主要含有 Fe、Si、Ca、Al 和少量 Nb、Pt，如图 5-23 所示。

图 5-20　铅吹炼渣形貌

图 5-21　水淬渣形貌

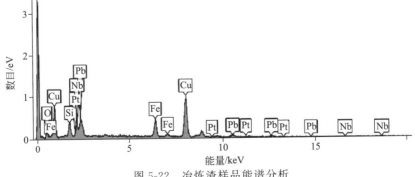

图 5-22　冶炼渣样品能谱分析

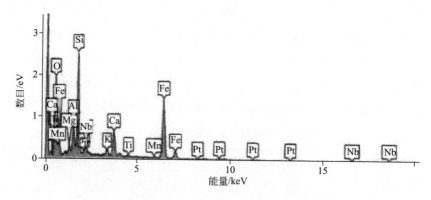

图 5-23　水淬渣样品能谱分析

### 5.3.1.3　锌冶炼渣

锌冶炼过程中的汞主要来自锌精矿，一般国内锌精矿分布较多，其中锌精矿中含汞浓度较高的省份包括甘肃、陕西、广东、四川等地，各地其含汞平均浓度为 0.54～499.91mg/kg[1,2,9,10,11]。国外锌精矿含汞平均浓度略低，一般为 4.33～111mg/kg[1,2]。相关研究结果表明，汞在锌精矿焙烧工段是大气污染物的主要释放点，即汞在焙烧阶段主要进入到烟气中，渣中汞含量相对较低。

某典型锌冶炼企业冶炼渣样品的分析结果表明，酸性浸出渣主要含有 Zn、Fe、S、Ca、Si，少量 Mn，窑渣主要含有 Si、Ca、Fe、Al、Mn、Nb 和少量 K。通过样品微观形貌分析发现，酸浸渣样品表面由致密的颗粒物组成，颗粒物尺寸较小，活性较强，窑渣样品表面含有少量颗粒，活性较小。

① 酸性浸出渣样品为污泥状，外观为深黑色，颜色和颗粒较均匀，如图 5-24 所示。窑渣样品为表面粗糙多孔、质地轻脆、容易破碎的粒状渣，外观为黄色和银灰色，颜色和颗粒不均匀，如图 5-25 所示。

② 按照《固体废物　汞、砷、硒、铋、锑的测定　微波消解/原子荧光法》（HJ 702—2014）分析样品及浸出液中总汞含量，酸性浸出渣总汞为 12mg/kg，窑渣总汞为 5mg/kg。酸性浸出渣浸出液汞未检出，窑渣汞浸出浓度为 0.003mg/L，锌浸出浓度为 0.34mg/L。

③ 采用 X 射线荧光光谱仪对粉碎后的样品进行了主要成分分析，结果见表 5-8。

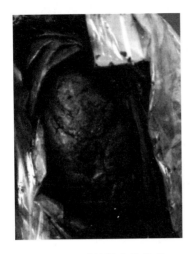

图 5-24　酸性浸出渣外观　　　　　　　　图 5-25　窑渣外观

**表 5-8　样品组分及含量（除 S 外，各元素含量以氧化物计）**

| 浸出渣样品 | ZnO | Fe₂O₃ | S | CaO | SiO₂ | MnO₂ | |
|---|---|---|---|---|---|---|---|
| 含量（质量份） | 25.52 | 20.37 | 11.17 | 9.07 | 4.91 | 2.48 | |
| 窑渣样品 | SiO₂ | CaO | Fe₂O₃ | Al₂O₃ | MnO₂ | Nb₂O₅ | K₂O |
| 含量（质量份） | 37.71 | 21.29 | 16.41 | 16.07 | 12.46 | 8.49 | 1.45 |

④ 样品扫描电镜观察及能谱分析。酸性浸出渣主要由颗粒物组成，粒径很小，样品颗粒致密，表面很粗糙，局部有凹陷；窑渣样品表面较平整，含有少量颗粒，如图 5-26、图 5-27 所示。能谱显示酸浸渣样品主要含有 Zn、Fe、S、Ca、Si，少量 Mn，如图 5-28 所示；窑渣样品主要含有 Si、Ca、Fe、Al、Mn、Nb，少量 K，如图 5-29 所示。

图 5-26　酸浸渣样品形貌　　　　　　　　图 5-27　窑渣样品形貌

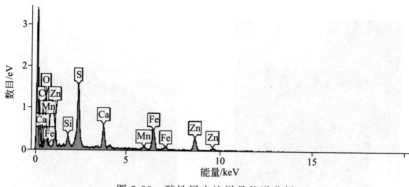

图 5-28　酸性浸出渣样品能谱分析

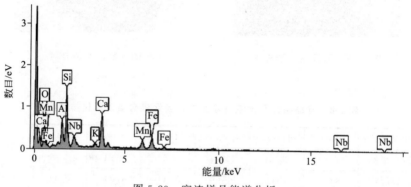

图 5-29　窑渣样品能谱分析

## 5.3.2　铜、铅、锌冶炼粉尘

### 5.3.2.1　铜冶炼粉尘

铜冶炼粉尘包括熔炼粉尘、吹炼粉尘等，汞在熔炼阶段的释放率最大，主要进入到熔炼烟气中，并随着烟气除尘、洗涤、制酸进入到粉尘、污酸、酸泥和硫酸中等。铜冶炼粉尘根据铜、铅、锌等重金属的品位分别进行处置，最后少量粉尘按危险废物外运处置。

某典型铜冶炼企业铜冶炼粉尘样品的分析结果表明，铜熔炼粉尘含有较多的 Cd、Pb、As、Cu 和少量 S、Zn，铜吹炼粉尘含有较多的 Pb、Cd、S、Cu 和少量 Zn。通过样品微观形貌分析，样品均为平面结构，表面覆盖粉末状物质，活性较强。

① 熔炼粉尘样品外观为粉末状，灰白色，颜色分布均匀，一部分凝聚成块，如图 5-30 所示。吹炼粉尘样品外观为粉末状，白色，颜色分布均匀，大部分凝聚成块，如图 5-31 所示。

图 5-30　铜熔炼粉尘外观

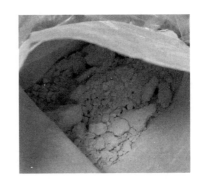
图 5-31　铜吹炼粉尘外观

② 按照《固体废物　汞、砷、硒、铋、锑的测定　微波消解/原子荧光法》（HJ 702—2014）分析样品中总汞含量，熔炼粉尘结果为 106mg/kg，吹炼粉尘结果为 72mg/kg。

③ 采用 X 射线荧光光谱仪对粉碎后的样品进行了主要成分分析，结果见表 5-9。

表 5-9　样品组分及含量（除 S 外，样品元素含量以氧化物计）

| 熔炼粉尘样品 | CdO | PbO | $As_2O_3$ | CuO | S | ZnO |
| --- | --- | --- | --- | --- | --- | --- |
| 含量（质量份） | 32.83 | 16.26 | 16.13 | 10.38 | 6.07 | 2.40 |
| 吹炼粉尘样品 | PbO | CdO | S | CuO | ZnO | |
| 含量（质量份） | 27.82 | 15.91 | 13.4 | 14.90 | 4.82 | |

④ 样品扫描电镜观察及能谱分析。熔炼粉尘呈平面结构，表面有褶皱，凸凹不平，覆盖粉末状物质；吹炼粉尘呈平面结构，表面覆盖粉末状物质，如图 5-32、图 5-33 所示。能谱显示熔炼粉尘样品主要含有 Cd、Pb、As、Cu，少量 S、Zn，如图 5-34 所示；吹炼粉尘样品主要含有 Pb、Cd、S、Cu和少量 Zn，如图 5-35 所示。

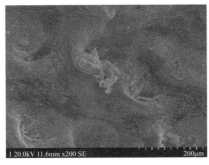
图 5-32　熔炼粉尘样品形貌

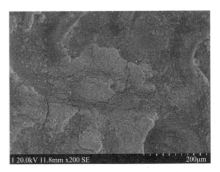
图 5-33　吹炼粉尘样品形貌

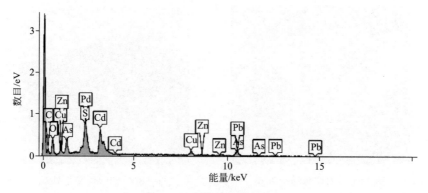

图 5-34　熔炼粉尘能谱分析

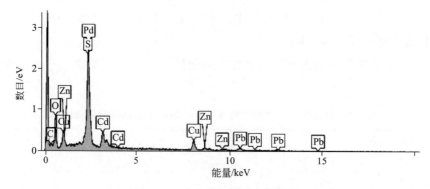

图 5-35　吹炼粉尘样品能谱分析

### 5.3.2.2　铅、锌冶炼粉尘

某典型铅锌冶炼企业冶炼粉尘样品的分析结果表明，铅吹炼粉尘主要含有 Zn、Na、Pb，少量 Si，锌焙烧粉尘含有较多的 Fe、Zn 和少量 Cu、S、Mn。通过样品微观形貌分析，铅吹炼粉尘样品表面含有较多小颗粒，锌焙烧粉尘样品主要由颗粒物组成，活性较强。

① 铅冶炼吹炼粉尘为粉末状，灰白色，颜色、颗粒分布均匀，如图 5-36 所示；锌冶炼焙烧粉尘为块状，灰黑色，颜色分布均匀，有黏性，湿度大，如图 5-37 所示。

② 按照《固体废物　汞、砷、硒、铋、锑的测定　微波消解/原子荧光法》（HJ 702—2014）分析样品中总汞含量，铅熔炼粉尘结果为 86mg/kg；锌冶炼焙烧粉尘结果为 68mg/kg。

③ 采用 X 射线荧光光谱仪对粉碎后的样品进行了主要成分分析，结果见表 5-10。

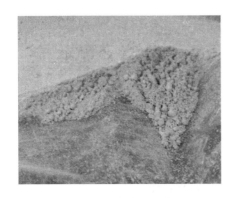

图 5-36　铅冶炼吹炼粉尘

图 5-37　锌冶炼焙烧粉尘外观

表 5-10　样品组分及含量（除 S 外，样品元素含量以氧化物计）

| 铅冶炼吹炼粉尘样品 | ZnO | $Na_2O$ | PbO | $SiO_2$ | |
| --- | --- | --- | --- | --- | --- |
| 含量（质量份） | 40.21 | 16.85 | 11.02 | 2.56 | |
| 锌冶炼焙烧粉尘样品 | ZnO | $Fe_2O_3$ | CuO | S | $MnO_2$ |
| 含量（质量份） | 45.05 | 40.89 | 4.23 | 3.41 | 1.95 |

④ 样品扫描电镜观察及能谱分析。铅冶炼吹炼粉尘呈表面结构，样品表面分布少量颗粒物，最大颗粒物粒径约为 0.05mm。如图 5-38 所示。能谱显示，铅冶炼吹炼粉尘样品主要含有 Zn、Na、Pb，少量 Si，如图 5-40 所示。锌冶炼焙烧粉尘由粒径不等的颗粒状物质组成，粒径范围为 0～0.1mm，如图 5-39 所示。能谱显示，锌冶炼焙烧粉尘样品主要含有 Zn、Fe，少量 Cu、S、Mn，如图 5-41 所示。

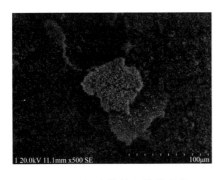

图 5-38　铅吹炼粉尘样品形貌

图 5-39　锌冶炼粉尘样品形貌

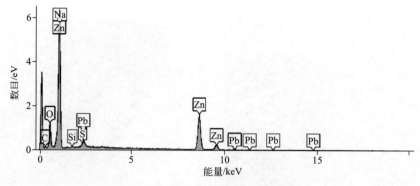

图 5-40 铅冶炼吹炼粉尘能谱分析

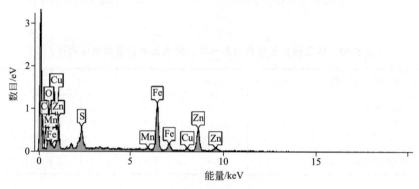

图 5-41 锌冶炼粉尘能谱分析

### 5.3.3 含汞污酸、硫酸及酸泥

#### 5.3.3.1 产污流程分析

铜、铅、锌冶炼的原料大部分为硫化金属精矿，在冶炼中释放大量的二氧化硫，其浓度较高，可用来制酸。冶炼烟气制酸常采用稀酸洗涤净化、两次转化、两次吸收的常压接触法制酸工艺，工序流程分为净化工段、两转两吸工段。烟气制酸流程是冶炼烟气经干法除尘后进入硫酸车间净化工段，该烟气首先在一级高效洗涤器中被绝热冷却和洗涤除杂，再进入气体冷却塔进一步冷却除杂，然后又进入第二级高效洗涤器再次净化，即将烟气中的烟尘、砷及氟等杂质清除，同时烟气温度降低至 35℃左右，净化后烟气送往干燥转化工段，在此过程中会产生大量洗涤废水，即污酸；两转两吸工段的原理是净化后的烟气通过干燥塔除去水分，经换热器加热后，进入一次转化器，在一定的温度下，通过催化剂的催化，使烟气中的二氧化硫与氧结合生成三氧化硫，一次转化后的烟气经换热、冷却后进入一吸塔生产硫酸，从一

吸塔出来的未反应的冷二氧化硫气体，经二次转化后进入二吸塔生产硫酸，其中干燥塔内循环喷洒93%的硫酸，一吸塔、二吸塔循环喷洒98%的硫酸。冶炼烟气制酸工艺及产污流程如图5-42所示。

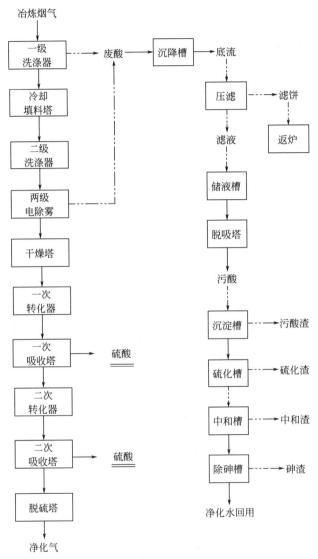

图 5-42 有色金属铜、铅、锌冶炼过程烟气制酸产污流程图

由图5-42可知，烟气中的汞在制酸过程中主要进入到污酸、污酸渣、硫化渣及硫酸中，尾气中汞浓度很低，基本可达标排放。

污酸是指在对铜、铅、锌冶炼烟气制酸前进行洗涤净化过程中产生的酸性废水。污酸处置工艺包括中和硫化法、生物制剂法、石灰中和法等，其主要工序如下[1,2]：①沉淀。污酸进入集液池或均化池，其中的大颗粒物沉降形成污酸渣。②硫化。集液池上清液和污酸渣过滤液进入硫化槽，其中的重金属离子发生硫化反应生成硫化渣。③中和。硫化槽上清液和硫化渣过滤液进入石膏反应槽调节溶液 pH 值。④针对高砷污酸进行除砷处理，将污酸脱酸后进入除砷槽，与铁盐和电石渣或石膏反应，实现砷与铁的共沉淀。

由此可见，污酸处理过程主要产生污酸渣、硫化渣、石膏渣和砷渣等，污酸渣和硫化渣含有较高的汞，一般冶炼厂将其称为含汞酸泥（以下称酸泥），统一送入汞回收企业处置。

### 5.3.3.2　污酸特性分析

由于铜铅锌冶炼烟气特征、烟气洗涤净化及制酸工艺大体相似，其产生的污酸特性也基本一致，多属于高酸、高汞、高 COD，同时含有多种重金属如砷、锌、铅、镉及 Cl⁻、F⁻ 等，并且重金属浓度波动较大，最低在10mg/L 以下，最高达 2000mg/L。通过对某典型铜冶炼公司所产污酸进行测试分析，其含汞浓度为 9.2mg/L。段宏志等对某铅锌冶炼厂污酸进行了检测分析，结果见表 5-11。

**表 5-11　某铅锌冶炼厂的污酸成分[12]**

| 酸度/% | Zn /(mg/L) | Pb /(mg/L) | Hg /(mg/L) | Cd /(mg/L) | COD /(mg/L) | Cl⁻ /(mg/L) | As /(mg/L) | F⁻ /(mg/L) |
|--------|-----------|-----------|-----------|-----------|------------|------------|-----------|-----------|
| 2～5 | 10～200 | 1～20 | 20～1000 | 1～3 | 300～500 | 500～3000 | 30～100 | 400～600 |

由表 5-11 可知，污酸的特点：①成分复杂。污酸中不仅含有汞、锌、镉、铜、铅、砷等多种重金属离子，还有高浓度的氟、氯等。②酸度高。由于冶炼烟气中含有大量 $SO_2$，少量 $SO_2$ 在高温和重金属催化剂作用下被氧化为 $SO_3$，在烟气洗涤除尘过程中，$SO_3$ 溶解于洗涤水中生成硫酸，从而进入污酸中。③重金属浓度波动大。由于有色金属冶炼过程中冶炼工艺和烟气净化工艺较为复杂，同时原料中重金属含量也有一定的变化，导致污酸中的各类污染物，尤其是重金属浓度波动大，其中汞浓度为 20～1000mg/L[12]。

我国主要采用石灰、硫化物沉淀法处理污酸，其技术流程如图 5-42 中污酸处理部分，在污酸处理过程中主要存在的问题是重金属达标稳定性差，产渣量大，处理困难。急需开发出重金属处理效率高、产生的废渣能够无害化处置和资源化回收的技术。

### 5.3.3.3　酸泥特性分析

对某典型铜、铅、锌冶炼企业产生的酸泥分析结果表明，样品主要含有

Cl、Ca、Si、Hg、Ti，少量 Fe、Na、Al、As、Ba、K、Se、Cd 等，酸泥样品总汞 29082.5mg/kg。通过样品微观形貌分析，酸泥样品表面极为粗糙，含有较多颗粒物，活性较强。根据能谱分析结果可知，酸泥中除含汞外，还含有一定量的 Cd、Se、As 等金属、类金属元素，成分复杂。一般酸泥多含有汞、硒元素，因此，对汞、硒的分离和回收是当前研究的热点，也是该行业亟待解决的主要问题之一。

① 酸泥样品外观为污泥状，黑色，颜色颗粒分布较均匀，含水率高，酸性气味很浓。如图 5-43 所示。

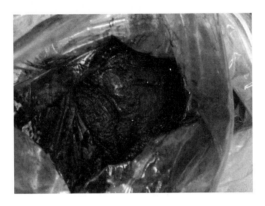

图 5-43　有色金属冶炼酸泥外观

② 按照《固体废物　汞、砷、硒、铋、锑的测定　微波消解/原子荧光法》（HJ 702—2014）分析样品中总汞含量，结果为 29082.5mg/kg。

③ 采用 X 射线荧光光谱仪对粉碎后的酸泥样品进行了主要成分分析，结果见表 5-12。

表 5-12　样品组分及含量（除 Cl 外，样品元素含量以氧化物计）

| 酸泥样品 | Cl | CaO | $SiO_2$ | HgO | $TiO_2$ | $Fe_2O_3$ | $Na_2O$ |
|---|---|---|---|---|---|---|---|
| 含量(质量分数)/% | 8.69 | 11.17 | 3.58 | 2.83 | 2.82 | 2.23 | 2.02 |

| 酸泥样品 | $Al_2O_3$ | $As_2O_3$ | BaO | $K_2O$ | $SeO_2$ | CdO |
|---|---|---|---|---|---|---|
| 含量(质量分数)/% | 1.62 | 0.29 | 0.26 | 0.21 | 0.17 | 0.10 |

④ 样品扫描电镜观察及能谱分析。经 200 倍放大后观察，酸泥样品中物质聚集成几大块，粒径范围为 0.05～0.2mm，样品表面分布大量细小颗粒，如图 5-44 所示；能谱显示，酸泥样品主要含有 Cl、Ca、Si、Hg、Ti，

少量 Fe、Na、Al、As、Ba、K、Se、Cd，如图 5-45 所示。

图 5-44　酸泥样品形貌

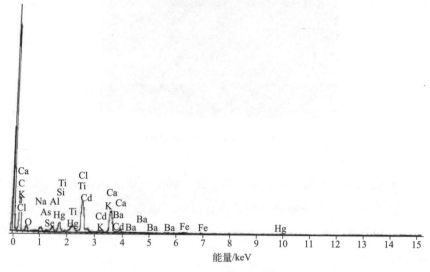

图 5-45　酸泥能谱分析

### 5.3.3.4　硫酸特性分析

冶炼烟气中的汞经洗涤、除雾后大部分进入污酸中，还有少量汞经制酸系统进入硫酸产品中，由于冶炼厂的硫酸主要外售给化肥厂、化工厂、选矿厂等，其中化肥厂使用量所占比例较高，国家对硫酸的质量要求较高，其中要求汞含量≤0.001%（优等品），而国外一些国家要求更高，硫酸中汞含量不能超过 0.0001%（优等品）。

通过对某铜、铅、锌冶炼公司所产硫酸（93%、98%）进行测试分析，其含汞浓度分别为 7.2mg/L、8.6mg/L，均＜10mg/L，符合国家硫酸质量标准要求（GB/T 534—2014）。目前，我国硫酸主要用来生产化肥，化肥用酸约占我国硫酸表观消费量的73%，其中65.7%用于磷肥生产[13]。硫酸在磷肥生产过程中主要是酸解磷精矿生产磷酸。典型磷肥生产工艺流程及汞分布如图5-46所示[1,2]。

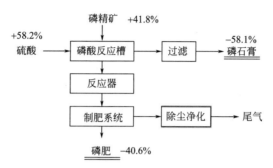

图5-46 典型磷肥生产工艺流程及汞分布图[1,2]

目前，冶炼厂产生的产品硫酸符合国家标准要求，但其汞含量仍然较高，且硫酸的应用范围很广，在使用过程中，存在一定的环境风险，尤其是化肥的使用，通过农产品而进入人体，其影响较大，已经越来越受到人们的关注。

### 5.3.4 含汞废物综合风险分析

含汞废物的风险主要影响因素包括废物产生量、产污特征、废物理化特性、毒性及处理处置安全性等，同时考虑到政府监管等因素，对我国铜、铅、锌冶炼行业含汞废物进行综合风险分析，从含汞废物特性角度分析其风险特征，为其处理处置提供参考依据，也为该行业含汞废物环境管理提供帮助。

表5-13 铜、铅、锌冶炼行业含汞废物综合风险分析

| 分析项目 | 冶炼渣 | 冶炼粉尘 | 污酸 | 酸泥 | 硫酸 |
|---|---|---|---|---|---|
| 产污特征 | 来源于冶炼过程，易产生 | 来源于冶炼过程，容易产生 | 来源于冶炼过程，易产生 | 污酸处置过程，易产生 | 来源于烟气制酸过程，外售 |
| 产生量 | 较大 | 较大 | 较大 | 中 | 大 |
| 理化特性 | 总汞 0～15mg/kg，活性小，除 Cu、Pb、Zn 外还有少量 Nb、Pt | 总汞 68～106mg/kg，活性大，除 Cu、Pb、Zn 外还含有 Cd、As、Mn 等 | 总汞 20～1000mg/L | 总汞含量 29082.5mg/kg | 总汞含量 <10mg/L |
| 毒性 | 汞浸出浓度:0～0.01mg/L | 未测 | | 未测 | |

| 分析项目 | 冶炼渣 | 冶炼粉尘 | 污酸 | 酸泥 | 硫酸 |
|---|---|---|---|---|---|
| 处理处置安全性 | 返炉或综合利用 | 返炉处置，少量按危废处置 | 主要为硫化、石灰法处置 | 主要作为再生汞原料 | 主要外售，部分回用于系统 |
| 监管要求 | 一般监管 | 严格监管 | 一般监管 | 监管较严 | 一般监管 |

由表 5-13 可知，①铜、铅、锌冶炼渣汞含量低，毒性小，其环境风险也较小，虽然产生量较大，但主要返炉或综合利用，政府监管程度一般；②冶炼粉尘含有较多的铜、铅、锌，多被返炉处理，虽然其汞含量较低，但活性大，被列为危险废物名录，政府监管严格；③污酸中汞含量较高，毒性大，但企业一般对其进行综合处理，产生的废水处理后循环使用，不外排，政府监管程度一般；④酸泥汞含量很高，毒性大，一般企业均将其送往再生汞企业，属于危险废物，政府监管也较严；⑤硫酸中汞含量较低，企业主要将合格的硫酸产品外售，政府监管一般。

# 5.4　铜、铅、锌冶炼行业含汞废物处理处置

目前，我国铜、铅、锌企业对含汞废物的处理处置比较突出的问题有：①污酸处理过程复杂、脱汞效率低、产渣量大；②产生的含汞酸泥主要送往再生汞企业，承担较高处置费用，且酸泥在厂内堆放期间增加了储存和安全管理成本；③硫酸产品主要外售，存在一定的环境风险。

## 5.4.1　污酸处理处置

我国含汞污酸的传统处理方法为加入硫化剂、石灰等进行沉淀、过滤，这种方法应用最早，技术成熟，但重金属回收率不高，产生的沉淀渣量大、回收利用难，存在二次污染风险等问题。近年来，我国针对污酸的综合利用开发了很多技术，总体上包括两类：一类是专门脱汞，将汞富集在渣中；另一类是脱酸、除重金属、除氟及 COD 等综合处理技术，其中对汞的脱除主要采用硫化物沉淀的方法。

### 5.4.1.1　污酸专门脱汞技术

污酸处理的最大难点在于其中的重金属浓度波动很大，尤其是汞，最低在 10mg/L 以下，最高达 2000mg/L。常用的污酸处理方法是硫化物沉淀＋

石灰中和法，它具有硫化物添加不易控制、重金属处理效率不稳定等缺点。因此，对废酸进行预处理，将其中的汞等重金属富集后，再进行沉淀脱除，这是一种有效的方法。

由于污酸主要是在烟气洗涤净化过程中产生，其中的汞主要以 $Hg^{2+}$ 和 $Hg^p$ 的形态存在，其中 $Hg^p$ 主要为悬浮颗粒态汞和胶体态汞，且以 $Hg^{2+}$ 为主[14]。因此，污酸中汞富集的主要方法有两种：一是采用强氧化剂将 $Hg^p$ 氧化和溶解，使其充分溶于水相，然后加入硫化钠沉淀处理，最后加入絮凝剂提高沉淀效果，从而达到富集汞的目的；二是采用强还原剂将水中的 $Hg^{2+}$ 和颗粒物中的 $Hg^{2+}$ 直接还原为单质汞，然后加入絮凝剂促进其沉降，从而富集汞。其技术原理及流程如下所述。

（1）污酸氧化、硫化、絮凝富集汞技术

① 技术原理　该工艺技术包括强氧化、硫化沉淀、絮凝分离等过程，首先利用强氧化剂 $KMnO_4$，将废酸中的悬浮颗粒态汞、胶体态汞氧化为 $Hg^{2+}$，溶解于水相中；然后调节 pH 值后加入硫化钠使其转化为 HgS 沉淀，最后加入聚丙烯酰胺进行絮凝沉降[14]。

② 技术流程　首先将污酸废水泵入反应槽，加入质量分数 5％的 $KMnO_4$ 反应 15～20min，然后加入一定波美度 3～4 的石灰乳调整 pH 值至 3～4，当废水中 $Hg^{2+}$ 浓度达到 20mg/L 时，加入质量分数 5％的硫化钠进行沉淀反应。最后在硫化汞浆液中加入质量分数 3‰的聚丙烯酰胺进行絮凝沉降。所有反应均在反应槽中进行，设备少、操作简单[14]。

该方法的技术流程如图 5-47 所示。

该工艺技术平均汞去除效率≥99％，处理后滤液及外排水汞含量＜0.03mg/L、滤渣富集汞质量分数 0.264％～20.33％，可实现废酸处理后汞浓度满足标准要求，工艺简单、稳定性好，产出的废渣含汞较高，具有回收价值，对 Hg 波动大的废水具有较强的适应性，适合处理总汞浓度为 20～2000mg/L 的

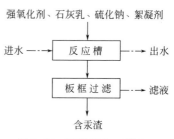

图 5-47　污酸氧化、硫化、絮凝富集汞技术流程图[14]

含汞废酸[14]。但该技术药剂消耗量较大，且采用硫化钠沉淀法需要反复调节 pH 值，存在硫化钠添加量不易控制等问题，该技术应用需要进一步验证。

（2）污酸还原、絮凝富集汞技术

① 技术原理　该技术是采用强还原剂次亚磷酸钠（$NaH_2PO_2$）将污酸中的高价化合态汞还原为单质汞（因为单质汞密度大，更容易沉降），然后加入阴离子聚丙烯酰胺溶液，利用阴离子聚丙烯酰胺分子链中的极性基团，吸附水中悬浮粒子，使粒子间架桥或通过电荷中和使粒子凝聚形成大的絮凝物，加速悬浮液中粒子的沉降，最终使废酸中的汞富集沉降于渣中，定期排出[15]。

② 技术流程　首先配制汞富集药剂，在污酸输送过程中加入输送管道内。先加入约 10% 的强还原剂次亚磷酸钠（$NaH_2PO_2$），而后加入 1% 的阴离子聚丙烯酰胺（PAM），两者在输送管道内与废酸混合均匀后，一同输送至圆锥沉降槽中进行沉降分离，产生的底流进行压滤得到汞富集渣，滤液返回污酸收集池，圆锥沉降槽中产生的上清液送入废水处理系统[15]。

该方法的技术流程如图 5-48 所示。

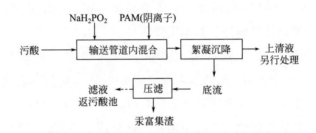

图 5-48　污酸还原、絮凝富集汞技术流程[15]

该技术平均汞去除效率约 99.4%，滤渣汞富集浓度约 3.23%，外排水含汞量约 0.0002mg/L，该技术实现了将废酸中的汞富集的目的，操作简单，还原后的汞可快速沉降，避免了采用硫化钠沉淀法存在的条件苛刻、硫化钠添加量不易控制等问题，但同时该技术也存在污酸的处理量较小、药剂成本贵等缺点，需要进一步开展相关实验优化运行指标。

### 5.4.1.2　污酸综合处理技术

由于污酸中所含成分复杂，其中的重金属种类多、浓度较高，还含有较高浓度的 COD、氟离子等，因此，对污酸的综合处理技术研究的较多，主要体现在以下几个方面：一是把重点放在酸与重金属的分离上，然后再分别处理酸和重金属，这样减少了石膏渣的产生量，同时回收酸和重金属，具有较高的经济价值；二是对传统的石灰-硫化物技术进行改进，在中和阶段设置曝气装置，加强反应效果，减少渣量，在硫化物沉淀阶段，设置强化过滤装置，有效控制上清液和固体渣排放指标；三是采用镁基碱性物代替石灰实施中和处理废酸，得到的硫酸镁溶液进行回收处理后循环利用，从而减少渣量，提高生产效率；四是若污酸成分极为复杂，含有高浓度的重金属、COD及氟、氯等，则采用分级分步综合处理的技术。

（1）污酸中酸与重金属分离回收技术

由于污酸一般采用中和的处理方法，不仅消耗了大量碱性药剂，而且浪费了酸资源，同时重金属处理效率较低。因此，采用一定的技术将酸和重金属分离，而后对酸和重金属分别进行回收，这样，既可节省药剂、回收酸资源，同时也可为重金属的回收提供更为单纯便利的环境，提高重金属的回收率。

常用的酸、重金属的分离方法是扩散渗析法，但是扩散渗析法主要依靠浓度梯度来实现两者的分离，其回收率低，分离效果差。有人研究了采用电渗析的方法，针对污酸的特点，设置了一价阳离子膜和二价阴离子膜作为组合膜堆，来实现酸与重金属的分离，效果良好，酸浓缩液回用于制酸，同时对分离后的低酸中重金属实施硫化氢硫化沉淀处理，重金属处理效率高、速度快[16]。

① 技术原理　该技术主要采用电渗析的方法分离酸与重金属，其技术原理如下。

污酸中的污染离子包括 $H^+$、$SO_4^{2-}$、$Cl^-$、$F^-$、$AsO_3^{3-}$、$AsO_4^{3-}$、$M^{n+}$（重金属离子）等，因此，采用一价阳离子膜和二价阴离子膜的组合膜堆，在电场力的作用下，污酸中的 $H^+$ 通过阳离子膜进入酸浓缩液，包括 $Cl^-$、$F^-$、$SO_4^{2-}$ 在内的一价和二价阴离子则通过阴离子膜也进入酸浓缩液，而二价及以上价态的重金属离子不能通过阳离子膜仍停留在污酸溶液中，包括 $AsO_3^{3-}$、$AsO_4^{3-}$ 在内的高价阴离子不能通过阴离子膜也停留在污酸溶液中，从而实现酸和重金属离子的分离，污酸中的酸度降低到 $H^+$ 浓度不超过 $0.001mol/L$[16]。

对分离后的污酸溶液采用硫化氢气体与酸中重金属离子反应生成硫化物沉淀，反应式如下：$M^{n+} + n/2H_2S \Longrightarrow MS_{n/2} + nH^+$。

② 技术流程　该技术主要包括三个过程，污酸预沉降与过滤、污酸电渗析分离、重金属回收过程。首先，污酸进入沉降槽自由沉降脱除悬浮物，然后过滤使污酸中的颗粒物 $\leqslant 5\mu m$，然后进入电渗析装置；在电渗析装置中，污酸中的 $H^+$、$SO_4^{2-}$、$Cl^-$、$F^-$ 等进入酸浓缩液中，$AsO_3^{3-}$、

$AsO_4^{3-}$、$M^{n+}$（重金属离子）等进入低酸污酸溶液中，实现酸的浓缩与重金属的分离；最后对低酸污酸溶液中的重金属离子通入硫化氢气体使其生成硫化物沉淀，从而回收其中的重金属[16]。

该技术转变了原有的常规加碱中和方法的思路，通过将前期预处理后的污酸通入电渗析装置中，实现酸与重金属的同步分离，分离浓缩后的酸浓度达到8％以上，可回用于制酸系统，低酸中的重金属经硫化处理后，可回收95％以上的重金属[16]。该技术方法使得酸和重金属分离得比较彻底，操作简单、生产效率较高，同时这种酸和重金属分开处理的新模式取得了意料不到的效果。

总体上看，该技术方法是比较有前景的方法之一，但同时该方法属于新兴的方法，技术成熟度不高，主要包括以下几方面：①针对高含汞的污酸，缺乏汞资源回收方面的研究；②该技术所采用的电渗析装置适用性不高，需要提出污酸前处理和电渗析过程的系统化的技术方案；③对电渗析机理方面的研究不够深入，针对成分复杂的污酸分离处理效果有待验证。

（2）曝气中和-强化过滤技术

针对现有技术采用的石灰搅拌反应装置渣量大、难处理的问题，采用了曝气的方式，使其中的悬浮粒子污染物在湍流状态下与药剂反应，从而加强了反应效果，减少了渣量。同时对污酸进行两段化学处理与组合过滤有效结合，充分利用了胀鼓膜过滤和板框压滤特性，保证了水、固体渣的排放指标。

曝气中和-强化过滤技术的技术流程如图 5-49 所示。首先，污酸经沉淀预处理后，进入多级曝气槽中，同时加入石灰乳溶液，进行曝气反应。其中多级曝气槽由一段曝气槽、二段曝气槽和三段曝气槽组成。这些曝气槽采用自流方式，石灰乳溶液与污酸进行中和反应，经多段曝气后，在中和废酸的同时，使各亚酸盐转变为酸盐，可使大部分的砷、氟、汞及铅、锌、镉等形成固态砷酸钙、氟化钙、钙盐与汞盐絮凝物，以及重金属沉淀等，然后经一级板框压滤，去除大部沉淀物后的过滤水，再加硫化钠进行二级化学处理，可有效提高硫化钠的利用率，进一步提高化学处理效果，然后经二级胀鼓膜强制过滤，充分利用膜过滤特性，其过滤上清液可得到有效控制，使之达标排放，或快速返回作为工业水加以循环使用。底流经末段曝气槽再次进入一级板框压滤机重新压滤。利用板框压滤特性，一级板框压滤机外排滤渣呈固态，其含水量较低，便于环保处置[17]。

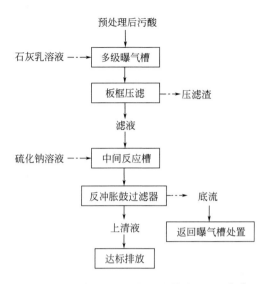

图 5-49　曝气中和-强化过滤技术流程图[17]

反冲胀鼓过滤器是针对低含固量的料浆进行强制固液分离而独特设计的，其分离水质好，可按要求达标排放或用作工业水循环使用。它的主要技术特点是解决以往过滤器易结垢、反冲洗效果差的缺陷，对过滤器介质（滤袋，以下同）的支撑结构进行设计，滤袋处于不同工况而改变为不同几何形状。其工作原理如图 5-50 所示，当系统处于工作状态时，料浆由泵输入，

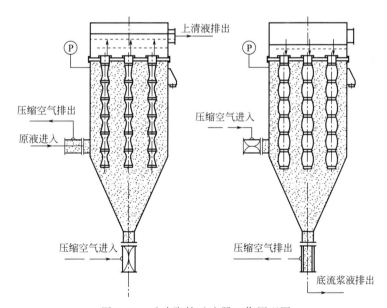

图 5-50　反冲胀鼓过滤器工作原理图

使支撑笼架上的滤袋紧缩，清液穿过滤袋进入袋内向上排出，过滤液中的固体物质被薄膜过滤膜截流在滤袋外表面；当滤饼结膜不断增厚，阻力增加，使滤袋里外压差上升至设定值时，则进行反冲洗；当进入反冲洗状态时，通过配套开发的特制气动管夹阀快速打开，滤袋瞬时扩胀为多节鼓状，附积在滤袋上的结膜层因反弹和清液逆流而剥离，极易清洗。该设备一般采用碳钢紧衬"PO"衬里，整体耐腐蚀、防结垢，可保证设备长期使用。

该技术是将多级曝气、两段化学处理、胀鼓膜过滤与板框压滤组合过滤结合在一起的污酸综合处理技术，其特点是污酸中的污染物能够充分析出，化学处理指标易于控制，提高了化学处理效果，减少了药剂用量，降低了运行成本。

（3）污酸低渣中和技术

该技术是采用镁基碱性物中和剂代替石灰或石灰乳，使得中和反应产生硫酸镁和金属沉淀，硫酸镁溶解度较高，不会与重金属一起形成沉淀，避免了石灰中和法产生大量石膏渣的问题，实现低渣中和。

该技术的流程图如图 5-51 所示。污酸首先在污酸池中自然沉降，而后进入中和池内。向中和池加入镁基碱性物中和剂（氧化镁、氢氧化镁、碳酸镁、碱式碳酸镁和菱镁石中的一种或几种），边搅拌边投加，直至池内溶液 pH 值升至 4～6 时，停止投加药剂，池内重金属污染物得到一次沉降分离。其次，中和池内的分离清液进入硫化反应池，向该池内添加钙基硫化药剂，同时添加少量石灰调节 pH 值至 5～6，使重金属污染物发生硫化反应生成硫化渣。最后从硫化反应池中出来的污酸溶液再次进入深度除砷池中，向其中加入亚铁盐药剂，同时添加镁基碱性物中和剂调节 pH 值至 7～8，在此条件下，污酸中形成的氢氧化物胶体把砷吸附在表面，在水中电解质的作用下，氢氧化物胶体相互碰撞凝聚，并将表面吸附物砷等包裹其内，形成胶状物下沉，达到深度除砷目的[18]。

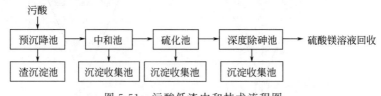

图 5-51　污酸低渣中和技术流程图

该技术最大的特点是将镁基碱性药剂替代石灰进行中和反应，大大减少了石膏渣的产生量，同时避免了石膏渣中重金属浓度高，难处理的问题，具有一定的应用前景。同时该技术方法也存在着药剂添加量较大、操作较为复杂的问题。

（4）高汞、高氟、高COD污酸综合处理技术

该技术是集预处理、中和、硫化除汞及砷、石灰乳与混合氧化剂两段联合降解COD，一段除氟和锌、二段除氟及重金属为一体的污酸综合处理技术。其技术流程如图5-52所示。

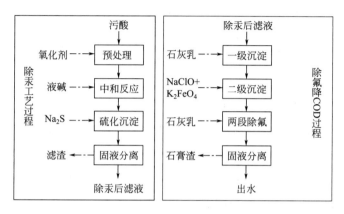

图5-52　污酸综合处理技术流程

① 除汞　针对污酸含汞高的特点，采用 $KMnO_4$ 溶液将悬浮物态、胶体态的汞氧化溶解为 $Hg^{2+}$，加入液碱调节 pH 值至 3~4，加入硫化钠发生硫化沉淀反应，从而去除污酸中的汞及砷等重金属[19,20]。

② 两段降解COD　一般有色金属冶炼污酸中的COD主要以无机物形式存在，如 $SO_3^{2-}$、$S^{2-}$ 等还原性离子，含量在 200~600mg/L。在此高COD条件下，先采用石灰乳沉淀部分 $SO_3^{2-}$ 等还原性离子，初步降解COD；其次采用混合氧化剂降解其余COD。常用的COD氧化药剂是NaClO，其价格便宜，但氧化效果一般，而 $K_2FeO_4$ 具有较好的氧化效果，且可以形成 $Fe(OH)_3$ 胶体，具有良好的絮凝效果，COD去除效率高，但价格较贵。因此采用这两种药剂按一定比例混合使用，保证了处理效果，成本较低[19,20]。

③ 两段除氟　除氟常用的方法是石灰沉淀法，但效果不十分明显，其原因是产生的氟化钙沉淀颗粒细小，阻碍了 $F^-$ 与 $Ca(OH)_2$ 的进一步反应。因此采用两级除氟，即一段加入石灰乳溶液，将其中大部分 $F^-$ 沉淀去除，然后进行固液分离；二段将分离后的滤液再次加入石灰乳溶液，进一步去除污酸中其余的 $F^-$[19,20]。

该技术已经在某铅锌冶炼厂进行了中试运行，处理后废水中各项污染物指标基本符合排放要求，系统运行稳定，综合运行成本较低。总体上，该技术系统运行稳定性较好，技术比较成熟，对高汞、高氟、高 COD 类型的污酸具有一定的应用前景。

### 5.4.2 酸泥处理处置

有色金属冶炼过程产生的酸泥汞含量高，一般作为再生汞原料，再生汞企业主要采用火法蒸馏技术回收金属汞，主要技术流程见 3.2.1 节图 3-2 中再生汞冶炼部分。经调研，某再生汞企业含汞废渣处理规模 1500t/a，其工程建设成本 860 万元，运行成本为 4 万元/吨废渣。近年来，由于火法蒸馏过程产生的含汞废气治理难度大、环保运行成本高、硒资源没有得到有效回收等问题，该技术的应用受到了一定的限制，而湿法冶金技术因具有资源回收率高、清洁污染少等优点逐渐成为人们研究的热点，其中酸泥多含有汞、硒等，因此，汞、硒的分离与资源化回收技术研究的较多，主要包括三类：①火法-湿法联用。将酸泥加入碱性物质焙烧分离汞，然后对焙烧渣进行湿法浸出还原硒。②湿法浸硒固汞。采用富氧高压碱浸工艺将酸泥中的汞以氧化汞形式固定在渣中，硒被浸出进入液相，然后分别处理碱浸渣和碱浸液，得到汞、硒。③汞硒同步回收技术。将酸泥置于保护气（氩气或氮气）氛围下，控制焙烧温度和时间，使其中的汞、硒以硒化汞形态挥发进入烟气中，通过冷凝法回收固态硒化汞。

（1）火法-湿法联用技术

该技术是充分利用汞的挥发特性，在高温焙烧条件下，酸泥中的汞与碱性物质反应生成氧化汞，并分解挥发进入气相，从而与硒分离。传统的技术方法一般选用石灰作为碱性药剂，其主要问题是产生的石膏渣含有较多有害物质，不易处置，带来了二次污染问题。为解决以上问题，晏乃强等研究了采用氧化镁代替石灰进行酸泥中汞、硒的回收，由于氧化镁中和反应后产生的硫酸镁溶解度较高，不会与重金属一起形成沉淀，避免了石灰中和法中大量石膏危废的产生，效果明显[21]。

酸泥火法-湿法联用回收汞、硒技术流程如图 5-53 所示。首先在酸泥中加入一定量的氧化镁混合后进行高温焙烧，根据酸泥成分调整焙烧温度（400～900℃）和时间，酸泥中的汞主要以汞蒸气形态进入气相中，经冷凝后回收汞；然后将产生的焙烧渣冷却，加入浓度为 5%～80% 的硫酸进行溶解浸出，使渣中的硒充分溶解于水中；过滤后对滤液加入浓度为 2%～20% 的还原剂 [$SO_2$、$(NH_4)_2SO_3$、$MgSO_3$、$NaBH_4$ 等的一种或几种]，其中的硒被还原为单质硒沉淀过滤回收；对滤液进一步处理，通过加入碱性药剂氧化镁等，除去液体中的砷等，最后尾液中主要成分为硫酸镁，可综合利用[21]。

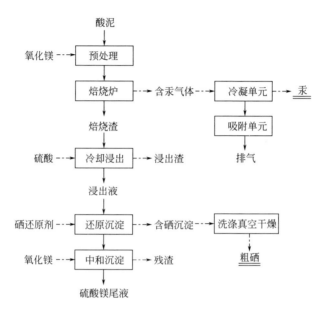

图 5-53　酸泥火法-湿法联用回收汞、硒技术流程[21]

该技术对汞、硒、砷等的回收率分别在 93%、87%、85% 以上[21]，并充分回收了酸泥中的重金属、硫元素等，减少了废渣的产生量，具有一定的应用前景。但同时该技术也具有汞、硒等回收率不高、流程较长等缺点，技术水平有待于进一步提高。

（2）湿法浸硒固汞

针对酸泥中硒汞回收率较低的问题，采用氧压碱浸方法使酸泥中的汞以氧化汞形式固定于渣中，其中的硒被浸出进入液体中，然后再对碱浸渣和碱浸液分别处理回收汞、硒[22]。该技术的原理和技术流程如下。

① 技术原理　酸泥中的汞、硒主要以 $HgSeO_4$、$H_2SeO_4$、$HgCl_2$ 等形态存在，还含有少量 HgSe。将酸泥、氧化钙、氢氧化钠按比例混合，在反应釜内通入富氧气体，控制反应温度和时间，$HgSeO_4$ 与 CaO 反应生成 HgO 固定于渣中，其中的硒与氢氧化钠反应而溶解于液体中，即可实现浸

硒固汞的目的[22]。主要反应式如下。

$$HgSeO_4+CaO \Longrightarrow HgO+CaSeO_4$$

$$HgCl_2+2NaOH \Longrightarrow HgO+2NaCl+H_2O$$

$$HgSe+CaO+O_2 \Longrightarrow Hg（g）+CaSeO_3$$

$$H_2SeO_4+2NaOH \Longrightarrow Na_2SeO_4+2H_2O$$

② 技术流程　该技术的工作流程主要包括氧压碱浸、碱浸液除杂、碱浸液还原制粗硒这三个工艺环节。湿法浸硒固汞技术流程如图 5-54 所示[22]。

a. 氧压碱浸。将酸泥、NaOH、CaO 按比例调浆加入反应釜，然后向其中通入富氧气体，控制反应温度、压力和时间。反应结束后，酸泥中的汞以氧化汞形态固定于碱浸渣中，其中的硒进入到碱浸液中，碱浸渣可通过蒸馏法回收金属汞。同时反应过程中挥发的汞随尾气经冷凝、吸附被脱除后排放[22]。

b. 碱浸液除杂。将经固液分离后的碱浸液加入一定量的硫酸调节 pH 值，然后加入硫化钠进行硫化除杂反应，产生的硫化渣返回上一工序，反应后的硫化液进入还原制粗硒工序[22]。

c. 还原制粗硒。对上一工序的硫化液加入硒还原剂，产生的粗硒经洗涤、真空干燥后制得粗硒产品[22]。

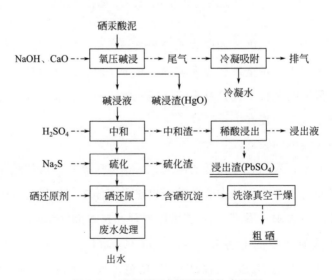

图 5-54　酸泥湿法浸硒固汞技术流程

该技术的主要特点是硒汞分离效果好、硒浸出率高、产生的碱浸渣汞含量高，可直接作为再生汞原料，硒浸出率达 98.77% 以上、渣中含汞达 37.59% 以上[22]。

（3）汞硒同步回收技术

该技术是针对现有技术汞硒分离困难、流程复杂等问题，采用在一定保护气氛围下，使酸泥中的汞硒以硒化汞形态挥发至烟气中，然后将其冷却回收的方法。该方法在酸泥中的汞以 HgSe 形态为主的情况下，对汞的回收率较高，一般达 86.65% 以上，同时对硒的回收率也达 94.82%[23]。

该技术的技术流程如图 5-55 所示。首先，将一定量的酸泥置于管式炉中，在保护气（氮气或氩气）氛围下进行焙烧处理，控制焙烧温度为 520～600℃，产生焙烧渣和含有气态硒化汞的烟气；其次，将烟气通入空气冷却机，使其中的硒化汞冷却凝华为固态而分离回收；经过以上处理得到的焙烧渣中金、银的品位大幅提高，采用氰化法回收焙烧渣中的金、银[23]。

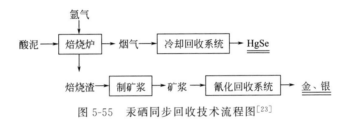

图 5-55　汞硒同步回收技术流程图[23]

该技术打破了以往将酸泥中汞、硒分离后再回收的方法，采用简便的方法将其中的汞、硒同时加以回收，同时使酸泥中的金、银等贵金属富集于焙烧渣中，提高了金、银的回收率。该技术具有流程简短、产品附加值高、有价金属回收率高等优点，适用于含汞、硒、金、银等较高的酸泥的处理处置，同时该技术目前处于实验研究阶段，技术的成熟性、稳定性有待于验证和提高。

## 5.4.3　硫酸脱汞

硫酸中的汞主要以 $Hg^{2+}$、$Hg^+$ 形态存在，常用的硫酸脱汞方法有以下几种。

（1）硫代硫酸盐法

该方法是利用 $Na_2S_2O_3$ 与适当浓度的 $H_2SO_4$ 接触时迅速分解，生成元素硫。这种硫以很细的胶体状态存在，具有较大的有效接触面，对汞的沉淀效果较好，适用于净化生产低浓度硫酸的工艺。在加入 $Na_2S_2O_3$ 较少的情况下，可以获得晶状硫，这种硫用过滤的方法很容易从硫酸中分离出来。过量过多，就生成一种非晶体硫，难以过滤。当需要净化的硫酸浓度高于 85% 时，$H_2SO_4$ 的氧化能力足以将元素硫氧化为 $SO_2$，使体系中的硫不能以固体状单质硫的形态存在，从而使汞的去除率降低。因此，在硫酸除汞前需将浓硫酸进行稀释处理[24]。

有研究表明，硫代硫酸盐的脱汞效率很高，向 $1m^3$ 酸中加入 0.5kg 的 $Na_2S_2O_3$，可使硫酸中的汞从 15mg/L 降低到 0.5mg/L[25]。

（2）铝粉法

该法是把定量铝粉和成品酸置于反应池，然后进行熟化 48～60h，最后在过滤器内以硅藻土作助滤剂进行过滤，高效分离汞和硫酸。工艺中铝粉的使用量视硫酸中汞浓度和净化要求而定。硫酸含汞量越高，要求越严格，加入铝粉量也越多，加入过量的铝粉后对硫酸产品的品质没有影响，该技术适用于质量分数 98% 硫酸的脱汞处理[24]，主要反应方程如下：

$$3Hg^{2+} + Al^0 = 3Hg^+ + Al^{3+}$$

$$3Hg^+ + Al^0 = 3Hg^0 + Al^{3+}$$

（3）硫化氢法

硫化氢除汞法是向含汞的硫酸中通入硫化氢气体，生成硫化汞沉淀，实现汞与硫酸的分离，主要反应如下：

$$Hg^{2+} + H_2S = HgS（s）+ 2H^+$$

$$H_2SO_4 + H_2S = S（s）+ SO_2 + 2H_2O$$

$$SO_2 + 2H_2S = 3S（s）+ 2H_2O$$

此外，酸中含有的其他重金属如 Pb、Cd 等也被沉淀析出。有研究表明，在上述反应当中，第一个反应是基本的，第二和第三个反应只有在 $H_2S$ 大量过剩或硫酸中溶解大量 $SO_2$ 时才会发生，并且进行迅速。采用 $H_2S$ 法脱除硫酸中 $Hg^{2+}$ 较容易，而且反应速度很高，也很彻底。关键步骤是 $H_2SO_4$ 与 HgS 的分离。文献报道有离心分离法、过滤法和自然沉降法。$H_2S$ 除汞法处理后的硫酸自然沉降 24h 后，除汞效率在 70% 左右；经过 100h 沉淀后，除汞效率达 85% 以上，再延长沉淀时间，则除汞效率的提高不明显。据统计，最大脱汞效率约 90%[24]。

# 参 考 文 献

[1] 王书肖，张磊，吴清茹. 中国大气汞排放特征、环境影响及控制途径[M]. 北京：科学出版社，2016.

[2] 吴清茹. 中国有色金属冶炼行业汞排放特征及减排潜力研究[D]. 北京：清华大学，2015.

[3] 中国有色金属工业协会编. 新中国有色金属工业 60 年[M]. 长沙：中南大学出版社，2009.

[4] 有色金属协会官方网站 http：//www. chinania. org. cn/[OL].

[5] 徐磊，阮胜寿. 矿铜冶炼过程中汞的走向及回收工艺探讨[J]. 铜业工程，2017，(1)：71-75.

[6] 冯钦忠，刘俐媛，陈扬，等. 有色金属冶炼行业汞污染控制新技术研究进展[J]. 世界有色金属，2015，(6)：18-22.

[7] 林星杰，苗雨，刘楠楠. 铅冶炼过程汞流向分布及产排情况分析[J]. 有色金属（冶炼部分），2015，(7)：60-62.

[8] 莫招育，陈志明，谢鸿. 典型锌冶炼工艺的汞污染源去向分析及其监控方案研究[J]. 环境科学导刊，2013，32(4)：76-78.

[9] 宋敬祥. 典型炼锌过程的大气汞排放特征研究[D]. 北京：清华大学，2010.

[10] Wu Q R，Wang S X，Zhang L，et al. Update of mercury emissions from China's primary zinc，lead and copper smelters，2000-2010[J]. Atmospheric Chemistry and Physics，2012，12(22)：11153-11163.

[11] Yin R，Feng X，Li Z，et al. Metallogeny and environmental impact of Hg in Zn deposits in China[J]. Applied Geochemistry，2012，27(1)：151-160.

[12] 段宏志. 锌冶炼污酸处理工艺改进实践[J]. 中国有色冶金，2017，2：57-60.

[13] 武雪梅. 中国磷肥、硫酸行业生产与消费概述[J]. 磷肥与复肥，2009，24(4)：1-5.

[14] 段宏志，马菲菲，等. 一种脱除污酸废水中汞的方法[P]：ZL 201610356172. 1. 2016-09-21.

[15] 王少龙，陆占清，等. 一种将污酸中汞富集分离的方法[P]：ZL 201410673105. 3.2016-03-16.

[16] 王庆伟，柴立元，等. 污酸中酸分离浓缩方法[P]：ZL 201310501530. X.2015-09-09.

[17] 林德生. 污水污酸处理装置及其处理工艺[P]：ZL 201110324493. 0.2013-04-24.

[18] 晏乃强，瞿赞，等. 用于污酸处理的低渣中和及重金属去除与资源化的方法[P]：ZL 201510198803. 7.2016-10-19.

[19] 段宏志，马菲菲，等. 一种铅锌冶炼污酸处理工艺[P]：ZL 201610467655. 9.2016-09-14.

[20] 段宏志. 锌冶炼污酸处理工艺改进实践[J]. 中国有色冶金，2017，2：57-60.

[21] 晏乃强，瞿赞，等. 一种用于含汞硒砷的污酸渣中重金属分离与回收的方法[P]：ZL 201510733072. 1.2016-03-09.

[22] 付绸琳，何从行，等. 一种从铜铅锌冶炼硫酸系统酸泥中分离硒汞的方法[P]：ZL 201611122127. 6.2017-05-31.

[23] 王明，马晶，等. 一种从酸泥中回收硒、汞、金、银的方法[P]：ZL 201510259346. 8.2017-04-26.

[24] 田恩成. 冶炼烟气和酸中除汞的方法[J]. 硫酸工业，1988，3：29-31.

[25] Habashi F. Metallurgical plants：how mercury pollution is abated[J]. Environmental Science & Technology，1978，12(13)：1372-1376.

# 第6章　电石法生产PVC含汞废物特性及处理处置

## 6.1　行业发展概况

聚氯乙烯（PVC）是氯乙烯单体（VCM）在过氧化物、偶氮化合物等引发剂，或在光、热作用下聚合而成的聚合物，属于合成材料中的热塑性通用合成树脂。其中氯乙烯单体的生产包括电石法、乙烯氧氯化法及其他乙烯法等。①电石法生产氯乙烯：在氯化汞催化剂存在下，乙炔与氯化氢加成直接合成氯乙烯。此法工艺和设备简单，投资低，收率高，在我国应用比较广泛。②乙烯氧氯化法生产氯乙烯分三步进行：第一步乙烯氯化生成二氯乙烷；第二步二氯乙烷热裂解为氯乙烯及氯化氢；第三步乙烯、氯化氢和氧发生氧氯化反应生成二氯乙烷。乙烯氧氯化法的主要优点是利用二氯乙烷热裂解所产生的氯化氢作为氯化剂，从而使氯得到了完全利用。但其工艺复杂，副产品不易控制，成本高，在我国应用较少。

我国是世界上最大的PVC生产国，据相关资料统计，2015年我国PVC生产企业104家，其中电石法94家，PVC产量1200万吨，约占全国总产量的80%[1,2]。目前，我国的PVC生产工艺以电石法为主，并且在我国石油短缺的情况下，在今后较长时期内仍然占主导地位。我国电石法生产PVC年产量统计情况如图6-1所示。

2017年8月，《关于汞的水俣公约》生效公告中明确指出：自2017年8月16日起，禁止新建的乙醛、氯乙烯单体、聚氨酯的生产工艺使用汞、汞化合物作为催化剂或使用含汞催化剂；禁止新建的甲醇钠、甲醇钾、乙醇

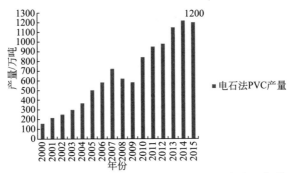

图 6-1　我国电石法生产 PVC 2000~2015 年产量[1,2]

注：2004~2009 年 PVC 产量数据来源于书籍《汞生产和使用行业最佳环境实践》

（营小东等，2013）；2000~2003 年和 2010~2015 年 PVC 产量数据来源于中商情报网。

钠、乙醇钾的生产工艺使用汞或汞化合物；2020 年氯乙烯单体生产工艺单位产品用汞量较 2010 年减少 50%[3]。

"十二五"期间，我国的电石法生产 PVC 工艺所使用的高汞催化剂氯化汞含量为 10.5%~12%，催化剂消耗量约为 1.2kg/t，每年需要消耗大量的汞资源。据统计，烧碱、聚氯乙烯工业生产每年耗汞占国内汞消耗量的 85%，产生废汞催化剂 1.7 万吨左右[4]。而目前国家推广采用的低汞催化剂氯化汞含量为 4%~6.5%，低汞催化剂替代高汞催化剂可使单位 PVC 产品的用汞量减少 50%，是我国在"十三五"期间汞削减的重点途径。

实际上，我国电石法 PVC 生产企业低汞催化剂使用率不足 50%。低汞催化剂难以普及的原因：一方面是传统的高汞催化剂技术路线成熟和稳定，而使用低汞催化剂在工艺流程中需要磨合，企业担心经济效益受到影响；另一方面，有些低汞催化剂产品质量不达标，市场较混乱，有催化剂生产企业使用高汞催化剂，甚至使用废汞催化剂和高汞催化剂混合冒充低汞催化剂销售，损害了 PVC 生产企业利益，扰乱了市场。

总体上，我国 PVC 生产行业存在产能过剩、高汞催化剂使用率较大的问题，面临着汞减排的巨大压力，履约将倒逼我国淘汰落后产能、提升相关行业的技术水平。国家将制定并实施国家战略和行动计划，以控源、减量、发展替代技术等措施共同推进用汞行业减量化、无汞化。

# 6.2　电石法生产 PVC 含汞废物产污特征

## 6.2.1　含汞废物产污流程

电石法 PVC 行业产生的含汞废物主要包括废汞催化剂、含汞污泥、废汞活性炭、废盐酸和废碱[5]。其中废汞催化剂和废汞活性炭一般送有资质的机构进行回收处理；含汞污泥、废汞活性炭送有资质的机构处理，也有企业自行处理，如填埋、堆存等；含汞废酸的处置主要为盐酸脱吸、外售或交有资质的机构处理。盐酸脱吸是利用氯化氢在水中的溶解度随温度的升高而降低的原理，将氯化氢气体解析出来，氯化氢回用或制成盐酸出售，废水回用。目前采用盐酸脱吸技术的企业较少。含汞废碱处置方式：无处置、硫化钠除汞、中和废酸等。电石法生产 PVC 含汞废物产污流程如图 6-2 所示，电石法生产 PVC 含汞废物产生量如图 6-3、图 6-4 所示。

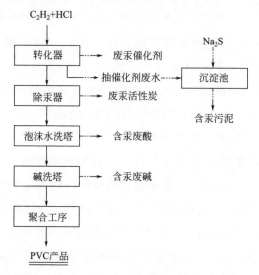

图 6-2　电石法生产 PVC 含汞废物产污流程

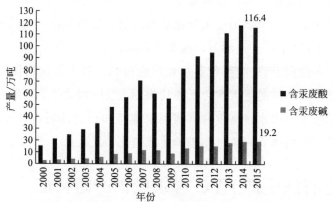

图 6-3　电石法生产 PVC 过程中含汞废物产生量统计图（一）

注：数据来源于《工业源产排污系数手册》（2010 修订）中册、《汞生产和使用行业最佳环境实践》（营小东等），以上含汞废物的产废系数以 PVC 产量 10 万吨计。

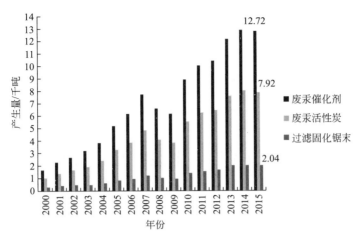

图 6-4　电石法生产 PVC 过程中含汞废物产生量统计图（二）

注：数据来源于国家环保公益专项系列丛书《汞生产和使用行业最佳环境实践》（菅小东等）；以上含汞废物的产废系数以 PVC 产量 10 万吨计。

## 6.2.2　含汞废物产污过程汞分布特征

根据国内外文献资料及王书肖等的研究结果[4]，PVC 生产过程含汞废物的汞分布特征如图 6-5 所示。由图 6-5 可知，该行业产生的汞输出主要在废汞催化剂、废活性炭中，占汞输出总量的绝大部分，其中废汞催化剂、废

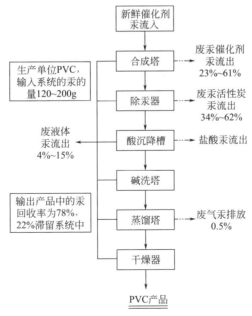

图 6-5　电石法生产 PVC 过程中含汞废物中汞分布特征图[4]

活性炭主要送往再生汞企业回收金属汞。还有少量汞进入废酸、废碱和污泥内，含汞废酸经盐酸脱吸后得副产品盐酸外售，废碱经中和、沉淀处理后排入水处理系统。另外，还有约 22％ 的汞滞留在生产系统中，这些汞主要沉积在合成塔内表面及管路内部，每隔 2～3 年，整个系统清理一次，这些清理物也和废催化剂、废活性炭一起送往再生汞企业回收金属汞[4]。

## 6.3　电石法生产 PVC 含汞废物特性分析

针对我国某电石法生产企业产生的废汞催化剂、废汞活性炭进行物理化学特性分析。含汞废物特性分析项目见表 6-1。

表 6-1　电石法生产 PVC 工艺含汞废物特性分析项目

| 样品来源 | 样品类别 | 分析项目 |
| --- | --- | --- |
| 某电石法生产 PVC 企业（规模 10 万吨/年） | 废汞催化剂、废汞活性炭 | 总汞 |

### 6.3.1　废汞催化剂、废汞活性炭

废汞催化剂、废汞活性炭是电石法生产 PVC 行业产生的最主要的含汞废物，产生量大，氯化汞含量高，汞容易通过升华进入到环境中，危害性大。废汞催化剂、废汞活性炭一般临时堆放在厂内，然后送往再生汞企业进行汞回收利用，在储存、运输过程存在环境风险，它们属于危险废物，受到严格的管控，其非法储存、倾倒会造成严重的环境危害，应严厉打击处理。

某电石法生产企业产生的废汞催化剂、废汞活性炭样品测试分析结果表明，废汞催化剂样品主要含有 Cl、Hg 等，废汞活性炭样品主要含有 Cl 等。通过样品微观形貌分析，两样品表面均极为粗糙，含有较多颗粒物，活性较强。

① 样品外观为活性炭颗粒状，圆柱体，表面呈碳黑色，颜色分布均匀。如图 6-6 所示。

② 按照《固体废物　汞、砷、硒、铋、锑的测定　微波消解/原子荧光法》（HJ 702—2014）分析废汞催化剂、废汞活性炭样品中总汞含量，结果分别为 48700mg/kg、525mg/kg。

③ 采用 X 射线荧光光谱仪对粉碎后的样品进行了主要成分分析，结果见表 6-2。

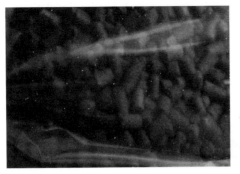

图 6-6　废汞催化剂、废汞活性炭外观

表 6-2　样品组分及含量（除 Cl 外，各元素含量以其氧化物计）

| 废汞催化剂 | Cl | HgO | SiO$_2$ | Al$_2$O$_3$ | CaO | P$_2$O$_5$ | Fe$_2$O$_3$ |
|---|---|---|---|---|---|---|---|
| 含量（质量份） | 9.7 | 6.59 | 1.97 | 1.34 | 0.88 | 0.8 | 0.7 |
| 废汞活性炭 | Cl | BaO | CaO | Fe$_2$O$_3$ | SiO$_2$ | Al$_2$O$_3$ | HgO |
| 含量（质量份） | 11.59 | 3.36 | 2.20 | 1.59 | 1.55 | 1.07 | 0.28 |

④ 样品扫描电镜观察及能谱分析。在 200 倍放大电镜下观察，废汞催化剂样品的物质紧密团聚成一体，表面极为粗糙，且分布众多细小白色物质，如图 6-7 所示。能谱显示样品主要含有 Cl、Hg，少量 Si、Ca、Al、P 等，如图 6-9 所示。废汞活性炭样品的物质团聚成大小不等的块状，表面很粗糙，且分布众多细小白色物质，如图 6-8 所示。能谱显示样品主要含有 Cl，少量 Ba、Ca、Fe、Si、Al、Hg 等，如图 6-10 所示。

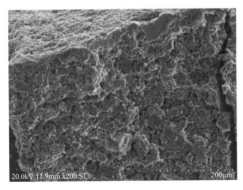

图 6-7　废汞催化剂样品形貌　　　　　图 6-8　废汞活性炭样品形貌

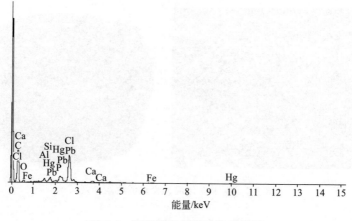

图 6-9　废汞催化剂样品能谱分析

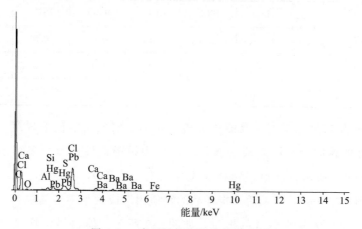

图 6-10　废汞活性炭样品能谱分析

## 6.3.2　含汞废酸

粗氯乙烯气体经除汞器除汞后，进入泡沫塔和水洗塔等脱酸系统，产生大量含汞废酸，目前国内约 50％的企业将其进行脱吸处理，得到的 HCl 气体制成副产品盐酸出售，脱吸后的废酸一般加入废碱中和、进行除汞处理[1]。盐酸脱吸技术包括常规脱吸技术和深度脱吸技术，常规脱吸技术是利用盐酸挥发特性，将其加热分离出来，但当盐酸质量分数达到 20％左右时形成恒沸酸，无法再次脱吸。盐酸深度脱吸是在质量分数为 20％左右的盐酸中加入氯化钙打破三元共沸点，使 HCl 从中游离出来，该方法可将盐酸质量分数从 20％降低至 1％以下，而这种方法国内应用较少[6]。

目前，国内大部分企业没有采用盐酸脱吸技术或仅进行了常规脱吸，废酸中的汞含量、酸度均较高。据相关资料统计，含汞废酸中的汞含量为0.76～30mg/L，总酸度（以HCl计）为20％～31.5％[7,8]。根据该行业的生产流程可知，该行业产生的含汞废酸中除含有汞外，几乎不含有其他重金属，毛晓军等对某企业含汞废酸进行测试分析，结果见表6-3。

表6-3　某电石法生产PVC企业含汞废酸测试分析结果[7]

| 检测项目 | 总酸度/％ | 铁含量/％ | 灼烧残渣/％ | 砷含量/％ | 硫酸盐/％ | 汞含量/(mg/L) |
|---|---|---|---|---|---|---|
| 测定结果 | 31.5 | 0.02 | 0.05 | 合格 | 0.005 | 30 |
| 标准要求 | ≥31 | ≤0.01 | ≤0.15 | ≤0.0001 | ≤0.05 | — |

注：1. 盐酸产品质量标准《工业用合成盐酸》（GB 320—2006）。
2. "—"表示没有该项指标要求。

由表6-3可知，含汞废酸中的各项指标除铁外均满足国家产品质量要求，主要是其中含有较高浓度的汞，风险较大，因此，环保部《关于加强电石法生产PVC及相关行业汞污染防治工作的通知》（环发[2011]4号）中要求该类型企业应积极采用盐酸深度脱吸等先进的清洁生产技术，加大技术改造力度，减少汞排放[9]。

### 6.3.3　含汞废碱

在氯乙烯净化工段，经水洗后的氯乙烯进入碱洗塔，脱除其中过量的HCl气体，其中的碱液为NaOH溶液，经循环使用一段周期后外排，产生了含汞废碱。通常企业将其与废酸中和处理后，排入厂内水处理系统。中和后的废水采用$Na_2S$或NaHS沉淀法除汞后排放。

含汞废碱中含有较高浓度的汞，同时其碱度也较高，有研究表明[8]，某企业的含汞废碱汞含量为30～35mg/L，碱度为15％～17％。目前大部分企业将其进行中和、除汞处理后排放，浪费了大量的碱资源，同时也增加了处理成本。因此，将含汞废碱进行脱汞处理后，回用于生产系统，这样，不仅减轻了后续的废水处理压力，而且缩短了处理流程，节约了成本，从而实现节能减排的目标。

## 6.4　电石法生产PVC含汞废物处理处置

目前，我国电石法生产PVC企业比较突出的问题：①产生的废汞催化剂及废汞活性炭主要送往再生汞企业，承担一定的处置费用，且它们在厂内堆放期间增加了储存和安全管理成本；②废水排放达标稳定性差，酸、碱及汞资源浪费较为严重；③未经脱吸、除汞处理的盐酸产品外售，存在一定的环境风险。

## 6.4.1 废汞催化剂处理处置

由于废汞催化剂与废汞活性炭相比，它是在工艺系统前端产生的，环境条件较差，其比表面积、强度、吸水量、pH 值等指标下降得更厉害，再生更加困难。国内相关企业对废汞催化剂的物性进行了测试分析，结果见表6-4[10]。

**表 6-4　废汞催化剂和新鲜汞催化剂的物性表[10]**

| 名称 | 氯化汞/% | 比表面积/(m²/g) | pH 值 | 强度/N | 吸水量/(mL/g) | 表观密度/(g/mL) |
|---|---|---|---|---|---|---|
| 新鲜汞催化剂 | 4～6 | 400～800 | 6～7 | 110～180 | 1.0～1.2 | 0.45 |
| 废汞催化剂 | 0～4 | 10～100 | 3～4 | 90～120 | 0.2～0.4 | 0.60 |

由表 6-4 可知，废汞催化剂与新鲜汞催化剂相比（以平均值计算），氯化汞含量减少三个百分点，比表面积减小为新鲜汞催化剂的 1/12，强度、吸水量均有一定程度的减小，pH 值呈酸性。

目前，PVC 生产企业一般将废汞催化剂送往再生汞企业处置，然后再回购氯化汞催化剂产品，这样其成本较高，且在废汞催化剂储存、运输过程中存在较大的环境风险。目前，PVC 生产企业解决上述问题的途径有两个：一是开发低汞催化剂或无汞催化剂转化技术，降低废汞催化剂产生量和处置成本；二是现阶段对产生的废汞催化剂进行资源回收，实现厂内废物循环利用。

我国对废汞催化剂的处理技术按其原理可分为四部分：一是将废汞催化剂加入碱性药剂，在一定条件下使其中的汞转化为氧化汞，然后经蒸馏方法回收金属汞；二是将废汞催化剂在一定温度等条件下蒸馏，利用氯化汞升华温度低于活性炭软化温度的原理，将氯化汞蒸馏出来，再冷凝回收，同时回收活性炭；三是采用化学方法使活性炭重新活化，并消除积炭和催化剂中毒，再补加适量的助剂和活性物质氯化汞，使其实现再生；四是将废汞催化剂进行湿法浸出处理，回收其中的汞。

### 6.4.1.1 蒸馏法

（1）技术原理

蒸馏法是指将废氯化汞催化剂进行化学预处理，使 $HgCl_2$ 转化为 $HgO$，然后再将其置于蒸馏炉内，加热使之分离为汞蒸气，经冷凝回收金属汞。蒸馏炉主要为燃气型、燃煤型和电热式三种类型等。

该技术成熟度高，可有效回收废汞催化剂中的金属汞。但不能有效综合利用活性炭，可能造成二次污染；适用于任何形态、浓度的废汞氯化催化剂中汞的回收处理。

（2）工艺流程及产污节点

蒸馏法回收金属汞包括废汞催化剂的预处理、焙烧、冷凝等工艺单元。工艺流程和产污节点如图 6-11 所示。

（3）物料消耗及污染物排放

按处理吨废物计，废氯化汞催化剂蒸馏法回收技术预处理阶段电耗约 27kW•h、煤耗约 0.5t、活性炭约 0.6kg。

废汞催化剂回收处理过程主要产生废水、废气、固体废物和噪声。

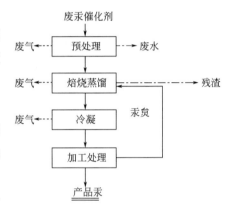

图 6-11　废汞催化剂蒸馏法处理工艺流程及产污节点

废水主要为预处理浸渍和液-固分离工序产生的含汞废水、车间地面和设备冲洗废水等。废水中主要污染项目包括汞、SS、$COD_{Cr}$、酸、碱和氯离子等。

废气主要为干燥和筛分工序产生的废气，废气中主要污染物包括汞和氯气等。

固体废物主要为废气处理产生的底灰、废水处理产生的污泥和蒸馏产生的残渣、加工处理产生的汞泥等。

### 6.4.1.2 化学活化法

（1）技术原理

该技术原理是在不分离废汞催化剂中的活性炭和氯化汞的前提下，用化学方法使活性炭重新活化，并消除积炭和催化剂中毒，再补加适量的助剂和活性物质氯化汞，使其实现再生。

该技术工艺过程简单，可实现氯化汞催化剂的再生利用，且能耗低，但只能实现形态、力学性能较好的废氯化汞的再生，再生效率视原废氯化汞催化剂状态而定。

该技术适用于可再生废汞催化剂的处理。

（2）工艺流程及产污节点

化学活化法回收金属汞包括废汞催化剂的手选/筛分、活化、再生等工艺单元。工艺流程和产污节点如图 6-12 所示。

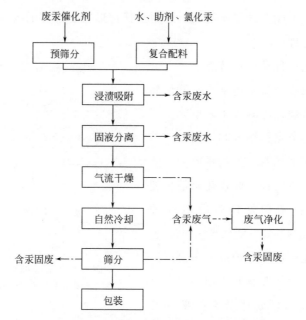

图 6-12　废汞催化剂化学活化法处理工艺流程及产污节点

（3）物料消耗及污染物排放

按处理吨废物计，水耗约 2t、能耗折合标煤约 0.12t、电耗约 40kW·h。废汞催化剂回收处理过程主要产生废气、固体废物和噪声。

废气主要为预筛分、筛分工序产生的废气，废气中主要污染物包括汞和氯气、气流干燥过程产生的含汞废气等。

固体废物主要为废弃的汞催化剂、废气处理产生的底灰、废水处理产生的污泥和蒸馏产生的废渣。

### 6.4.1.3　控氧干馏法

（1）技术原理

控氧干馏法回收废汞催化剂中 $HgCl_2$ 及活性炭工艺，其过程是利用 $HgCl_2$ 高温升华且其升华温度低于活性炭焦化温度的原理，在负压密闭和惰性气体气氛环境下，通过干馏实现 HgCl₂ 和活性炭同时回收。

该工艺可实现 HgCl₂ 和活性炭的资源综合利用，还可有效避免回收过程中汞流失，HgCl₂ 的回收率大于 99%，但过程复杂，能耗较高，且技术要求高，适用于废氯化汞催化剂的处理。

（2）工艺流程及产污节点

控氧干馏法处理废汞催化剂包括干馏、筛分、浸泡和过滤等工艺单元。工艺流程和产污节点如图 6-13 所示。

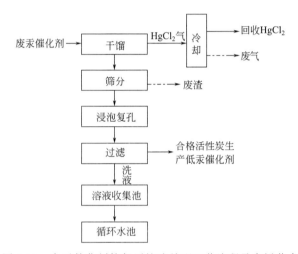

图 6-13　废汞催化剂控氧干馏法处理工艺流程及产污节点

（3）物料消耗及污染物排放

按处理吨废物计，废汞催化剂控氧干馏回收技术水耗约 3t、能耗折合标煤约 0.15t、电耗约 60kW·h。

废汞催化剂回收处理过程主要产生废水、废气、固体废物和噪声。

废水主要为过滤工序产生的废水、车间地面和设备冲洗废水等。废水中主要污染项目包括汞、SS、COD$_{Cr}$ 和氯离子等。

废气主要为筛分工序、干馏冷却工序产生的废气，废气中主要污染物包括汞和氯气等。

固体废物主要为筛分后废弃的汞催化剂、废气处理产生的废活性炭和废水处理产生的污泥。

### 6.4.1.4　流态化沸腾炉焙烧法

（1）技术原理

该技术是将含汞废物经预处理后燃烧，沸腾物料中的化合汞以汞蒸气形式脱出，连同燃烧后的烟气由引风机从炉顶部吸入两段旋涡收尘器，初步脱除混合气体中的烟尘，再进入高温电除尘系统。

该技术使汞蒸气在冷凝前最大限度地除去烟气中的烟尘，以提高汞的回收率和活汞率，减少汞氲的生成。处理过程会产生二次污染，要求环保设施齐全，环境管理到位。

该技术适用于废氯化汞催化剂、含汞化工污泥、含汞废渣（矿渣、冶金炉渣等）等含汞废物中的汞回收。

（2）工艺流程及产污节点

该法处理废汞催化剂包括碱液浸泡、干燥、焙烧等工艺单元。工艺流程和产污节点如图 6-14 所示。

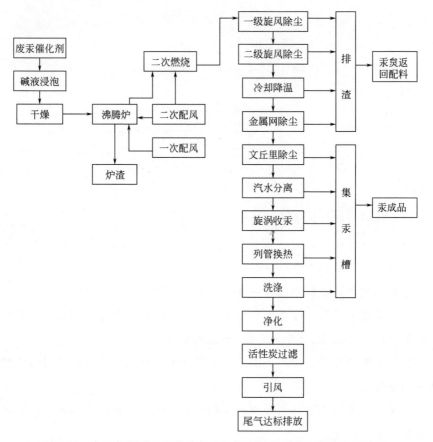

图 6-14　废汞催化剂流态化沸腾炉焙烧法处理工艺流程及产污节点

（3）物料消耗及污染物排放

按回收 1t 汞计，流态化沸腾炉焙烧含汞固废物回收汞技术水耗约 3m³、电耗约 8162kW·h。

废汞催化剂回收处理过程主要产生废水、废气、固废和噪声。

废水主要来自于文丘里除尘水系统排污水、洗涤塔循环水池排污水和硫化钠净化塔排污水。废水中主要污染项目包括汞、硫化汞、SS 等。

废气主要来自于流态化焙烧炉产生的废气,废气中主要污染物包括汞、$CO_2$、$NO_x$ 等。

固体废物主要来自于流态化焙烧炉炉渣、废活性炭和文丘里水系统沉淀池污泥等。

### 6.4.1.5 火法再生新技术

王小艳等对废汞催化剂回收预处理方法进行了改进,选择 NaOH 或 $Na_2CO_3$ 溶液为碱性氧化剂,在液固比为 (1～0.6)∶1,NaOH 质量分数为 7%～8%,或 $Na_2CO_3$ 质量分数为 8%,控制反应温度为 100℃、反应时间 4～5h 的条件下,汞化合物的溶解性能较好,处理时间较短,处理后的废汞催化剂经焙烧,汞回收率均能达到 99% 以上[10]。另外,昆明理工大学的张利波、刘超等研究开发了一种超声波或微波辅助碱性浸出+微波焙烧同步回收汞和再生活性炭的技术,该技术是将废汞催化剂在超声波或微波条件下,与碱性药剂反应,生成氧化汞,然后经微波焙烧回收金属汞和再生活性炭[11]。

(1) 超声波辅助碱液氧化+微波焙烧技术

超声波是频率大于 20000Hz 的声波,它的方向性好,穿透能力强,当超声波作用于液体介质时,介质分子间的平均距离会超过使液体介质保持不变的临界分子距离,液体介质就会发生断裂,形成微泡。这些小空洞迅速胀大和闭合,会使液体微粒之间发生猛烈的撞击作用,从而产生几千到上万个大气压的压强。微粒间这种剧烈的相互作用,会使液体的温度骤然升高,起到很好的搅拌作用,从而使两种不相溶的液体(如水和油)发生乳化,且加速溶质的溶解,加速化学反应。这种由超声波作用在液体中所引起的各种效应称为超声波的空化作用。该技术利用超声波在反应液体中产生的空化效应来强化碱性氧化效果,从而实现提高汞回收效率的目的[11]。

该技术的技术流程如图 6-15 所示。首先将废汞催化剂与一定浓度的碱液均匀混合,在温度为 60～90℃、功率为 10～200W 的超声波条件下浸泡;其次,将浸泡后的混合物过滤,滤液返回继续浸泡废汞催化剂,滤渣进入下一工序；超声波条件下废汞催化剂浸泡后得到的滤渣在 $CO_2$ 或水蒸气等活化气体条件下，采用 50～3000W 的微波进行焙烧，不仅将滤渣中的汞蒸馏，同时通入的活化气体可快速清除积炭并实现活性炭载体的造孔再生，从而得到再生活性炭和含汞蒸气；最后对含汞蒸气进行冷凝回收金属汞[11]。

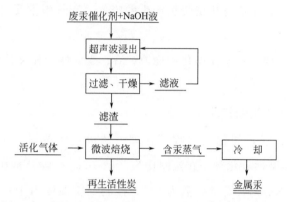

图 6-15　超声波辅助碱液氧化＋微波焙烧技术流程图[11]

该技术采用超声波辅助碱性氧化过程，提高了氧化效果，同时采用活化气体和微波焙烧的方式再生活性炭，效果比较明显。该技术的汞回收率可达96.4％以上，活性炭回收率约 70％，具有汞回收率高、过程清洁、能耗低等优点。该技术属于废汞催化剂回收领域的新技术，处理量较小，技术的成熟性、实用性有待于进一步研发和验证。

（2）超声波和微波协同辅助石灰氧化＋微波焙烧技术

该技术是针对采用的常用的碱性药剂石灰，利用超声波和微波辅助氧化的方法，实现提高氧化汞的转化率的过程。其中，微波是指频率为300MHz～300GHz 的电磁波，通常也称为"超高频电磁波"，可显著提高反应温度和介质的振动强度，从而进一步强化碱浸过程。微波和超声波协同处理，在加热、空化效应和催化效应的协同作用下，打开废催化剂表面的包裹体，降解有机积炭，促进碱液与氯化汞的反应，从而降低过程能耗和处理时间[12]。

该技术的技术流程如图 6-16 所示。首先将废汞催化剂与生石灰按一定比例加入水均匀混合，在功率为 10～200W 的超声波和 50～3000W 的微波条件下浸泡 20～240min；其次，将浸泡后的混合物过滤、干燥，然后在氮气条件下进行微波焙烧，焙烧温度为 500～800℃，焙烧时间为 10～180min，焙烧后得到含汞蒸气和焙烧渣，将含汞蒸气冷凝回收金属汞；将焙烧渣按液固比为（2～10mL）：1g 加入水，在功率为 10～200W 的超声波、温度为 40～90℃下浸出，清除活性炭微孔内的积炭、中毒污染物等物质，从而得到再生活性炭[12]。

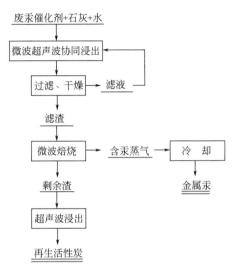

图 6-16  超声波和微波协同辅助石灰氧化＋微波焙烧技术流程图[12]

该技术采用超声波、微波辅助碱性氧化过程，大大提高了氧化效果，同时采用超声波对焙烧渣进行浸出而获得再生活性炭，效果比较明显。该技术的汞回收率可达 95.5％以上，活性炭回收率 68.5％以上，具有汞回收率高、处理时间短、能耗低等优点。该技术也属于废汞催化剂回收领域的新技术，处理量较小，技术成熟性、实用性有待于进一步研发和验证。

### 6.4.1.6  直接加热/干馏法

近年来，李毅等研究开发了将氯化汞催化剂经二硫化碳萃取除氯乙烯后，对过滤的滤渣进行低温加热，使其中的氯化汞升华，从而将其冷凝回收的技术[13]。该技术是利用米切尔低温升华原理，将温度和压力维持在升华物质的三相点以下，使它在很低的压力（几毫米汞柱，1mmHg＝133.322Pa）下升华，经冷凝后捕集在冷却系统中而与杂质分离。此法操作简单，产品纯度很高。

废汞催化剂低温加热技术流程如图 6-17 所示。首先将废汞催化剂粉碎至 40～80 目，加入二硫化碳萃取除去氯乙烯，过滤得滤渣。其次，控制一定的温度、压力，将滤渣加热，使其中的氯化汞升华，以上操作在避光条件下进行，以避免氯化汞转化为氯化亚汞。然后将氯化汞气体在 10～25℃下冷凝回收氯化汞固体。最后，对回收氯化汞后剩余的残渣用 20%～54% 的 NaOH 溶液处理，过滤、干燥后得到再生活性炭[13]。

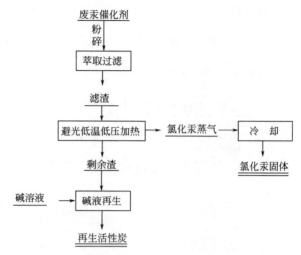

图 6-17　废汞催化剂低温加热技术流程图[13]

该技术的优点是加热温度低至 90～120℃，氯化汞回收率 95% 以上，氯化汞纯度 99.5% 以上，同时活性炭回收率为 92% 以上。该技术可显著降低能耗，同时回收氯化汞和活性炭，生产效率高，操作简单。

### 6.4.1.7　湿法冶金技术

相比于火法蒸馏技术能耗高、产生的汞蒸气或氯化汞蒸气对设备腐蚀性较大、二次污染较大等问题，废汞催化剂的湿法冶金技术具有更大的优势。目前，我国对废汞催化剂的湿法冶金技术研究得较多，典型的技术包括废汞催化剂固相电还原技术回收金属汞和活性炭、酸化-超声协同脱附＋耦合过滤回收利用废汞催化剂等。

（1）固相电还原技术

固相电还原技术是将废汞催化剂浸入电解槽内，通过固相电解作用使金属汞在阴极析出而得到回收，其技术原理见 3.4.1 节所述。

废汞催化剂固相电还原技术流程如图 6-18 所示。首先，废汞催化剂由螺旋上料器输送进入固相电还原电解槽内，在通电过程中，其中的汞以金属汞的形式在阴极析出，并沉入槽底回收；其次，对电解后的催化剂经超声波振荡器进一步处理，沥出残留的金属汞，然后进行过滤、干燥，再通入高温高压蒸汽处理后得再生活性炭[14]。

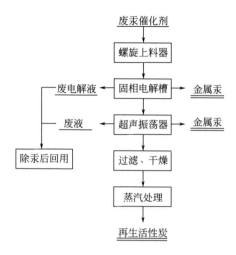

图 6-18 废汞催化剂固相电还原技术流程[14]

（2）酸化-超声协同脱附＋耦合过滤回收利用废汞催化剂技术

该技术是将废汞催化剂加入水中，控制温度在 70～95℃，搅拌下热溶预处理，调节 pH 值 1～3，经 10～60min 超声处理后趁势过滤，或在超声场中过滤，使从活性炭表面脱离的氯化汞和磷、硫杂质与活性炭及时分离。过滤后，得到的活性炭经洗涤、筛分，用于汞催化剂的制备；得到的含汞滤液，控制温度在 50～90℃，加入中和剂调节 pH 值至 6～8，反应 30～90min，溶液中汞离子完全转化成氧化汞沉淀，汞催化剂中毒物磷、硫仍保留于溶液中。经过滤，得到氧化汞滤饼，用盐酸溶解得到氯化汞溶液，用于汞催化剂的制备。

该技术的技术流程如图 6-19 所示。该技术的特点如下：①通过酸化-超声处理，氯化汞和中毒物磷、硫较彻底地脱离活性炭表面，同时可清除活性炭孔道的积炭，有利于活性炭载体的再利用；同时，实现了氯化汞与磷、硫杂质的分离，得到了催化剂用氯化汞溶液，确保了废汞催化剂的高效利用。②超声过程中产生的空化作用在局部产生高温、高压，促使液体微粒之间发生猛烈撞击，加速氯化汞向液相的传质速率，提高了脱附效率。

该技术具有工艺简单、效率高、能耗低等优点，同时同步回收再生的活性炭和制备的氯化汞溶液，可直接用于制备新的氯化汞催化剂，省略了氯化汞制备工序，降低了投资和运行成本，既适用于再生汞企业，也适用于氯化汞催化剂生产企业。该技术具有较好的适用性。

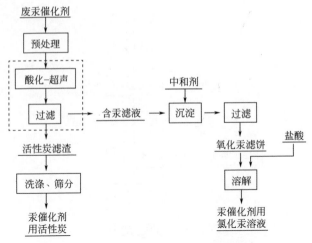

图 6-19　酸化-超声协同脱附＋耦合过滤
回收利用废汞催化剂技术流程[15]

## 6.4.2　含汞废酸处理处置

含汞废酸具有酸度高、汞含量也较高的特点，常规的中和沉淀法处理存在药剂消耗量大、成本高等缺点，所以采取在酸性条件下直接脱汞的方法处理含汞废酸具有较高的研究价值。目前，国内通常采用离子交换树脂吸附的方法处理含汞废酸，该方法是将阴离子交换树脂置于离子交换柱中，含汞废酸按一定的流速流经离子交换柱，经吸附反应后，废酸中的汞含量降低，同时对吸附饱和的树脂采用亚硫酸钠溶液再生处理[16]。该技术的原理如下。

盐酸中汞的存在形态是和氯离子形成稳定的汞配合物 $[HgCl_4]^{2-}$，利用离子交换法，选用强碱性阴离子树脂来吸附。$[HgCl_4]^{2-}$ 树脂的再生选用亚硫酸钠溶液，因为亚硫酸钠可将 $[HgCl_4]^{2-}$ 破坏，形成 $HgSO_3$，将 $HgSO_3$ 氧化为 $HgSO_4$，即可用硫化物和 $HgSO_4$ 反应，生成 $HgS$ 沉淀，过滤后可实现分离。其反应式如下。

$$HgCl_2 + 2HCl \Longrightarrow [HgCl_4]^{2-} + 2H^+$$

$$2R—Cl + H_2[HgCl_4] \Longrightarrow R_2—[HgCl_4] + 2HCl$$

$$R_2—[HgCl_4] + Na_2SO_3 \Longrightarrow 2R—Cl + HgSO_3 + 2NaCl$$

$$HgSO_3 + H_2O_2 \Longrightarrow HgSO_4 + H_2O$$

$$HgSO_4 + Na_2S \Longrightarrow HgS + Na_2SO_4$$

离子交换树脂吸附技术具有除汞效率高、树脂可再生循环使用等优点，但该技术存在树脂柱易堵塞、操作麻烦、成本较高等问题，其应用受到一定的限制。

近年来，含汞废酸的处理处置越来越受到人们的重视。目前，开发一种廉价的新型吸附剂来代替离子交换树脂，在酸性条件下脱汞，是一种比较有前景的技术。国内张正洁等开发了一种耐酸碱吸汞材料，该吸附材料主要以膨润土或硅藻土、生物质材料、硫铁矿等为原料，按照一定的工艺条件制作而成，可适用于酸度 35% 以下的含汞废酸、碱度 20% 以下的含汞废碱的处理处置。该技术对含汞废酸的脱汞效率为 99% 以上[8]。其中，该吸附材料制作流程如图 6-20 所示。

### 6.4.3　含汞废碱处理处置

目前，我国对含汞废碱处置技术的研究较少，一般是将其中和处理后，再进行除汞。这种方法造成了碱资源的浪费，增加了运行成本。近年来，较常用的含汞废碱脱汞技术主要也是树脂吸附法，国内李勇定等开发了含汞废碱氧化过滤＋深度吸附分离汞的技术，该技术是先采用氧化剂将废碱中的部分汞氧化为固态氧化汞，经过滤后，将滤液注入柱形汞分离器，其中分离器内部的阴离子树脂或载硫活性炭将废碱中的汞进一步吸附处理，从而使含汞废碱中的汞浓度降低[17]。该技术的流程如图 6-21 所示。

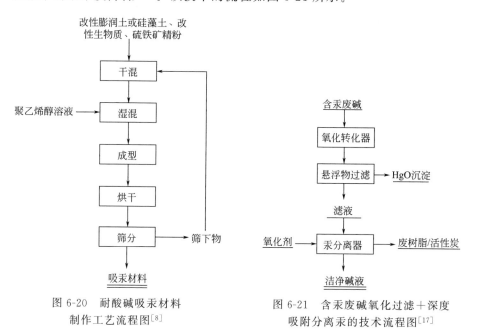

图 6-20　耐酸碱吸汞材料
制作工艺流程图[8]

图 6-21　含汞废碱氧化过滤＋深度
吸附分离汞的技术流程图[17]

该技术能够在碱性条件下完成对汞的脱除，效果较好，处理后的碱液可以回用于碱洗塔，节约了投资，减少了处理费用。但该技术也存在吸附剂价格较贵、操作烦琐等问题。因此，开发操作简单、廉价的吸附剂十分必要。张正洁、陈扬等开发的新型耐酸碱吸汞材料，可对含汞废碱进行有效的处理[8]。该材料的制作流程如图 6-20 所示，该材料对含汞废碱的脱汞效率在 99％以上[8]。

# 参 考 文 献

[1] 菅小东，刘景洋. 汞生产和使用行业最佳环境实践[M]. 北京：中国环境出版社，2013.

[2] 中商产业研究院. 中商情报网 http：//m. askci. com/[OL].

[3] 环保部《关于汞的水俣公约》生效公告. http：//www. zhb. gov. cn/gkml/hbb/bgg/201708/t20170816419736. htm[EB].

[4] 王书肖，张磊，吴清茹. 中国大气汞排放特征、环境影响及控制途径[M]. 北京：科学出版社，2016.

[5] 赵学军，杨振军，张媛华，等. 电石法氯乙烯生产工艺中汞污染物防治技术[J]. 杭州化工，2017，47(1)：1-4.

[6] 曹海洋，徐林波，龙旦平. 盐酸深度脱吸技术在 PVC 生产中的应用[J]. 聚氯乙烯，2013，41(3)：40-42.

[7] 毛晓军，孟宪勇. 离子交换法脱除盐酸中汞离子技术的研究[J]. 中国氯碱，2016，(7)：40-42.

[8] 张正洁，陈扬，等. 一种制备耐酸碱吸汞材料的方法及应用[P]. ZL 201710234889. 3.2017-06-30.

[9] 环保部. 关于加强电石法生产 PVC 及相关行业汞污染防治工作的通知. 环发[2011]4 号.

[10] 王小艳，王小昌，李国栋. 废汞触媒回收技术的实验室研究[J]. 聚氯乙烯，2017，45(8)：33-35.

[11] 张利波，刘超，等. 一种同步回收废汞触媒中的汞和再生活性炭的方法[P]：ZL 201710187363. 4. 2017-08-04.

[12] 张利波，刘超，等. 一种微波和超声波协同处理废氯化汞触媒的方法[P]：ZL 201710187363. 9. 2017-08-08.

[13] 李毅，丘永桂，等. 一种电石法聚氯乙烯生产之后废汞催化剂的回收方法[P]：ZL 201611149476. 7.2017-05-17.

[14] 陈扬，张正洁，等. 从废汞触媒多组分中环保回收汞和活性炭的设备及回收方法[P]：ZL 201410741444，2016-08-24.

[15] 邱运仁，闫升. 一种回收利用废汞触媒的方法[P]：ZL 201410034603. 3.2015-04-22.

[16] 王永杰，王茂喜，李海清，等. 含汞废酸清洁化处理的措施及应用总结[J]. 聚氯乙烯，2015，43(2)：38-42.

[17] 李勇定，闫绍才. 一种去除含汞废碱液中汞的技术[P]：ZL 201110185058. 4.2012-02-08.

# 第7章 燃煤行业含汞废物特性及处理处置

## 7.1 行业发展概况

煤中的汞经锅炉燃烧释放到烟气中，一部分通过烟气除尘、脱硫等净化设施进入粉煤灰、脱硫石膏中，另一部分随尾气排放。我国燃煤行业主要包括燃煤电厂和燃煤工业锅炉，燃煤电厂普遍采用煤粉炉，产生的烟气首先经脱硝设施处理后进入除尘设施，我国除尘设施主要包括静电除尘器、布袋除尘器和电袋复合除尘器，其中静电除尘器应用比较广泛。最后烟气进入湿法脱硫系统进行净化处理后排放。燃煤工业锅炉一般采用层燃炉，产生的烟气进入除尘脱硫系统进行净化处理后排放。

我国燃煤发电厂每年发电量逐年攀升，2015 年已达到 4.28 万亿千瓦·时，同时我国燃煤锅炉的耗煤量也逐年增加，2015 年达到 8.46 亿吨[1]。如图 7-1、图 7-2 所示。

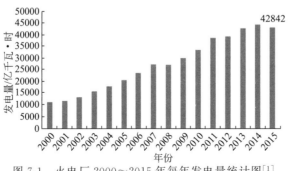

图 7-1　火电厂 2000～2015 年每年发电量统计图[1]
注：数据来源于国家统计局网站。

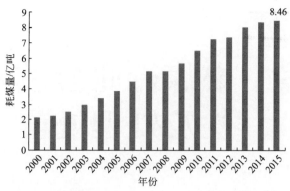

图 7-2　燃煤工业锅炉 2000～2015 年每年耗煤量[2]
注：数据来源于中国电器工业协会工业锅炉分会。

我国燃煤火电厂的污染物排放执行《火电厂大气污染物排放标准》（GB 13223—2011），其中主要污染物浓度限值为烟尘颗粒物≤20mg/m³、$SO_2$≤100mg/m³、$NO_x$≤100mg/m³、Hg≤0.03mg/m³。近年来鉴于我国空气雾霾污染的严峻形势，国家对大气污染控制越来越严格。2015 年 12 月，环保部、国家发改委、能源局联合发布了全面实施燃煤电厂超低排放和节能改造工作方案[3]，明确指出：全面实施燃煤电厂超低排放和节能改造，到 2020 年，全国所有具备改造条件的燃煤电厂力争实现超低排放（即在基准氧含量 6% 条件下，烟尘、$SO_2$、$NO_x$ 排放浓度分别不高于 10mg/m³、35mg/m³、50mg/m³），全国有条件的新建燃煤发电机组达到超低排放水平。

目前，我国大部分燃煤电厂完成了除尘、脱硫脱硝技术改造，2016 年煤电单位发电量二氧化硫、氮氧化物、烟尘等三项污染物排放量分别为 0.47g、0.43g 和 0.09g，整个行业污染物减排效果显著。随着环保法规的日益严格，我国燃煤电厂在除尘、脱硫脱硝改造完成之后，脱汞改造也将成为未来燃煤行业的主要发展方向之一，其中北京市《锅炉大气污染物排放标准》（DB 11/139—2015）对高污染燃料禁燃区内汞排放限值为 0.5μg/m³。

## 7.2　燃煤行业含汞废物产污特征

燃煤行业的汞主要来源于煤的燃烧，燃煤行业中的汞排放与烟气净化控制措施关系密切，我国燃煤企业生产规模及污染控制措施见表 7-1，烟气汞污染控制技术比较分析见表 7-2、表 7-3，污染控制措施的脱汞效率如图 7-3、图 7-4 所示。燃煤电厂的烟气主要经过 SCR 或 SNCR 脱硝系统，然后经电除尘和湿法脱硫系统处理后排放；燃煤工业锅炉的烟气主要经电除尘或布袋除尘、湿法脱硫或水膜除尘脱硫等后排放。燃煤过程中 56.3%～69.7% 的汞随烟气排放，成为大气中汞的重要来源，60% 以上的汞进入飞灰（俗称粉煤灰）和脱硫石膏中，仅有 2% 的汞进入炉渣[4]。

表 7-1　我国燃煤企业规模及污染控制措施

| 企业类型 | 企业规模、炉型 | 污染控制措施 | 企业数量 |
|---|---|---|---|
| 燃煤电厂 | 300MW | SCR＋ESP＋WFGD | 45 |
| | 200MW | SCR/SNCR＋WFGD＋ESP | |
| | 1000MW 煤粉炉 | SCR＋ESP＋WFGD | |
| | 60MW 循环流化床炉 | ESP | |
| | 660MW | SCR＋ESP＋WFGD | |
| | 600MW 超临界锅炉 | WFGD＋ESP | |
| 燃煤工业锅炉 | 75t/h 循环流化床锅炉 | ESP | 5 |
| | 75t/h 循环流化床锅炉 | FF | |
| | 90t/h 链条炉 | FF＋WFGD | |
| | 20t/h 链条炉 | 水膜除尘脱硫 | |
| | 4t/h 链条炉 | 水膜除尘脱硫 | |

表 7-2　燃煤烟气主要汞污染控制技术比较分析（一）

| 技术类型 | 技术及装置 | 脱汞效率 | 脱汞原理 |
|---|---|---|---|
| 利用现有大气污染控制技术和装置 | 布袋除尘器（FF） | 90%（烟煤）72%（亚烟煤） | 主要去除颗粒态汞（$Hg^p$），脱汞性能相比 ESP 更有效 |
| | 电除尘器（ESP） | 平均 36%（烟煤） | 选择性相比于 FF 要高 |
| | 湿法脱硫系统（WFGD） | 80%～95%（$Hg^{2+}$ 去除率） | 主要针对 $Hg^{2+}$，对不溶于水的 $Hg^0$ 捕捉效果不显著 |
| | 选择性催化还原（SCR） | — | 能够将 80%～90% 的 $Hg^0$ 氧化成 $Hg^{2+}$ |
| | 选择性非催化还原（SNCR） | — | 国内研究较少 |
| | 喷雾干燥法脱硫装置（SDA） | 50%～90% 以上（与 ESP 或 FF 联用脱除效率） | 除去 $Hg^p$，可增加对 $Hg^0$ 和 $Hg^{2+}$ 的吸附 |
| | 循环流化床燃烧方式（CFB） | — | 增加飞灰对烟气中汞（包括 $Hg^0$ 和 $Hg^{2+}$）的吸附 |
| | 低 $NO_x$ 燃烧（LNB） | 高达 90%（烟煤） | 低温降低烟气中汞的浓度 |
| | 洗煤技术 | 至少 51%（理论上） | 主要脱除赋存于黄铁矿内的汞 |

| 技术类型 | 技术及装置 | 脱汞效率 | 脱汞原理 |
|---|---|---|---|
| 改进现有的大气污染控制技术 | 飞灰再注入 | — | 吸附气态汞,烟煤吸附率较次烟煤、褐煤高 |
| | 强化湿法脱汞 | 接近 100% | 以 HgS 沉淀的形式除去 $Hg^0$ 和 $Hg^{2+}$ |
| | 改进的布袋除尘器 | 99% 以上 | 吸附 $Hg^0$ |
| 新型汞污染控制技术 | 活性炭注射(ACI) | 50%~80% | 吸附气态 $Hg^0$ 和 $Hg^{2+}$ |
| | 改性活性炭 | 80%~90% | S、Cl、I 负载活性炭高效脱除气态 $Hg^0$ |
| | 钙吸附剂注入 | 平均 82% | 脱汞的同时可除去一部分的 $SO_2$ 和 $SO_3$ |
| | $TiO_2$ 吸附剂注入+紫外线照射 | — | 在 $TiO_2$ 表面氧化 $Hg^0$ 为 $Hg^{2+}$ |
| | 沸石吸附剂注入 | — | 高温和低温下都可以吸附 $Hg^0$ 和 $Hg^{2+}$ |
| | 电晕放电 | — | 氧化 $Hg^0$ 为 $Hg^{2+}$,对 $Hg^0$ 脱除效果不理想 |
| | 电子束照射(EBA) | — | 将 $Hg^0$ 氧化 $Hg^{2+}$ |
| | 光化学氧化 | — | 将 $Hg^0$ 转变为 $Hg^{2+}$ |
| | 氧化剂注入 | — | 将气态 $Hg^0$ 转化为固态物质或者 $Hg^{2+}$ |
| | 催化剂氧化 | — | 将 $Hg^0$ 加速转化为 $Hg^{2+}$ |
| | 新型燃煤汞排放控制技术 | — | 将气态 $Hg^0$ 和 $Hg^{2+}$ 转化为 $Hg^p$ |
| 其他 | 煤热处理 | 最高 80% | 脱汞的同时降低了煤炭发热量 |
| | 高分子壳聚糖吸附法 | 96.43% | 高效脱除 $Hg^{2+}$ 和 $Hg^0$,同时对 $SO_x$ 和 $NO_x$ 有一定的脱除效果 |
| | 利用金等贵金属网脱汞 | — | 脱除分形态汞,可回收利用 |

表 7-3  燃煤烟气主要汞污染控制技术比较分析 (二)

| 控制技术 | 脱汞效率 | 综合评价 |
|---|---|---|
| 洗选煤技术 | 39% | 具有一定应用潜力 |
| ESP+WFGD | 56.61% | 建议采用,但需增加脱硝措施 |
| SCR+ESP+WFGD | 73.89% | 建议采用 |
| FF+WFGD | 86.73% | 建议采用 |
| 干法脱硫+FF | 90% | 脱硫效率难以提高,应用较少 |
| 干法脱硫+ESP | 90% | 脱硫效率难以提高,应用较少 |
| 煤中添加溴化钙+WFGD | 53.6% | 建议在烟气汞浓度>25$\mu g/m^3$ 的电厂开展工程示范 |

| 控制技术 | 脱汞效率 | 综合评价 |
|---|---|---|
| 活性炭喷射 | 90% | |
| 烟气 $NO_x$-$SO_2$-Hg 联合脱除新工艺 | >90% | |

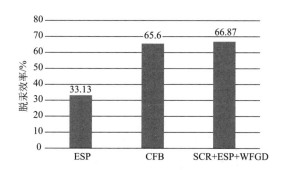

图 7-3　燃煤电厂污染控制措施的脱汞效率

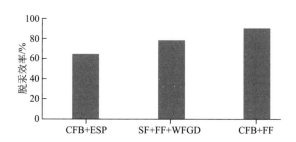

图 7-4　燃煤工业锅炉污染控制措施的脱汞效率

我国燃煤行业产生的主要含汞废物为粉煤灰和脱硫石膏，燃煤电厂含汞废物产污流程如图 7-5 所示。

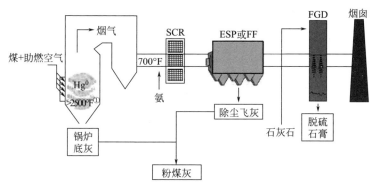

图 7-5　燃煤电厂含汞废物产污流程图

① $t/℃ = \dfrac{5}{9} (t/℉ - 32)$。

我国燃煤发电厂每年产生的粉煤灰和脱硫石膏量逐年攀升，2015 年我国燃煤电厂产生的粉煤灰达 1.95 亿吨，炉渣产量 0.15 亿吨，脱硫石膏产量 0.75 亿吨。如图 7-6 所示燃煤工业锅炉每年粉煤灰产生量逐年提高，2015 年粉煤灰产量为 0.10 亿吨，炉渣产生量为 0.94 亿吨。如图 7-7 所示。

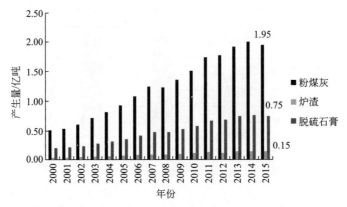

图 7-6　燃煤发电厂 2000～2015 年每年粉煤灰、炉渣、脱硫石膏产生量

注：数据来源于《工业源产排污系数手册》（2010 修订）下册，煤粉炉粉煤灰、炉渣、脱硫石膏产污系数（单位：kg/t 原料）：发电量≥750MW，粉煤灰 $9.22A_{ar}+8.58$；炉渣 $0.71A_{ar}+0.63$；脱硫石膏 $0.61S_{ar}^2+41.6S_{ar}+0.11$。发电量 450～749MW，粉煤灰 $9.19A_{ar}+8.95$；炉渣 $0.72A_{ar}+0.62$；脱硫石膏 $0.61S_{ar}^2+41.23S_{ar}$。发电量 250～449MW，粉煤灰 $9.2A_{ar}+10.76$；炉渣 $0.715A_{ar}+0.61$；脱硫石膏 $0.61S_{ar}^2+41.23S_{ar}$。其中煤粉灰分取值 12%、硫分取值 1.1%，煤消耗量 0.38kg/（kW·h）。

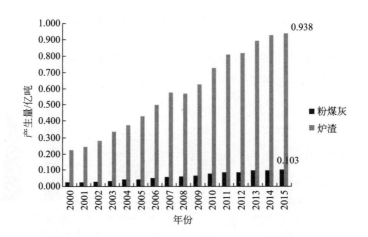

图 7-7　燃煤工业锅炉 2000～2015 年每年粉煤灰、炉渣产生量

注：数据来源于《工业源产排污系数手册》（2010 修订）下册。层燃炉粉煤灰、炉渣产污系数：粉煤灰 1.01A、炉渣 9.24A。其中烟煤灰分取值 12%。

## 7.3 燃煤行业含汞废物特性分析

燃煤行业汞的来源主要是煤中的汞燃烧后进入生产系统中，我国各地区煤中的汞含量差异较大，有研究表明，我国原煤汞含量在 0.15～0.22mg/kg，西南地区的煤汞含量较高，平均在 0.18mg/kg 以上[4,5]。我国部分地区煤中汞含量排序如图 7-8 所示。煤中的汞主要进入燃煤烟气中，炉渣的汞含量很小，有研究表明[6]，某些大型燃煤电厂产生的炉渣中汞含量在 0.02～0.10mg/kg，一般直接进入灰场堆存，然后作建材综合利用。燃煤烟气中的汞主要包括 $Hg^0$、$Hg^{2+}$、颗粒汞三种形态，主要以 $Hg^0$ 形态存在[4]，经过 SCR 催化过程和均相/非均相氧化过程，部分被氧化为 $Hg^{2+}$，被烟气中的颗粒物吸附，经除尘器捕集，进入粉煤灰，有研究表明[6]，粉煤灰中汞含量占煤中汞总量的 23.1%～26.9%，煤中汞被富集在粉煤灰中。另外，在湿法脱硫系统中，烟气中的 $Hg^{2+}$ 经湿法脱硫系统进入脱硫石膏，一部分汞也在脱硫石膏中富集。

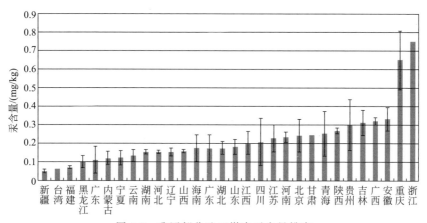

图 7-8　我国部分地区煤中汞含量排序

燃煤电厂含汞副产物分布情况见表 7-4。

表 7-4　燃煤电厂含汞副产物分布情况一览表　　单位：μg/kg

| 名称 | 入炉煤粉 | 锅炉底灰 | 除尘飞灰 | | 脱硫石膏 |
| --- | --- | --- | --- | --- | --- |
| | | | 粗灰 | 细灰 | |
| 燃煤电厂 1 | 233 | 3 | | 295 | 368 |
| 燃煤电厂 2 | 142 | 16 | | 245 | 561 |

| 名称 | 入炉煤粉 | 锅炉底灰 | 除尘飞灰 | | 脱硫石膏 |
|------|---------|---------|------|------|---------|
| | | | 粗灰 | 细灰 | |
| 燃煤电厂 3 | 174 | | | 160 | 309 |
| 燃煤电厂 4 | 35 | 3 | | 10 | 90 |
| 燃煤电厂 5 | 385 | 3 | 134 | 2945 | 401 |
| 燃煤电厂 6 | 17 | 1 | | 24 | 38 |
| 燃煤电厂 7 | 146 | 6 | 236 | 623 | 3404 |
| 燃煤电厂 8 | 131 | 7 | | 346 | |
| 平均 | 158 | 6 | | 502 | 739 |

### 7.3.1 粉煤灰

粉煤灰，是从煤燃烧后的烟气中收捕下来的细灰，粉煤灰是燃煤电厂排出的主要固体废物。我国粉煤灰的利用方式较多，一般主要用作水泥厂的原料，另外，还可以用于烧砖、制陶粒、城市道路回填、制作磁性肥料及回收空心微珠、铁精粉及有价金属等。目前，我国粉煤灰的产生量大，积存量惊人，亟待进行处理处置，而粉煤灰的处理处置与其特性关系密切，为满足无害化、资源化处置要求，分析粉煤灰的特性十分重要。

一般粉煤灰外观类似水泥，颜色在乳白色到灰黑色之间变化，含 Fe 较多的粉煤灰呈红褐色或微红色。我国火电厂粉煤灰的主要氧化物组成为 $SiO_2$、$Al_2O_3$、$FeO$、$Fe_2O_3$、$CaO$、$TiO_2$ 等，其中 $SiO_2$、$Al_2O_3$ 含量占总量的 $60\%$ 以上，见表 7-5。

表 7-5　我国粉煤灰组分及含量［除 C 外，各元素含量（质量份）以其氧化物计］[7,8]

| 样品来源 | $SiO_2$ | $Al_2O_3$ | $Fe_2O_3$ | $CaO$ | $MgO$ | $SO_3$ | $TiO_2$ | $C$ |
|---------|---------|-----------|-----------|-------|-------|--------|---------|-----|
| 某电厂 | 51.02 | 32.05 | 3.04 | 2.06 | — | — | 1.75 | 6.85 |
| 某流化床锅炉 | 44.37 | 26.68 | 10.79 | 3.07 | — | — | 1.86 | 4.90 |
| 某煤粉炉粉煤灰库 | 48.81 | 24.10 | 6.17 | 12.71 | — | — | 0.87 | 0.62 |
| 某电厂 | 51.62 | 22.41 | 6.20 | 4.99 | 2.31 | 1.11 | 1.08 | 4.56 |
| 某电厂 | 41.18 | 27.12 | 5.15 | 13.06 | 3.93 | 2.10 | 0.93 | 3.28 |

我国对各大型燃煤电厂的粉煤灰测试结果表明[7~10]，粉煤灰总汞含量在 $0.12\sim0.37\mathrm{mg/kg}$。相关研究表明，在水、酸雨等浸出剂浸取条件下，粉煤灰中汞释放率较低，在极端的酸液环境中，粉煤灰渗滤实验结果表明，

渗滤液汞浓度低于我国《生活饮用水卫生标准》规定的饮用水中汞浓度限值，不会对环境造成汞危害[4]。

粉煤灰颗粒一般为多孔型蜂窝状组织，比表面积较大，具有较高的吸附活性，颗粒的粒径范围为 $0.5 \sim 300 \mu m$。并且珠壁具有多孔结构，孔隙率高达 50%～80%，有很强的吸水性。匡俊艳等开展了不同来源的粉煤灰物化性质研究，结果表明[9]：①某燃煤电厂静电除尘器下收集的粉煤灰样品为蜂窝状多孔玻璃质颗粒和表面光滑的球形颗粒，具有较大的活性，粉煤灰形貌分析如图 7-9 所示；②某循环流化床锅炉灰样品由于其锅炉温度较低，导致其结构为不规则颗粒物，各颗粒物质堆积紧实、粒径分布均匀、松散，其活性较弱；③某煤粉炉粉煤灰库的样品由于锅炉温度高，其结构主要为球形颗粒，粒径尺寸分布差异大，其活性不明显。

图 7-9　粉煤灰形貌分析图（放大 750 倍）[9]

## 7.3.2　脱硫石膏

燃煤行业湿法脱硫过程中产生大量脱硫石膏，这些脱硫石膏的主要成分和天然石膏一样，为二水硫酸钙 $CaSO_4 \cdot 2H_2O$，含量≥93%。脱硫石膏主要用作水泥的缓凝剂，也可用于生产纸面石膏板、石膏砖等建材产品。另外，利用石膏中的钙离子，可降低土壤碱性，增强作物对病虫害的抵抗能力，起到改良土壤的作用。

脱硫石膏与天然石膏的差别是脱硫石膏主要以单独的结晶颗粒存在，两者易磨性相差较大，脱硫石膏多为石膏颗粒，细颗粒为杂质，而天然石膏经粉磨后的粗颗粒为杂质。脱硫石膏的品位高，一般在 90% 以上，但其白度不如天然石膏，且其结构强度较低。我国火电厂脱硫石膏主要氧化物组成为：$SO_3$、$CaO$、$SiO_2$、$Al_2O_3$、$Fe_2O_3$ 等，其中 $SO_3$、$CaO$ 含量占总量的 70% 以上，见表 7-6[7,11]。

表 7-6 我国脱硫石膏组分及含量 [除 C 外，各元素含量（质量份）以其氧化物计)[7,11]

| 化合物 | CaO | SO₃ | Fe₂O₃ | SiO₂ | MgO | Al₂O₃ | TiO₂ | C |
|---|---|---|---|---|---|---|---|---|
| 样品 1 | 46.01 | 28.79 | 0.49 | 3.08 | 0.80 | 1.49 | 0.36 | — |
| 样品 2 | 49.73 | 26.42 | 0.58 | 4.02 | 1.61 | 1.17 | 0.37 | — |
| 样品 3 | 35.35 | 37.45 | 0.46 | 1.88 | 0.36 | 0.50 | | — |
| 样品 4 | 32.83 | 41.36 | 0.18 | 0.64 | 1.34 | 0.22 | | |

孔祥明等对我国宁东能源化工基地各大型燃煤电厂的脱硫石膏测试结果表明[7]，其中的汞含量在 0.10～0.33mg/kg；高正阳等对某电厂的脱硫石膏测试结果表明[11]，其中 3 个石膏样品汞含量分别是 0.29mg/kg、1.06mg/kg、0.10mg/kg。王书肖等采用热解法研究脱硫石膏中汞化合物组成，利用不同含汞化合物的热解温度及峰值不同的原理判定其化合物组成。结果表明，脱硫石膏中主要为 $HgCl_2$ 和黑色 HgS，这主要是因为烟气中 $SO_2$、HCl 及 $Hg^{2+}$ 在湿法脱硫过程中被吸收和溶解而富集于脱硫石膏中[4]。同时王书肖等模拟研究了脱硫石膏在加工制造墙板过程中，在高温烧结阶段（温度 128～163℃）汞的释放，结果表明，汞的释放比例为 10％～50％[4]。近年来，随着烟气脱硫设施的逐渐增多，脱硫石膏产量逐渐增大，对其进行处理处置及综合利用过程中的汞释放越来越受到重视。

# 7.4 燃煤行业含汞废物处理处置及汞的释放

## 7.4.1 粉煤灰

我国对粉煤灰的处置方式主要包括堆存与填埋、生产水泥和蒸养砖等，在以上过程中，可能会发生汞的迁移和释放，因此，本书介绍了在粉煤灰堆存、填埋、生产水泥和蒸养砖等过程中汞的释放比例的国内相关研究结果，以明确粉煤灰处置过程中产生的环境风险。

### 7.4.1.1 粉煤灰堆存、填埋过程中汞的释放

粉煤灰在堆存与填埋过程中由于不同环境条件水的浸滤，可能导致其中的汞进入渗滤液中，产生环境风险。王书肖等分别采用超纯水、某地天然土壤水、不同 pH 值浸取剂，对粉煤灰进行浸取实验，研究结果如下。

（1）粉煤灰在超纯水与天然土壤水浸取过程汞的释放

超纯水对粉煤灰浸取过程中汞的释放率为 0.02％～0.2％，天然土壤水

对粉煤灰浸取过程中汞的释放率为 $-1.43\%\sim0.08\%$，这是由于粉煤灰本身具有较高的比表面积，吸附性较强，吸附了天然土壤水中原来的汞，不仅没有增加粉煤灰中汞的释放，反而吸收了水体中的汞，具有一定的水体净化作用[4]。粉煤灰在超纯水与天然土壤水浸取过程汞的释放结果分析见表7-7。

表 7-7　我国粉煤灰在超纯水与天然土壤水浸取过程汞的释放[4]

| 名称 | 超纯水① | | 天然土壤水② | |
|---|---|---|---|---|
| | 渗滤液汞浓度 /(ng/L) | 粉煤灰汞释放率 /% | 渗滤液汞浓度 /(ng/L) | 粉煤灰汞释放率③ /% |
| A-粗灰 | 6.88 | 0.06 | 53.28 | $-0.38$ |
| A-细灰 | 4.11 | 0.02 | 118.65 | 0.08 |
| B-粗灰 | 13.24 | 0.07 | 80.33 | $-0.07$ |
| B-细灰 | 8.12 | 0.02 | 21.01 | $-0.18$ |
| C 灰 | 13.26 | 0.2 | 8.8 | $-1.43$ |
| D 灰 | 6.37 | 0.08 | 21.9 | $-0.98$ |

① 超纯水的汞浓度＜1ng/L，pH值为7.1。
② 天然土壤水的汞浓度为100ng/L，pH值为4.6。
③ 粉煤灰汞释放率为负值，表示粉煤灰从水中吸收了汞。

（2）粉煤灰在酸性、碱洗浸取剂浸取过程汞的释放

采用浓硫酸、浓硝酸比例为10:1的混合溶液为酸性浸取剂，用超纯水调节不同的 pH 值，对粉煤灰（A-粗灰）的浸取实验结果表明，随着 pH 值的降低，粉煤灰中汞的溶解增多，渗滤液中汞浓度大约呈指数上升趋势；当 pH 值达到 1 时，渗滤液汞浓度为 43ng/L，粉煤灰中汞释放率为 0.35%[4]。

采用 NaOH 溶液对以上酸性混合溶液进行调节，得到不同 pH 值的碱洗浸取剂，对粉煤灰（A-粗灰）的浸取实验结果表明，在弱碱性条件下基本不会发生汞的释放，原因是粉煤灰中的 $OH^-$ 会与粉煤灰中的汞反应生成 $Hg(OH)^+$，而 $Hg(OH)^+$ 极易吸附在粉煤灰表面，不易浸出。随着 pH 值的升高，渗滤液中汞浓度有所上升，当 pH 值达到 12 时，渗滤液汞浓度为 13ng/L，而 pH 值为 9 时，渗滤液汞浓度为 10ng/L[4]。

### 7.4.1.2　粉煤灰水泥生产过程汞的释放

粉煤灰中较高含量的 $SiO_2$、$Al_2O_3$ 可以作为水泥的生产原料，在水泥熟料高温煅烧过程中，其中的汞会释放到烟气中。一般水泥熟料高温煅烧温度在 $1300\sim1450℃$，煅烧时间为 $10\sim20min$。因此，模拟此高温煅烧条件，设置马弗炉温度为 1300℃、煅烧时间 20min，将粉煤灰样品进行煅烧实验，

结果表明，所有粉煤灰样品在模拟煅烧过程中汞的释放率均达98％以上，实际上，在水泥生产过程中，持续的高温过程会使其中的汞几乎全部释放到烟气中[4]。我国粉煤灰在模拟水泥生产过程汞的释放结果分析见表7-8。

表7-8　我国粉煤灰在模拟水泥生产过程中汞的释放[4]

| 样品 | 原始汞含量/(ng/g) | 模拟水泥生产过程 | |
| --- | --- | --- | --- |
| | | 绝对释放量/(ng/g) | 粉煤灰汞释放率/％ |
| A-细灰 | 243.62 | 240.12 | 98.56 |
| B-细灰 | 442.91 | 441.08 | 99.59 |
| C灰 | 64.2 | 63.98 | 99.66 |
| D灰 | 80.53 | 79.64 | 98.89 |

### 7.4.1.3　粉煤灰蒸养砖生产过程汞的释放

蒸养砖是用于承重墙、因重量轻也可作为框架结构的填充材料的砖，具有轻质、保温、隔热、可加工、缩短建筑工期等特点，该产品能够消化大量的粉煤灰、常见蒸养砖是以粉煤灰、石灰为主要原料（也可以掺加适量石膏和骨料），经坯料制备，压制成型。经蒸压釜蒸压，高压蒸汽养护而成的墙体材料，颜色呈黑灰色。

模拟蒸养砖的高温生产过程，设置马弗炉温度为180℃、煅烧时间8h，将粉煤灰样品进行煅烧实验。结果表明，粉煤灰样品在模拟煅烧过程中汞的释放率为1.42％～49.19％[4]。我国粉煤灰在模拟蒸养砖生产过程中汞的释放结果分析见表7-9。

表7-9　我国粉煤灰在模拟蒸养砖生产过程中汞的释放[4]

| 样品 | 原始汞含量/(ng/g) | 模拟蒸养砖生产过程 | |
| --- | --- | --- | --- |
| | | 绝对释放量/(ng/g) | 粉煤灰汞释放率/％ |
| A-细灰 | 243.62 | 107.41 | 44.09 |
| B-细灰 | 442.91 | 75.25 | 16.99 |
| C灰 | 64.2 | 31.58 | 49.19 |
| D灰 | 80.53 | 1.14 | 1.42 |

## 7.4.2　脱硫石膏

目前，我国脱硫石膏除用作水泥缓凝剂外，主要用于生产石膏建材产品，在此过程中，涉及高温烧结工段，脱硫石膏中的 $CaSO_4 \cdot 2H_2O$ 在

128～163℃温度下脱去结晶水，烧结时间 1～2h，在此期间存在汞释放的可能[12]。

对利用脱硫石膏加工制造石膏墙板的研究表明，样品中汞的释放率为11.18%～55.10%。其中脱硫石膏中含汞化合物的种类不同，其汞的释放比例也不同，试验结果见表 7-10，汞化合物标准样品特征峰值见表 7-11[4]。

表 7-10  我国脱硫石膏在石膏墙板生产过程中汞的释放[4]

| 样品 | 汞释放率/% | 样品 | 汞释放率/% |
|---|---|---|---|
| 1 | 51.56 | 6 | 39.99 |
| 2 | 45.00 | 7 | 12.09 |
| 3 | 11.18 | 8 | 55.10 |
| 4 | 14.51 | 9 | 50.95 |
| 5 | 14.24 | 10 | 13.01 |

表 7-11  汞化合物标准样品特征峰值[4]

| 汞化合物 | 峰尖温度/℃ | 汞化合物 | 峰尖温度/℃ |
|---|---|---|---|
| $Hg_2Cl_2$ | 148/240 | HgO | 325 |
| $HgCl_2$ | 212 | $Hg_2SO_4$ | 145/225 |
| 黑色 HgS | 250/290 | $HgSO_4$ | 245/400 |
| 红色 HgS | 350 | | |

## 参 考 文 献

[1] 国家统计局 http://www.stats.gov.cn/[OL].

[2] 中国电器工业协会工业锅炉分会 http://www.cibb.net.cn/[OL].

[3] 环保部,发改委,能源局.环发[2015]164 号.全面实施燃煤电厂超低排放和节能改造工作方案,索引号:000014672/2015-01407. http://www.zhb.gov.cn[EB].

[4] 王书肖,张磊,吴清茹.中国大气汞排放特征、环境影响及控制途径[M].北京:科学出版社,2016

[5] Zhang L, Wang S X, Meng Y, et al. Influence of mercury and chlorine content of coal on mercury emissions from coal-fired power plants in China[J]. Environmental Science & Technology, 2012, 46 (1): 6385-6392.

[6] 王起超, 马如龙.煤及灰渣中的汞[J]. 中国环境科学, 1999, 19(4): 318-321.

[7] 孔祥明.宁东能源化工基地固体废物中汞含量分布及对环境影响[J].中国环境监测, 2016, 32 (5): 80-84.

[8] 唐念，盘思伟.大型煤粉锅炉汞的排放特性和迁移规律研究[J].燃料化学学报，2013，41(4)：484-490.

[9] 匡俊艳，徐文清，朱廷钰，等.粉煤灰物化性质对单质汞吸附性能的影响[J].燃料化学学报，2012，40(6)：763-768.

[10] 武成利，陈晨，田梦琦，等.燃煤电厂粉煤灰中汞的稳定性研究[J].环境污染与防治，2016，38(6)：20-23.

[11] 殷立宝，高正阳，钟俊，等.燃煤电厂脱硫石膏汞形态及热稳定性分析[J].节能与环保，2013，46(9)：145-149.

[12] 高正阳，吴培昕，范元周，等.湿法烟气脱硫系统脱硫石膏的汞释放特性[J].华北电力技术，2014，(7)：37-41.

# 第8章 水泥行业含汞废物特性及处理处置

## 8.1 行业发展概况

水泥行业是我国除燃煤行业外，被认为是最主要的汞排放行业之一，水泥生产原料石灰石中含有一定量的汞，在破碎后经生料磨处理后进入回转窑煅烧，其中的汞主要进入烟气中，然后经除尘器捕获进入除尘飞灰中。一般水泥厂均将飞灰与原料混合后，重新投入生料磨系统参与整个生产过程，汞在其中循环累积，最终排入大气。

目前，我国水泥生产主要为新型干法和立窑两种，其中新型干法工艺水泥产量占全国总产量的80%以上，该工艺技术具有生产能力大、自动化程度高、产品质量高、能耗低、有害物质排放量低等优点，已成为当今世界水泥生产的主要技术。

新型干法窑在干法回转窑的基础上，增加了悬浮预热器和分解炉。其工作流程是生料经多级悬浮预热器预热后，进入分解炉，将生料中的碳酸钙分解过程提到窑外进行，加快其分解，提高其分解率。然后进入回转窑内，随着的回转窑的旋转向下运动，同时在窑头喷煤系统喷入煤粉进行熟料煅烧，窑内温度达到1450℃以上，熟料生成后通过窑头卸料装置进入冷却机，最后形成水泥产品。新型干法回转窑工作原理如图8-1所示。

我国水泥产量逐年上升，2015年水泥产量达23.6亿吨，位于世界第一[1]，2000～2015年我国水泥产量如图8-2所示。目前，我国水泥行业发展面临着产能过剩、能耗高、污染物排放等问题，尤其是近年来随着《关于汞的水俣公约》的正式签订，该行业的汞减排面临巨大压力。

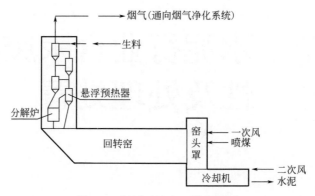

图 8-1 新型干法窑工作流程图

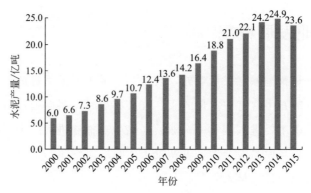

图 8-2 2000~2015 年我国水泥产量[1]

注：水泥产量数据来自国家统计局网站。

# 8.2 水泥行业含汞废物产污特征

我国水泥生产过程包括原料破碎及生料均化、生料预热分解、熟料烧成、水泥粉磨及包装等过程，其生产流程如下。①原料石灰石破碎后由皮带输送机送往预均化堆场，与破碎后的黏土和其他辅助用料从各自的预均化堆场由皮带输送机送往磨头喂料仓，定量喂入生料磨进行烘干并粉磨，然后进入生料均化系统处理后准备入窑。②生料从窑尾进入水泥窑，在此之前先经过悬浮预热器，使生料能够同窑内排出的炽热气体充分混合，提高换热效率，然后入窑生料进入分解炉内以悬浮态或流化态迅速进行分解反应，完成生料预热分解过程。③预热分解后的生料进入回转窑内进行熟料烧成，在回转窑中碳酸盐进一步迅速分解并发生一系列固相反应，生成水泥熟料。熟料烧成后，温度开始降低，最后由水泥熟料冷却机将回转窑卸出的高温熟料冷却，送往储存库。在回转窑系统产生的烟气包括两部分，一部分为窑尾烟气，主要进入到生料磨中对生料加热；另一部分为窑头烟气，经静电除尘后排放。④熟料添加一定比例石膏后进入水泥磨中粉磨，粉磨后的水泥送至储存库。在水泥粉磨过程中产生的尾气需经布袋除尘后再排放。

水泥生产过程中的汞主要来源于原料石灰石、燃料煤及缓凝剂脱硫石膏等，产生的含汞废物主要包括烟气除尘净化过程产生的含汞烟尘，原料破碎、生料粉磨、水泥粉磨、水泥包装和散装等有组织排放的粉尘等，这些含汞废物大都进入生料中循环使用，在水泥生产过程中逐渐循环累积，最终汞主要通过大气排放[2]。新型干法水泥生产工艺含汞废物产污流程如图8-3所示。

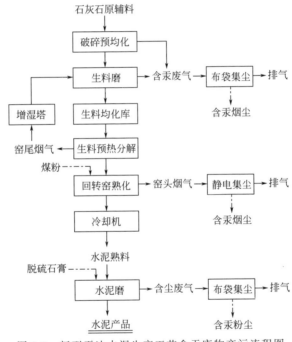

图 8-3　新型干法水泥生产工艺含汞废物产污流程图

# 8.3　水泥行业含汞废物特性分析

## 8.3.1　水泥行业含汞飞灰物理化学特性

水泥行业产生的含汞飞灰，也称"窑灰"，颜色为灰黄色或灰褐色，吸湿性很强。一般窑灰的粒度较小，0.08mm 孔径筛余一般＜15％，0.2mm 孔径筛余＜5％，窑灰密度在 2.6～2.7g/cm³。窑灰由于在生产系统中多次循环使用，其中含有较多钾，可制成钾肥，窑灰钾肥中氧化钾含量在 8％～12％，但其有效养分偏低。我国几家代表性水泥厂窑灰化学成分分析结果表明[3]，CaO、SiO₂ 的含量较高，两者之和约占总量的 70％，见表 8-1。

表 8-1    水泥厂窑灰化学成分分析结果[3]

| 水泥厂 | 化学成分（质量份） | | | | | | | | | |
| --- | --- | --- | --- | --- | --- | --- | --- | --- | --- | --- |
| | 烧失量 | SiO₂ | Al₂O₃ | Fe₂O₃ | CaO | MgO | K₂O | Na₂O | SO₃ | fCaO |
| 厂 A | 7.71 | 20.38 | 4.28 | 4.49 | 54.73 | 3.10 | 1.19 | 0.19 | 2.87 | 14.06 |
| 厂 B | 11.69 | 14.22 | 3.86 | 3.60 | 54.34 | 2.86 | 5.56 | 0.22 | 3.26 | 19.56 |

## 8.3.2　水泥行业含汞飞灰汞的来源与富集

水泥行业汞的来源主要为原料石灰石、黏土及燃料煤。有研究表明，我国石灰石中汞含量在 0.004～2.75mg/kg[4,5]，黏土中的汞含量在 0.002～0.45mg/kg[6]，我国原煤平均汞含量为 0.15～0.22mg/kg[7]。其他原料如页岩、砂岩、铜渣中也含有微量的汞，王小龙对某水泥厂的生产原料的总汞含量测试结果见表 8-2[8]。

表 8-2    水泥各原料汞含量测试结果[8]

| 样品名称 | 总汞含量/(mg/kg) | 样品名称 | 总汞含量/(mg/kg) |
| --- | --- | --- | --- |
| 3 号线石灰石 | 0.01357 | 4 号线石灰石 | 0.01297 |
| 3 号线页岩 | 0.09381 | 4 号线页岩 | 0.08371 |
| 3 号线砂岩 | 0.03153 | 4 号线砂岩 | 0.02153 |
| 3 号线铜渣 | 0.00789 | 4 号线铜渣 | 0.00483 |

由于水泥窑煅烧过程产生的烟气主要经窑尾进入生料磨中对生料进行预热，烟气中的汞大部分被生料吸附，因此，在后续的布袋除尘器中收集的粉尘含汞浓度较高，钱秋兰[9]的研究结果表明，某 6000t/d 水泥生产线中生料磨收尘灰含汞 1.33mg/kg，而进入预热器的生料含汞 0.17mg/kg，见表 8-3。实际上，水泥行业产生的含汞飞灰几乎全部返回生料磨系统，其中的汞随生料进入回转窑内煅烧，绝大部分进入回转窑烟气中，又被布袋除尘器收集，完成一次循环。在不断循环累积下，含汞飞灰内的汞不断富集，其汞含量逐渐增加，危害性较大。国内几家高校对 3 家水泥厂开展了汞排放流向分

析[10]，其中，水泥生产过程中的汞主要富集在窑尾收尘灰中，见表 8-4。

**表 8-3　某 6000t/d 水泥生产线不同工段物料汞含量[9]**

| 物料 | 入预热器生料 | 入回转窑生料 | 出回转窑熟料 | 生料磨收尘灰 | 旋风筒灰 | 煤粉 |
|---|---|---|---|---|---|---|
| 汞含量/(mg/kg) | 0.17 | 未检出 | 0.01 | 1.33 | 0.49 | 0.50 |

**表 8-4　水泥厂固体样品汞浓度测试结果[10]**

| 固体样品总汞含量 | | 工厂 A | 工厂 B | 工厂 C |
|---|---|---|---|---|
| 过程中样品 /(mg/kg) | 煤磨收尘灰 | 544±10 | 113±4 | |
| | 生料 | 296±3 | 37±2 | |
| | 窑尾收尘灰 | 1992±951 | 428±36 | |
| | 窑头收尘灰 | 572±243 | 14±3 | |
| 产品 /(mg/kg) | 熟料 | 1±1 | 3±2 | 3±6 |
| | 石膏 | 499±83 | 473±95 | |
| | 水泥 | 61±0 | 35±1 | |

# 8.4　水泥行业含汞废物处理处置

　　水泥行业含汞飞灰的循环使用，导致由原料和燃煤带入的汞基本都排入了大气，因此，水泥生产过程中含汞飞灰的脱汞是解决以上问题的关键方法之一。目前，国内外对水泥厂除尘飞灰的脱汞技术研究较少，常用的方法是飞灰焙烧脱汞技术，是将飞灰进行焙烧处理，通过添加促使汞挥发的化合物，而使飞灰中汞挥发后回收的技术。技术流程如图 8-4 所示，该技术的小试试验结果表明，汞去除效率≥90%[11,12]。

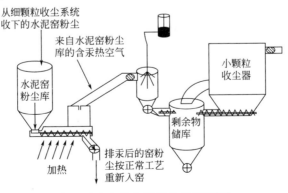

图 8-4　飞灰焙烧脱汞技术流程[12]

近年来，美国开发了一种新技术，采用一种气相溴化高效吸汞剂在布袋除尘器前端喷入，可将汞吸附后一起随含汞飞灰进入水泥产品或窑灰中，该吸汞剂可在400℃下吸附气相汞，并且其吸汞后的产物稳定性好，汞不易再溶出。实验结果表明[12,13]，该方法在吸附剂喷入量为8mg/m³时，脱汞效率达80%以上。同时对水泥产品的浸出实验结果表明，含有气相溴化吸汞剂的水泥产品中汞浸出浓度低于空白样品的汞浸出浓度[12,13]。

结合水泥的生产过程，吸附剂在布袋除尘器前端喷入，被布袋收集后返回水泥窑生产中，最终吸附了汞的吸附剂进入水泥产品或窑灰中。美国Albemarle公司应用其开发的气相溴化混凝土友好型吸附剂（以下称C-PAC），对某水泥厂现有的过程PM控制装置，增加了一套吸收剂喷射系统（M-PACT）喷射以上吸附剂去除烟气中的汞，该吸附剂喷射系统结构相对紧凑，成本低于50万美元。该C-PAC吸附剂既要满足脱汞要求，还要在400℃温度下实现对汞的稳定脱除，同时不影响水泥产品的质量，即不影响与其混合的材料的胶凝性能，具有较好的应用前景。美国Albemarle公司紧凑吸收剂喷射系统如图8-5所示。

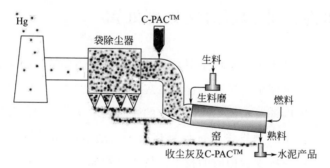

图8-5　美国Albemarle公司紧凑吸收剂喷射系统[12]

## 参 考 文 献

[1] 国家统计局 http：//www.stats.gov.cn/[OL].

[2] 王书肖，张磊，吴清茹.中国大气汞排放特征、环境影响及控制途径[M].北京：科学出版社，2016.

[3] 黎晓军.水泥窑窑灰处理和利用[J].水泥技术，1986，(1)：50-52.

[4] 杨海.中国水泥行业大气汞排放特征及控制策略研究[D].北京：清华大学，2014.

[5] 李文俊.燃煤电厂和水泥厂大气汞排放特征研究[D].重庆：西南大学，2014.

［6］廖玉云，毛志伟，程群，等. 水泥窑汞污染排放及监测控制［J］. 中国水泥，2015，（3）：67-70.

［7］Zhang L，Wang S X，Meng Y，et al. Influnence of mercury and chlorine content of coal on mercury emissions from coal-fired power plants in China［J］. Environmental Science & Technology，2012，46（1）：6385-6392.

［8］王小龙. 水泥生产过程中汞的排放特征及减排潜力研究［D］. 杭州：浙江大学，2017.

［9］钱秋兰. 水泥厂协同处置废弃物中的汞排放分析［J］. 水泥技术，2008，（6）：76-78.

［10］Fengyang Wang，Shuxiao Wanga，Lei Zhanga，Hai Yanga，Qingru Wua，Jiming Haoa. Mercury enrichment and its effects on atmospheric emissions in cement plants of China［J］. Atmospheric Environment，2014，92(8)：421-428.

［11］陈友德. 汞减排带来的机遇［J］. 水泥技术，2014，（6）：100-101.

［12］建筑材料工业技术情报研究所/建筑材料工业技术监督研究中心. 国内外水泥行业汞排放及控制介绍［R］. 2015：34-39.

［13］Ronald R Landreth，Wolfgang Hardtke. Cement kiln mercury control using the existing particulate control equipment［J］. ZKG International，2012，65(11).

# 第9章  天然气行业含汞废物特性及处理处置

## 9.1  行业发展概况

天然气是指自然生成，在一定压力下蕴藏于地下岩层孔隙或岩缝中的混合气体，是以各种碳氢化合物为主要组成的气体混合物。天然气一般有两种形式：一种是以气态的形式从气井中开采出来的，称为气田气；另一种是伴随液体石油一起从油井中开采出来的，称为油田伴生气。气田气约占天然气总量的60%。天然气的热值高，不含灰分，容易燃烧，完全不污染环境。天然气的主要组分为甲烷，其含量一般在90%以上，其次是乙烷、丙烷等碳氢化合物。这些物质都是重要的化工原料。

我国天然气工业生产源于19世纪末，在1979年以前，仅以油型气地质理论为指导，把煤气作为天然气勘探的禁区，天然气勘探进展和效果都不明显。在这以后，随着我国对煤系地层含气性的研究，及国家重点煤成气科技公关项目的完成，我国先后勘探出13个大中型气田。目前，根据我国第二轮油气资源评价结果，我国天然气资源量为 $38 \times 10^{12} \, m^3$，占世界天然气总量约10%，其中陆上天然气资源量 $30 \times 10^{12} \, m^3$，占全国天然气资源量的79%。我国天然气资源主要分布在四川、鄂尔多斯、塔里木、柴达木、东海及莺琼盆地等六大气区。2014年，全国天然气产量 $1329 \times 10^8 \, m^3$，其中常规天然气产量 $1280 \times 10^8 \, m^3$，煤层气产量 $36 \times 10^8 \, m^3$，页岩气产量 $13 \times 10^8 \, m^3$。中石油天然气产量 $952 \times 10^8 \, m^3$，中石化天然气产量 $200 \times 10^8 \, m^3$，中海油天然气产量 $118 \times 10^8 \, m^3$，延长石油天然气产量 $6 \times 10^8 \, m^3$[1]。目前，鄂尔多斯、四川、塔里木三大气区天然气产量均保持快速增长，鄂尔多斯盆

地天然气产量 $426 \times 10^8 m^3$，四川盆地、塔里木盆地天然气产量均超过 $250 \times 10^8 m^3$，煤层气、页岩气勘探开发进度加快。

我国天然气生产过程包括天然气开采与净化过程，天然气开采一般采用自喷方式，主要采用排水采气法进行开采，根据天然气储量、含水、气压等情况分别采取小油管、泡沫、柱塞、深井泵等排水采气法等。天然气净化系统包括油气水分离系统、气体脱硫、脱水脱烃、脱汞系统、原油稳定系统和污水处理系统等。我国天然气脱汞工艺主要包括低温分离脱汞、化学吸附脱汞等，其中低温分离脱汞技术是指原料气通过注入乙二醇防止水合物形成并经过 J-T 阀节流制冷，在低温分离器中实现天然气和含汞醇溶液及液烃的分离。天然气冷却到 0℃ 以下，天然气中的汞富集在富乙二醇溶液中，富乙二醇溶液通过再生可以得到汞浓度极低的乙二醇贫液。低温分离脱汞可将外输天然气中的汞浓度降到 $10\mu g/m^3$ 以下[2]。

# 9.2 天然气行业含汞废物产污特征

## 9.2.1 含汞废物产污流程

我国天然气中的汞浓度为 $0.011 \sim 296.76\mu g/m^3$[3,4]，天然气中的汞主要以单质汞和有机态形式存在，据相关报道，天然气中的甲基汞浓度很低，往往不到 1%[5]。所以经处理后的商品天然气中几乎不会检测到有机汞。天然气中的汞严重影响烃类的生产和加工，同时严重腐蚀运输管道和设备，对于高含汞天然气必须进行脱汞处理。

天然气开采过程中产生的固体废物包括废压裂液、废酸化液等，这些废液及钻井废水经处理后产生含油污泥，也称落地油泥[6]。天然气净化系统包括油气水分离装置、气体净化系统、原油处理系统、水处理系统等。气体净化系统包括脱硫、脱水、脱烃、脱汞等，气体脱硫系统包括吸收塔、醇胺液再生塔、醇胺液循环泵、换热器及酸水分离器等，在此过程中产生含汞废水，在含汞废水处理过程中，产生含汞污泥，其含油量较高，也称油泥。

气体脱水系统主要包括低温分离系统和溶剂吸收系统两类，低温法脱水是利用高压天然气节流膨胀降温或利用气波机膨胀降温而实现的，这种工艺适合于高压天然气。而对于低压天然气的脱水，溶剂吸收法和固体吸附法是应用较广泛的方法[7]。

低温分离系统主要包括脱水脱烃单元、乙二醇再生单元等，具有脱水脱烃和脱汞的功能，低温分离脱水脱烃装置如图 9-1[8]所示，乙二醇再生工艺流程如图 9-2[8]所示，在此过程中产生的含汞废物包括含汞乙二醇、凝析油等。

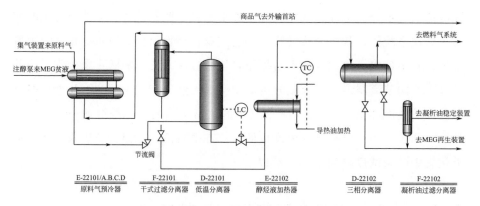

图 9-1　低温分离脱水脱烃装置流程图[8]

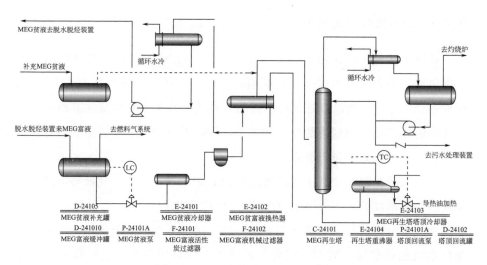

图 9-2　乙二醇再生工艺流程图[8]

综上，我国天然气开采、净化过程中产生的含汞废物主要包括落地油泥、含汞油泥、含汞乙二醇、凝析油等。对于含汞较高的天然气进一步采取吸附脱汞处理，最后生产符合要求的商品天然气，在此过程产生废含汞吸附剂。天然气生产行业含汞废物产污流程如图 9-3 所示。

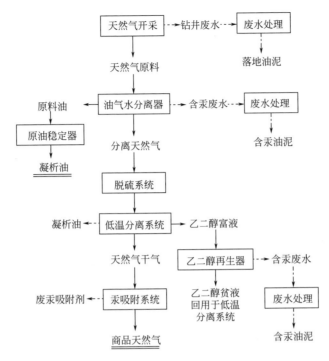

图 9-3　天然气生产行业含汞废物产污流程图

## 9.2.2　含汞废物汞分布特征

西南石油大学对某天然气中央处理厂主要生产单元（低温分离脱水脱烃
单元、乙二醇再生单元和凝析油稳定单元）开展了汞的模拟分布规律研究，
该处理厂集气装置正常处理量为 $3000 \times 10^4 \, m^3/d$，最大处理量为 $3600 \times 10^4$
$m^3/d$。原料气经气液分离器分离出天然气中的液相成分后进入低温分离脱
水脱烃单元，该单元有 6 套装置，单套装置处理量为 $500 \times 10^4 \, m^3/d$，最大
处理量为 $600 \times 10^4 \, m^3/d$，原料气组成见表 9-1。干气出本装置经增压后，进
入商品天然气输气总站。其中，该处理厂乙二醇再生单元是为再生和循环利
用乙二醇，将低温分离脱水脱烃单元分离出的乙二醇富液提浓再生，该单套
装置处理量为 11240kg/h，要求再生后乙二醇浓度约为 85%。该处理厂的凝
析油稳定单元采用闪蒸法处理低温分离脱水脱烃单元产生的凝析油，其设计
处理能力为 100t/d[8]。该天然气中央处理厂低温分离脱水脱烃单元原料气
组成见表 9-1。

**表 9-1　某天然气中央处理厂低温分离脱水脱烃单元原料气组成[8]**

| 组分 | 摩尔分数/% | 组分 | 摩尔分数/% |
|---|---|---|---|
| $N_2$ | 0.5811 | $n\text{-}C_6$ | 0.0044 |
| $CO_2$ | 0.6909 | $n\text{-}C_7$ | 0.0272 |
| He | 0.0068 | $n\text{-}C_8$ | 0.0065 |
| $C_1$ | 97.9999 | $n\text{-}C_9$ | 0.0031 |
| $C_2$ | 0.5310 | $n\text{-}C_{10}$ | 0.0018 |
| $C_3$ | 0.0420 | $n\text{-}C_{11}$ | 0.0022 |
| $i\text{-}C_4$ | 0.0067 | $n\text{-}C_{12}$ | 0.0027 |
| $n\text{-}C_4$ | 0.0100 | $n\text{-}C_{13}$ | 0.0007 |
| $i\text{-}C_5$ | 0.0036 | $n\text{-}C_{14}$ | 0.0014 |
| $n\text{-}C_5$ | 0.0038 | $H_2O$ | 0.0745 |

　　西南石油大学采用 VMGSim（Virtual Materials Group）软件对该天然气中央处理厂汞的分布规律模拟研究结果见表 9-2～表 9-4。其中各单元的模拟流程见图 9-4～图 9-6。

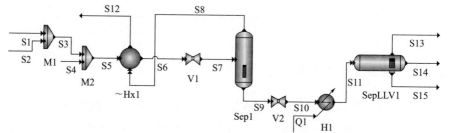

图 9-4　低温分离脱水脱烃单元汞分布模拟流程图[8]

M1, M2—混合器；Hx1—换热器；V1, V2—节流阀；Sep1—低温分离器；
H1—加热器；SepLLV1—三相分离器；S1—原料气；S2—汞蒸气；
S3，S5～S7，S9～S11—含汞天然气；S4—乙二醇贫液；
S8—外输低温干气；S12—外输干气；S13—闪蒸气；S14—凝析油；
S15—乙二醇富液；Q1—导热油

**表 9-2　低温分离脱水脱烃单元单套装置汞分布模拟结果[8]**

| 关键物流 | 原料气 S3 | 外输干气 S12 | 闪蒸气 S13 | 凝析油 S14 | 乙二醇富液 S15 |
|---|---|---|---|---|---|
| 温度/℃ | 34 | 22.19 | 50 | 50 | 50 |
| 压力/MPa | 10.7 | 7.0 | 1.98 | 1.98 | 1.98 |
| 体积流量/(m³/h) | 129262.90 | 129147.36 | 12.36 | 0.14 | 0.89 |
| 质量流量/(kg/h) | 88618.17 | 88438.83 | 9.13 | 98.56 | 964.24 |

| 关键物流 | 原料气 S3 | 外输干气 S12 | 闪蒸气 S13 | 凝析油 S14 | 乙二醇富液 S15 |
|---|---|---|---|---|---|
| 汞流量 /(kg/h) | 0.02325 | 0.00352 | 0.00003 | 0.00024 | 0.01945 |
| 汞浓度 | 180μg/m³ | 27.26μg/m³ | 2.43mg/m³ | 2435.06μg/L | 20171.33μg/L |

注：体积流量是20℃、101.325kPa下标况流量。

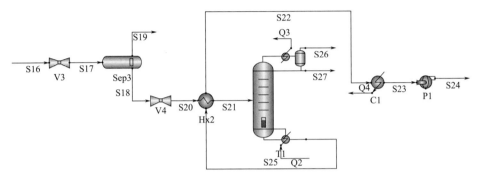

图 9-5　乙二醇再生及注醇装置[8]

C1—冷却器；Hx2—换热器；P1—MEG 贫液泵；Q2—导热油；Q3—循环冷却液；
Q4—循环冷却液；Sep3—MEG 富液缓冲罐；S16～S18，S20—MEG 富液；
S19—MEG 富液缓冲罐气相；S21—高温 MEG 富液；S22，S23—低温 MEG 贫液；
S24—MEG 再生贫液；S25—高温 MEG 贫液；S26—含汞尾气；
S27—含汞污水　T1—MEG 再生塔；V3、V4—节流阀；

**表 9-3　乙二醇再生单元单套装置汞分布模拟结果[8]**

| 关键物流 | MEG 富液 S16 | 富液缓冲罐 气相 S19 | MEG 贫液 S24 | 含汞塔污水 S27 | 含汞塔尾气 S26 |
|---|---|---|---|---|---|
| 温度/℃ | 50 | 50 | 45 | 50 | 50 |
| 压力/MPa | 1.98 | 0.55 | 0.12 | 0.11 | 0.11 |
| 体积流量 /(m³/h) | 0.89×6 | 4.67 | 4.92 | 0.38 | 3.78 |
| 质量流量 /(kg/h) | 964.24×6 | 3.72 | 5397.68 | 381.37 | 4.81 |
| 汞流量 /(kg/h) | 0.01945×6 | 0.00004 | 0.00009 | 0.00915 | 0.10744 |
| 汞浓度 | 20171.33μg/L | 8.57mg/m³ | 16.67μg/L | 23992.45μg/L | 28.42g/m³ |

注：单套乙二醇再生装置处理 6 套脱水脱烃装置来的乙二醇。

**表 9-4　凝析油稳定单元单套装置汞分布模拟结果[8]**

| 关键物流 | 未稳定凝析油 S28 | 闪蒸气 S31 | 稳定凝析油 S30 |
|---|---|---|---|
| 温度/℃ | 50 | 49.5 | 49.5 |
| 压力/MPa | 1.98 | 0.3 | 0.3 |

| 关键物流 | 未稳定凝析油 S28 | 闪蒸气 S31 | 稳定凝析油 S30 |
|---|---|---|---|
| 体积流量/(m³/h) | 0.14×6 | 8.42 | 0.80 |
| 质量流量/(kg/h) | 98.56×6 | 7.20 | 584.15 |
| 汞流量/(kg/h) | 0.00024×6 | 0.00013 | 0.00133 |
| 汞浓度 | 2435.06μg/L | 15.44mg/m³ | 2276.81μg/L |

注：单套凝析油稳定装置处理 6 套脱水脱烃装置来的未稳定凝析油，不考虑集气单元来的凝析油。

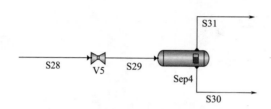

图 9-6　凝析油稳定单元汞分布模拟流程图[8]
V5—节流阀；Sep4—凝析油缓冲罐；S28，S29—未稳定凝析油；
S31—闪蒸气；S30—稳定凝析油

低温分离脱水脱烃单元汞分布模拟结果表明[8]：①原料气中的汞大部分进入乙二醇富液［83.66%（质量分数）］，表明乙二醇对汞的富集作用明显；②原料气中的汞少数［15.14%（质量分数）］进入了外输干气中，表明低温分离过程可有效降低外输干气的汞浓度。

乙二醇再生单元汞分布模拟结果表明[8]：①乙二醇富液再生过程中，富液中的汞绝大多数［92.07%（质量分数）］进入了塔顶尾气中，其对汞的富集作用最明显；②乙二醇富液再生过程中，少数汞［7.84%（质量分数）］进入 MEG 再生塔污水（冷凝水）；③乙二醇富液再生过程中，极少数汞［0.08%（质量分数）］进入 MEG 贫液中，MEG 贫液可直接循环使用。

凝析油稳定单元汞分布模拟结果表明[8]：未稳定凝析油中的汞绝大多数［92.36%（质量分数）］进入了稳定凝析油中。因此，凝析油稳定工艺脱汞效果不明显。

根据以上模拟结果，计算整个天然气处理过程中汞的分布，结果表明[8]：低温分离脱水脱烃单元的脱汞效果显著，外输干气的汞浓度大大降低（仅 27.26μg/m³），原料气中的汞绝大部分进入乙二醇富液中，少数进入未稳定凝析油和三相分离器气相中；乙二醇富液再生工艺脱汞效果显著，乙二醇富液中的汞绝大部分进入再生塔尾气中，其余的进入再生塔污水中。

该过程汞的模拟分布规律如图 9-7 所示。

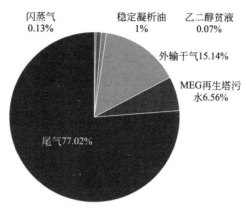

图 9-7　某天然气处理厂汞分布模拟图[8]

# 9.3　天然气行业含汞废物特性分析

根据 9.2.2 节所述，天然气中的汞在处理过程中主要分布在凝析油、乙二醇、污水和尾气中。根据某典型气田公司关键物流点含汞废物总汞分析，结果表明[8]，汞含量最高的为凝析油，平均含量为 2.8～27.5mg/kg；其次为乙二醇富液，汞含量为 0.64～0.94mg/kg；乙二醇贫液汞含量为 0.013～0.049mg/kg。某天然气生产企业含汞废物汞含量检测结果见表 9-5。

表 9-5　某天然气生产企业含汞废物汞含量检测结果[8]

| 项目 | 取样位置 | 汞含量/(mg/kg) |
|------|----------|----------------|
| 凝析油 | 集气装置液液分离器油样 | 11.3～27.5 |
| | 脱水脱烃装置三相分离器罐油样 | 13～16.8 |
| | 装车泵房外运油样 | 2.8～3.1 |
| 乙二醇 | 乙二醇再生装置乙二醇富液缓冲罐 | 0.643～0.936 |
| | 乙二醇再生装置乙二醇贫液缓冲罐 | 0.013～0.049 |

## 9.3.1　凝析油

凝析油是从凝析气田或者油田伴生天然气凝析出来的液相组分，又称天然气油。其主要成分是 $C_5$ 至 $C_{11+}$ 烃类的混合物，并含有少量的大于 $C_8$ 的烃类以及二氧化硫、噻吩类、硫醇类、硫醚类和多硫化物等杂质，其馏分多在

20～200℃，相对密度小于 0.78，其重质烃类和非烃组分的含量比原油低，挥发性好。凝析油可直接用作燃料，并且是炼油工业的优质原料，通常石脑油收率在 60%～80%、柴油收率在 20%～40%，API 度在 50 以上。

凝析油中的汞含量在 2.8～27.5mg/kg[8]，Wilhelm 等给出了天然气和凝析油中汞及其化合物的相对丰度，其中凝析油中的汞主要以单质汞形式存在，含有少量氯化汞、甲基汞，见表 9-6。

表 9-6    汞及其化合物在天然气及凝析油中的相对丰度[8,9]

| 项目 | 天然气 | 凝析油 |
|---|---|---|
| $Hg^0$ | D | D |
| $(CH_3)_2Hg$ | T | T,(S?) |
| $HgCl_2$ | N | S |
| $HgS$ | N | S |
| $HgO$ | N | N |
| $CH_3HgCl$ | N | T? |

注：D 表示主要形式，占总量 50% 以上；S 表示占总量的 10%～50%；T 表示占总量的 1% 以下；N 表示几乎不可测；? 表示不确定。

凝析油中的汞可能使凝析油加工过程中某些催化剂中毒、危害操作人员健康、污染环境和降低凝析油产品的质量。因此，在凝析油的处理与加工的过程中，必须根据凝析油的汞含量水平、汞的形态分析、凝析油产品的汞含量要求、凝析油产率及脱汞装置的预期使用寿命、经济性等因素采取适当的脱汞工艺将其脱除，最大限度地减少汞污染与汞危害。

### 9.3.2   乙二醇

乙二醇（$CH_2OH)_2$ 又名甘醇，是最简单的二元醇。乙二醇是无色无臭、有甜味的液体，对动物有毒性，人类致死剂量约为 1.6g/kg。乙二醇能与水、丙酮互溶，但在醚类中溶解度较小。用作溶剂、防冻剂以及合成涤纶的原料。

含汞天然气经过 J-T 阀节流制冷低温分离后，原料气中的汞大部分进入乙二醇富液（0.643～0.936mg/kg），这些汞经乙二醇再生后最终主要进入再生塔塔顶未凝气中，而乙二醇贫液中的汞含量较低（0.013～0.049mg/kg）。由此可见，乙二醇再生过程的主要问题是乙二醇再生后废气汞的治理。乙二醇再生后含汞废气一般采取活性炭吸附的方法处理，其中产生的废活性炭按危废处置。

### 9.3.3 含油污泥

　　天然气生产行业含油污泥的来源包括罐底油泥、落地油泥、浮渣油泥，其组成及比例特征见表9-7。我国有人研究了某天然气油气田产生的污水、污泥量及污泥汞含量（见表9-8），按污泥含水率95%计，含油污泥中汞含量在0.5～320mg/kg[10]。

表 9-7　油泥分类及特征[8]

| 来源 | 平均油含量 | 所占比例 | 特征 |
|------|-----------|---------|------|
| 罐底油泥 | 10%～30% | 35% | 各类站库(油气处理厂)的容器、大罐、回收水池和污水处理站的排泥池清淤产生的污泥 |
| 落地油泥 | 5%～20% | 55% | 油水井作业和原油集输管道穿孔产生 |
| 浮渣油泥 | 1%～3% | 10% | 污水处理场的隔油池、浮选池浮渣 |

表 9-8　天然气气田污泥含汞量[10]

| 名称 | 气田 A | 气田 B | 气田 C |
|------|--------|--------|--------|
| 污水量/(m³/d) | 300～400 | 400～500 | 600～700 |
| 污泥量/(m³/d) | 2～3 | 4～5 | 5～6 |
| 污泥含汞/(mg/kg) | 15～280 | 1.3～300 | 0.5～320 |

注：估算污泥量时污泥含水率取为95%。

　　我国含油污泥的组成可大致分为水、油类、固体异物、无机盐和污水处理药剂等，其成分与污水性质、污水处理工艺、天然气处理工艺、污水处理药剂种类及管理操作水平有关。一般情况下含油污泥中的凝析油含量低于10%[10]，汞的存在形态复杂，在水相中汞以 $Hg^{2+}$、$CH_3Hg^+$、$CH_3Hg(OH)$、$CH_3HgCl$、$C_6H_5Hg^+$ 等为主要存在形态；在生物相中，汞以 $Hg^{2+}$、$CH_3Hg^+$、$(CH_3)_2Hg$ 为主要存在形态。在固相中，污泥中的汞绝大部分以可氧化态和残渣态存在，极少部分以酸溶态和可还原态形式存在[10]。

　　近年来，由于含油污泥产生量较大，而汞含量高、汞形态复杂等，存在较大的环境风险，已经越来越受到人们的重视。

### 9.3.4 废汞吸附剂

　　目前天然气汞吸附剂主要来源于国外，小部分为国内生产供应；脱汞吸附剂一般分为载体和反应物质两部分。具有孔隙性的载体作为反应物质的承载物质，增加了反应物质与天然气中汞的接触面积。反应物质是脱汞的主体物质，均匀地分布于承载体中，能与单质汞反应结合，进而脱除天然气中的汞。脱汞吸附剂的承载体一般是活性炭、氧化铝和分子筛，脱汞剂的反应物质多数为硫、银、碘等。天然气脱汞装置中应用较多的脱汞剂是载硫/银活性炭氧化铝、载银分子筛、专用脱汞剂。载硫/载银活性炭的特性参数分析见表 9-9，两者的参数比较分析见表 9-10。

表 9-9 载硫/载银活性炭的特性参数

| 脱汞剂 | 操作温度/℃ | 进料气流速/(m/s) | 载硫/银量/% | 产品气中的汞含量/(μg/L) | 再生温度/℃ |
|---|---|---|---|---|---|
| 载硫活性炭 | 常温(最佳为 76.6) | 0.05～5 | 7.12～23.8 | 0.01 | — |
| 载银活性炭 | 常温 | — | 0.1～20 | 0.0062 | 350～450 |

表 9-10 载硫/载银活性炭脱汞剂参数比较

| 脱汞剂 | 载硫活性炭 | 载银活性炭 |
|---|---|---|
| 原理 | 汞与硫化物反应 | 与分子筛上的金属齐化 |
| 吸附剂 | 金属硫化物(载体为氧化铝) | 载银分子筛 |
| 可否再生 | 不可再生 | 可再生 |
| 进料气中汞含量 | 平均含量为 200g/m³ | 25～50g/m³ |
| 脱汞后气流中汞含量 | 符合管输天然气气质指标要求 | 0.01g/m³，同时高效脱除汞和水 |
| 操作条件 | 操作温度在 300℃ 以下 | 适宜操作温度 0～50℃ |
| | 在 100℃ 以下，操作压力不限 | 操作压力在 101.325kPa～13.79MPa |
| 适用范围 | 适用于处理天然气和液烃 | 适用于处理天然气和液烃，同时脱除汞和水分 |
| 经济性 | 吸附剂的使用寿命长达 5 年 | 价格较高 |

注：表中气体计量条件为 15.6℃、101.325kPa。

国产废汞吸附剂为混合物，主要由活性氧化铝（载体）和负载在活性氧化铝上的具有脱汞活性的物质等组成。其外观为球状固体，呈灰黑色，无味，pH 值为 6.5～7.5，熔点 2000℃ 左右，相对密度 0.6（水＝1）。其不溶于纯水，可溶于酸性水溶液，在温度达到 200℃ 以上时，其负载的活性组分开始分解，在此过程中载体无明显变化。

国外废汞吸附剂也是一种混合物，外观为粒状固体，黑色，无气味，密度为 0.95～1.2g/mL，不溶于水，可溶于强酸，能与无机酸反应生成 $H_2S$ 和 $SO_2$。

### 9.3.5 含汞废物综合风险分析

主要从废物特性、危害性、流向及处理处置等角度分析我国天然气行业含汞废物的环境风险。见表9-11。

表 9-11 天然气行业含汞废物综合风险分析

| 分析项目 | 凝析油 | 乙二醇 | 废活性炭 | 废汞吸附剂 | 含汞油泥 |
|---|---|---|---|---|---|
| 产污特征 | 来源于集气、低温分离脱水脱烃单元 | 来源于低温分离脱水脱烃单元 | 来源于乙二醇再生单元废气治理过程 | 来源于气体除汞单元 | 来源于污水处理过程 |
| 产生量 | 较大 | 小 | 较小 | 大 | 大 |
| 理化特性 | 含汞2.8～27.5mg/kg | 富液含汞0.643～0.936mg/kg | 汞含量较高 | 汞含量较高 | 总汞含量0.5～320mg/kg |
| 危害性 | 较小 | 小 | 大 | 大 | 大 |
| 流向及处理处置 | 用作燃料或炼油原料,一般采用吸附法脱汞 | 在天然气生产中循环使用,几乎不外排 | 按危废外运处置 | 按危废外运处置 | 堆存 |
| 监管要求 | 一般监管 | 一般监管 | 严格监管 | 严格监管 | 监管越来越严 |

由表9-11可知,①凝析油中含有一定浓度的汞,一般将其脱汞后综合利用,监管程度一般;②乙二醇中汞含量相对不高,一般再生处理后被重复利用,几乎不外排,监管程度一般;③废活性炭中汞含量高,毒性大,企业一般将其按危废外运给有资质单位处置,监管严格;④废汞吸附剂中汞含量高,毒性大,企业一般将其按危废外运给有资质单位处置,监管严格;⑤含汞油泥中汞含量高,且大部分堆存处置,具有较大的环境风险,政府监管越来越严,急需进行处理处置。

由此可知,我国天然气行业含汞油泥产生量大、汞含量高、危害大,急需处理处置,同时凝析油中的汞含量也较高,进行脱汞处理后方可进行利用。

## 9.4 天然气行业含汞废物处理处置

### 9.4.1 凝析油

#### 9.4.1.1 国内外凝析油脱汞技术

天然气凝析油和液化石油气都是重要的石化原料,但其中汞的存在会带来很多危害。汞聚集在低温设备中，会造成设备尤其是铝制热交换器的焊缝开裂，增加报废设备的处理成本，且单质汞的大量挥发易使设备附近汞蒸气含量超标，危害操作人员健康；汞及汞的化合物还会降低凝析油产品和液化石油气的质量，并影响下游油品精加工。因此。在天然气工业中，必须采取适当的脱汞工艺将其脱除，最大限度地减少汞污染与汞危害。

防止汞危害的最有效方法是采用化学吸附工艺将凝析油中的汞脱除。因为有机汞沸点较高，很容易在凝析油中聚集，所以传统的脱除单质汞的方法不能有效地脱除凝析油中的有机汞。为此，国外开发了多种凝析油脱汞工艺，部分脱汞剂已得到商业化应用，国内在此领域尚属空白。

目前，国内外对凝析油的质量标准还没有明确规定汞的含量，根据法国Axens 公司和美国 UOP 公司等现场应用经验，结合现有分析技术的定量局限性，推荐天然气凝析油、LPG 以及石脑油中的汞含量指标为 $1\mu g/L$。其中，凝析油作炼油的原料时其汞含量限值为 $1\mu g/L$，凝析油作化工原料用时的汞含量限值为 $0.1\mu g/L$[8]。

目前，国外已经开发出许多烃类脱汞系统，按照这些脱汞系统设计的基本原理可以分为汞化学吸附工艺和汞齐化工艺两类。汞化学吸附工艺的基本原理是凝析油进料从吸附塔塔顶进入，化学吸附剂被添加在固体基质（载体）上，凝析油中单质汞与吸附剂发生化学吸附反应，反应产物残留在吸附剂表面。吸附剂中化学物质主要包括金属硫化物、碘化物等。汞齐化工艺的基本原理是单质汞与其他金属（如银等）发生汞齐反应。这些金属通常添加在惰性的固体基质（载体）上，如载银分子筛、活性炭等。在再生过程中，单质汞以蒸气的形式离开吸附剂。这种工艺广泛用于天然气和天然气凝析油脱汞，载银分子筛的主要代表是美国环球油品公司（UOP）生产的 Hg-SIV™。全世界至少有 15 家乙烯生产厂采用了该脱汞工艺。实际工程应用中，必须根据天然气凝析油的汞含量水平、汞的形态分布、凝析油产品的汞含量要求、凝析油产率及脱汞装置的预期使用寿命、经济性等因素选择适当的凝析油脱汞剂。

国内外对凝析油的脱汞技术主要采用吸附法，常用的吸附剂为活性炭，由于普通活性炭的脱汞率仅为 30% 左右，因此，一般将其进行改性处理，负载一定的活性物质，如 S、Ag 等。

载硫活性炭或载银活性炭可显著提高汞吸附效果[11]，载硫活性炭是采用优质活性炭为基炭，用硫对其进行改性，制成载硫活性炭，通过单质硫与汞反应生成 HgS，在利用活性炭物理吸附的同时，增加了化学吸附作用，从而达到提高脱汞效果的目的，其饱和硫容量一般≥800mg/g。某公司生产的载硫活性炭性能参数见表 9-12。

**表 9-12　某公司载硫活性炭产品性能参数表**

| 项目 | 指标 | 项目 | 指标 |
| --- | --- | --- | --- |
| 水分/% | ≤5 | 饱和硫容量/(mg/g) | ≥800 |
| 强度/% | ≥90 | 粒度>5.6mm/% | ≤5 |
| 装填密度/(g/L) | 400～550 | 粒度 2.5～5.6mm/% | ≥79 |
| pH 值 | 8～10 | 粒度 1.0～2.5mm/% | ≤15 |
| 水容量/% | ≥62 | 粒度<1.0mm/% | ≤1 |

载硫活性炭由于其脱汞效果较好、价格较低、适应性好，被广泛应用于天然气、石油化工行业的脱汞。目前该吸附剂存在的主要问题是该技术属于不可再生技术。有研究表明，对使用过的载硫活性炭进行热脱附实验，在脱汞温度 300～450℃ 下，再生后的活性炭对汞的吸附能力明显减弱[12]。

载银活性炭的脱汞效果比载硫活性炭好，其中银含量约 5%，其原理是利用银与汞反应生成银汞齐而脱除单质汞。载银活性炭是将银以还原盐类溶液形态浸渍于活性炭的网孔表面上，然后在适当工艺条件下，利用还原气吸附于活性炭网表面上的银离子还原成极其微小的金属银粒（<25nm）。当与汞蒸气接触时，迅速而定量地结合成汞齐合金。采用载银活性炭脱汞，其净化工艺流程简单、稳定可靠、运行费用低。同时，经过应用实例的长期运行观测结果证明，载银活性炭的使用周期均在 3 年以上[8]。但由于载银活性炭一次性投资大、费用高，限制了其广泛应用。

近年来，国内外开发了负载金属硫化物吸附剂，以铜锌为骨架，负载金属硫化物，在脱汞过程中，金属硫化物与汞反应生成 HgS，其反应式为：$Hg + M_xS_y \Longrightarrow M_xS_{y-1} + HgS$。金属硫化物吸附剂一般为球粒形，直径为 0.9～4mm，其球粒越小，脱汞效果越好，但压降越大。金属硫化物吸附剂具有适用范围大、强度高、效果好及可再生等优点，具有较好的应用价值。某天然气处理厂采用负载金属硫化物吸附剂处理凝析油的吸附装置设计与运行费用见表 9-13，该厂气田凝析油中汞含量为 1.8mg/kg，稳定凝析油的饱和蒸气压为 70kPa，处理量为 300t/d，运行周期为 1 年[8]。

表 9-13　负载金属硫化物吸附装置设计与运行费用[8]

| 脱汞剂 | 负载金属硫化物 |
|---|---|
| 堆密度/(kg/m³) | 810 |
| 运行周期/a | 1 |
| 床层直径/m | 2.3 |
| 床层高度/mm | 6900 |
| 床层体积/m³ | 28.7 |
| 运行费用/万元 | 465 |

根据天然气凝析油处理与加工的需求，按脱汞剂是否再生，可以分为可再生脱水脱汞工艺和不可再生脱水脱汞工艺。

（1）可再生脱水脱汞工艺

使用载银分子筛 HgSIV™实现凝析油脱水脱汞，过载的吸附剂还可以用再生气进行再生，可再生的凝析油脱水脱汞工艺见图 9-8。该工艺采用 2 台吸附塔，轮流进行凝析油脱水、脱汞操作。适用于汞含量较高的凝析油，以便从再生气中回收单质汞。

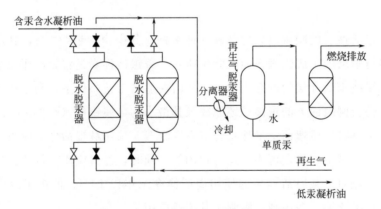

图 9-8　可再生的凝析油脱水脱汞工艺

该工艺可以分为脱水脱汞和吸附剂再生两个阶段：在脱水脱汞阶段，含水含汞凝析油从正在运行的吸附塔顶部流入，凝析油与载银分子筛发生反应后从底部流出，得到干燥的、低含汞的凝析油；在吸附剂再生阶段，再生气从过载的吸附塔底部流入，高温气体使汞齐分解，产生的汞蒸气与再生气一起从塔顶排出。在后续的分离器中，气体冷凝，单质汞和水凝析出来，并且从分离器底部排出，含汞废气经过 1 台微型的分子筛吸附塔实现脱汞，脱汞后的废气燃烧排放即可。

该工艺针对高含汞凝析油，可同时实现凝析油脱水和脱汞；吸附剂可再生，可以重复利用；可以回收一定量高纯度的单质汞。缺点是需要加热再生气，其再生能耗较高，增加了再生气脱汞设备，提高了凝析油脱汞成本。

（2）不可再生脱水脱汞工艺

不可再生的脱水脱汞工艺使用金属硫化物脱汞吸附剂实现凝析油脱水脱汞，可以采用一般的废物处理方法对失效的吸附剂进行安全处置，不可再生的脱水脱汞工艺见图9-9。该工艺也采用2台吸附塔，轮流进行凝析油脱水脱汞操作，通过阀门切换可以方便地更换过载的吸附塔，适用于含水含汞量较低，且处理量不大的凝析油脱水脱汞。

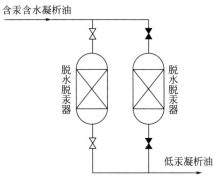

图9-9　不可再生的凝析油脱水脱汞工艺

该工艺十分简单，含水含汞凝析油从在役吸附塔顶部流入，凝析油与载银分子筛发生反应后从底部流出，即可得到低含水和低含汞的凝析油。失效的吸附剂不需再生，直接当作一般废料进行处理。优点是操作简单、投资成本少。

（3）凝析油先脱汞再加工工艺

该工艺的特点是在凝析油加工之前，实现凝析油脱水脱汞，工艺流程见图9-10。凝析油的脱水脱汞过程依然采用2台吸附塔轮流进行，凝析油脱水脱汞后，进行加工得到各种凝析油产品。主要的加工设备有汽提塔、脱甲烷塔、脱乙烷塔、脱丙烷塔和脱丁烷塔。凝析油脱水脱汞后，加工得到的凝析油产品的含水率和含汞量都达到产品质量指标。

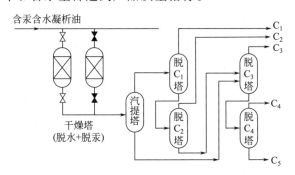

图9-10　凝析油先脱汞再加工工艺

天然气凝析油加工之前进行脱水脱汞，极大地减少了加工过程可能发生的汞污染和汞腐蚀，但该工艺吸附剂的用量较大。

（4）凝析油先加工再脱汞工艺

该工艺要求先对凝析油脱水，在凝析油加工过程中，只针对脱乙烷塔之后得到的三种液相产品（$C_3$、$C_4$、$C_5$）进行脱汞，并且凝析油产品的脱汞只使用了单台吸附塔，如图 9-11 所示。

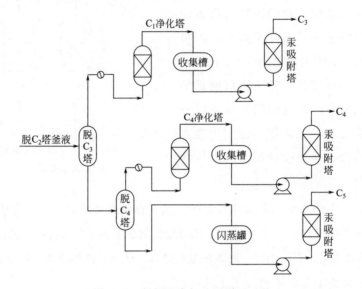

图 9-11　凝析油先加工再脱汞工艺

该工艺增加了液相丙烷、丁烷收集槽和脱丁烷釜液的闪蒸槽，以及 3 台产品输送泵。加工脱乙烷塔釜液，得到三种液相产品（$C_3$、$C_4$、$C_5$），在产品储运之前实现脱汞。

该工艺适用于汞含量较低的凝析油，可以实现凝析油产品的深度脱汞，可以确保产品的汞含量达到一般脱汞工艺难以实现的极低值。可以针对特定的凝析油产品进行脱汞，需要脱汞的液烃量大大减少。因此，对某种凝析油产品只需要单台吸附塔即可，可以确保产品的汞含量达标。该工艺的缺点是，不能脱除某些凝析油产品中的汞；先加工后脱汞，增加凝析油加工过程中的汞腐蚀和汞污染风险；对凝析油进料的含水率和含汞量要求更高。

## 9.4.1.2　凝析油脱汞新进展

传统的凝析油脱汞工艺均是基于化学吸附原理的单一接触反应，脱汞剂中的反应物质和汞生成化合物从而将其脱除。由于凝析油自身物化性质的局限性及其液体性质与脱汞剂有限的接触面积，难以达到更进一步的脱汞要求和最佳的脱汞效率。目前，国外开发了新型的凝析油脱汞工艺，如气体汽提-吸附脱汞工艺和有机汞氢解-吸附脱汞工艺。

（1）气体汽提-吸附脱汞

气体汽提-吸附脱汞工艺过程使用的反应物为汽提气（天然气、空气等）+银、硫或金属硫化物，载体为氧化铝或活性炭。脱汞过程分为两个阶段，第一阶段是在汽提塔中填料的作用下，凝析油中的汞进入汽提气；第二阶段是携带汞的汽提气通过汞吸收装置脱汞。气体汽提-吸附脱汞工艺流程如图9-12所示。

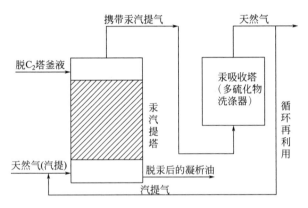

图 9-12　气体汽提-吸附脱汞工艺流程

含汞凝析油从上部喷射进入汽提塔，与底部进入的汽提气逆向充分接触，汽提塔中充满填料，增加了凝析油与汽提气的接触面。凝析油中90%的汞以气态形式进入汽提气，完成脱除处理。脱汞净化后的凝析油从汽提塔下部流出。从汽提塔顶部出来的含汞汽提气进入汞吸收装置，反应后的汽提气可以循环使用。该工艺为可再生工艺，主要物性及操作参数见表9-14。

表 9-14　气体汽提-吸附脱汞工艺主要物性及操作参数

| 汽提气 | 天然气或 $N_2$、$CO_2$、$H_2$，天然气吸收气态汞效果好，可循环用 |
| --- | --- |
| 汽提塔温度 | 10～204℃ |
| 压力 | 0～3.45MPa |
| 停留时间 | 10min |
| 凝析油表观流速 | 0.004～0.04m/s |
| 汽提气表观流速 | 0.153～3.05m/s |
| 吸收塔固定床层 | (S、Ag、CuS、FeS)/活性炭(Ag、CuS、FeS、Bi)/$Al_2O_3$ |

气体汽提-吸附脱汞工艺脱汞效率可至 $10^{-12}$ 等级，其还可以用于含汞气田水的处理工艺，此时推荐汽提气选用空气。该工艺本质是选用脱汞剂脱除气体中的汞，无疑大大增加了脱汞剂与汞的接触面积，提高了脱除效率。由于凝析油中汞多以有机态存在，其与脱汞剂反应物质的反应是弱化学反应，所以传统的活性炭脱汞工艺很难将其脱除，达不到凝析油汞含量为 1mg/L 或更低的脱汞深度和技术要求，对有机汞的脱除效率不佳。

（2）有机汞氢解-吸附脱汞工艺

有机汞氢解-吸附两步脱汞工艺使用的脱汞剂反应物为氢气＋镍/钯＋金属硫化物，载体为二氧化硅、氧化铝或活性炭等。该工艺能同时脱除单质态汞及有机汞化合物，脱汞过程分为两个阶段：第一阶段是在通入氢气的条件下，有机汞在催化剂（一般为钯或镍）的作用下发生加氢催化分解反应，分解为单质汞溶解于凝析油中；第二阶段是在一定温度下（环境温度，操作温度通常不超过100℃），使用金属硫化物脱汞剂吸附凝析油中大量溶解态单质汞。

两个阶段发生的主要反应式如下：

$$HgX_2 + H_2 \longrightarrow Hg + 2HX$$

$$Hg + MS \longrightarrow M + HgS$$

式中，X 为烷基；M 为铜或其他金属。

有机汞氢解-吸附两步脱汞工艺流程如图 9-13 所示，含汞凝析油进料和氢气混合后，与从有机汞转化塔流出的含有单质汞的凝析油换热至 160～800℃，然后进入有机汞转化塔，在 CMG841 催化剂（载有钯/镍的氧化铝）的作用下，凝析油中的有机汞通过催化氢解反应转化为单质汞。转化后的含单质汞凝析油经水冷至汞吸附塔操作温度 20～75℃（CMG273 脱汞剂的操作温度），再送入汞吸附塔中进行脱汞处理。脱除工艺采用的是不可再生工艺，脱汞剂是载有金属硫化物的氧化铝。

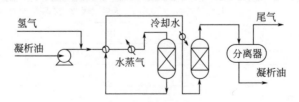

图 9-13　加氢分解-吸附脱汞工艺流程

两步脱汞工艺脱汞效率可达 99.9%，可将汞含量高达 $1800\mu g/L$ 的凝析油脱至小于 $1\mu g/L$，使用寿命长，且氧化铝载体对湿度和高分子化合物不敏感，不易受到水、芳香烃等影响。但这一工艺的不足之处在于加氢催化操作时需要纯度较高的氢气和较高的温度，工艺能耗较高，同时，有机汞转化操作需要贵金属（钯）催化剂。

阿尔及利亚的 Arzew 处理厂的 6 套凝析油脱汞装置以及泰国 GSP1 和GSP2 处理厂的 5 套凝析油脱汞装置均采用的是有机汞氢解-吸附两步脱汞工艺。

法国石油天然气研究中心（IFP）子公司 Axens 率先开发应用了该工艺，其推荐的操作条件为：工作温度为环境温度接近 200℃；工作压力要达到足够高的附塔压力以防止凝析油蒸发；氢气用量为 $1\sim3m^3/m^3$（天然气凝析油）。该工艺的实验结果显示，对于汞含量在 $5\sim1200\mu g/L$ 的凝析油进料，依据操作条件的变化，脱汞效率在 95%～99% 之间。

## 9.4.2 含汞油泥

国外对油泥处理的环保要求已有较为完善的法规，自 20 世纪 90 年代开始，美国、德国、英国、日本等国家针对油泥处理进行了大规模的技术研究和设备开发，并制定了严格的法规，如 1990 年 1 月，美国环保局就在资源保护和回收法令及危险和固体废物修正案上对炼厂油泥规定了特殊要求和提出了实用技术处理标准。而我国石油化工行业对油泥处理技术比西方发达国家起步相对较晚、发展也较缓慢，因此，我国对油泥处理与世界先进技术水平存在着不小的差距。

目前，国际上含油污泥主要用焚烧、热水洗涤、热解析处理等方法，回收热量及其他可利用组分，然后将固体产物进行填埋。当前我国含油污泥的处理与利用和国外先进水平相比还有较大差距，处理装置技术落后、技术不配套、处理投入的资金不足，造成了环境污染和资源的巨大浪费。国内外常用的污油泥处理方法主要有以下几种：

（1）化学处理技术

① 热水碱洗法　碱液的来源广泛、价格低廉（可用洗衣粉或无机碱）。此外，处理过程中还应加入少量表面活性剂，以改变含油污泥表面的润湿性及亲水性。清洗温度（70℃左右）、洗涤时间（20min 左右）、加药种类及数量由具体工艺而定。最后借助气浮等技术实现固液分离。热水碱洗法处理油泥工艺流程如图 9-14 所示。

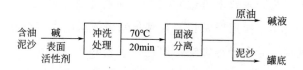

图 9-14  热水碱洗法处理油泥工艺流程图

优点：操作简单易行，设备投资小，原料来源广泛，成本低。

缺点：对含油率低、乳化严重的污泥处理效果差，易产生二次污染。

② 化学清洗法  该方法可概括为化学清洗、破乳絮凝和机械分离三步。加热水降黏后，在化学药剂协同下，经高速搅拌把污泥表面的原油清洗下来；然后向体系中添加破乳剂和絮凝剂以促进油水分离及固液分离；最后通过离心、旋流和气浮等技术实现油、水、泥的三相分离。原油回收进储罐；清洗水循环利用；泥沙排出，经自然脱水后用于修路或回填场地。化学清洗处理油泥工艺流程如图 9-15 所示。

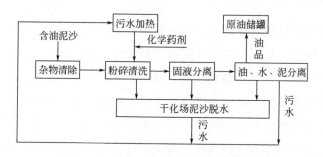

图 9-15  化学清洗处理油泥工艺流程图

优点：处理效果较好，处理后的含油污泥含油量低。

缺点：热处理装置价格昂贵，处理费用较高，处理过程中易产生二次污染。

（2）调质-机械分离技术

为提高处理效率，首先要对污油泥进行调质处理，即通过化学或物理方法达到清洗、破乳、絮凝、降黏等目的。

一般情况下，对于污泥颗粒较大，且处理后残余污泥的堆放等要求不高的场合推荐使用旋流分离技术。而对于污泥颗粒较小，且对残余污泥的处理要求严格的场合则推荐使用离心分离技术。机械分离法处理油泥工艺流程如图 9-16 所示。

图 9-16　机械分离法处理油泥工艺流程图

从污油泥中脱除的油乳化越严重，分离效果越差；相应地，增加离心机转速、分离时间和分离温度都会提高处理效率。

优点：处理速度较快，对含油量较高的含油泥沙处理效果较好。

缺点：当污油泥含油量较少时，离心分离经济效益不佳。

（3）溶剂萃取技术

按萃取工艺的不同可将该技术分为单循环萃取和多循环萃取；按萃取剂的不同又可分为有机溶剂萃取和超临界溶剂萃取。

① 有机溶剂萃取法　简言之，该法的原理为"相似相溶"。污油泥经浮选处理后，用有机溶剂对浮渣进行萃取。最后通过蒸馏把原油及其他有机物分离出来，余下的水可循环利用。溶剂萃取工艺流程如图 9-17 所示。

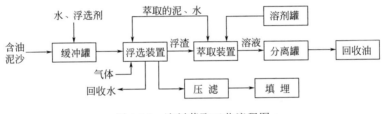

图 9-17　溶剂萃取工艺流程图

② 超临界溶剂萃取法　常用的超临界流体萃取剂有甲烷、乙烯、乙烷、丙烷、丙烷三乙胺、重整油和临界液态 $CO_2$ 等。这些超临界溶剂具有临界温度高、临界压力低、原料廉价易得、密度小、易于分离等优点。

优点：对污油泥的含油量要求不高；与水洗法相比，该法适用范围更广，效率更高。

缺点：流程长，工艺复杂；有机萃取剂价格昂贵，且处理过程中损耗较大，处理费用高。

（4）生物处理技术

生物处理工艺的原理为：利用微生物的新陈代谢作用，将石油烃类作为碳源进行同化、降解，最终转化为 $CO_2$ 和 $H_2O$。

① 地耕法　该法的一般流程为：将污油泥铺成 10～15cm 薄层并使之与

土壤混合，干燥一定时间后，加入肥料，以调节土壤中的 C、N、P 比；然后将污油泥耙入土壤，靠土壤中天然的微生物把有机物、污油降解为 $CO_2$ 和 $H_2O$。此外，应及时翻耕土壤，使其充氧。地耕法在美国、英国、荷兰、瑞士等国被广泛应用。

优点：通过天然过程将石油烃转化为无害的土壤成分，运行费用低。

缺点：净化周期长，且土壤的温度、湿度、pH 值等条件都会影响处理结果；污油未被回收，造成了资源的浪费；易造成二次污染。

② 堆肥法　堆肥法是在含油污泥中加入适当松散材料，将其混合均匀以增加持水性、透气性，并成堆放置，使天然微生物降解石油烃类，从而对含油污泥进行处理。堆肥法可分为堤形堆肥法、静态堆肥法、封闭堆肥法和容器堆肥法四种。

优点：与地耕法相比，该法可用于冬季较长的地区。

缺点：净化周期长；造成了资源的浪费；易造成二次污染。

③ 生物反应器法　生物反应器法是将含油污泥稀释于营养介质，通过控制含氧量、温度和营养物质等条件，将污油降解。此法可分为间歇式操作、半间歇式操作和连续式操作。

自 1992 年美国 GulfCoast 炼油厂建成污泥生物处理示范装置以来，生物处理装置已商业化，并被广泛应用。生物反应器法工艺流程见图 9-18。

图 9-18　生物反应器法工艺流程图

优点：由于加入了已驯化的高效烃类氧化菌，因此处理速度快；无二次污染。

缺点：生物反应器造价昂贵；造成了资源的浪费；菌种培育困难。

④ 植物修复法　利用植物生长中根部的微生物来直接或者间接地吸收、分解和降解石油烃类等污染物，可分为：植物提取、植物降解与植物稳定化三个阶段。

优点：运行费用低廉、处理效果好；可避免二次污染、有利于改善生态环境。

缺点：处理周期较长；造成了资源的浪费；我国对该技术的研发尚处于起步阶段。

（5）热处理技术

热处理技术（包括焚烧、热解、焦化）就是在高温条件下对物料进行氧化分解，在快速、显著减容的同时，对燃烧过程中产生的热能加以利用。

① 焚烧法

a. 含油污泥焚烧技术。含油污泥经过污泥调制和脱水预处理后，在絮凝剂的作用下，经搅拌、重力沉降后，分层切水、浓缩预处理后的污泥，再经设备脱水、干燥等工艺，将泥饼送至焚烧炉进行焚烧，灰渣再进一步处理。该方法处理彻底，减量率可达95％左右，绝大部分有机物可在燃烧过程中被分解，通过控制焚烧炉的燃烧条件、尾气脱酸、除尘、吸附等工艺条件，可实现烟气达标排放。含油污泥的焚烧技术具有将有害物彻底无害化、减量化的优势，但由于其产生烟气量大、焚烧温度高而使投资成本、运行成本高，限制了其广泛应用。

b. 含油污泥热解技术。油泥在绝氧条件下加热到一定温度使烃类及有机物解吸，烃热解吸后的剩余泥渣能达到环保要求，烃类可以回收利用。该技术的特点是所得到的油品油质较好，可直接作燃料油，也可作为化工原料。其工艺流程是含汞污泥首先经过蒸汽热处理后，进入离心机脱水，污泥脱水后进入干燥机进行低温干燥后，在回转窑内进行高温脱附。高温脱附器经过冷凝、分离等措施可以得到汞、油等副产品。含汞油泥热处理、脱水以及低温干燥器产生的气相经过冷凝后进行油水分离，水进入水处理系统进行处理，油进入回转窑热解系统。高温热脱附后的油泥以及冷凝器中的固相进入亚熔融焚烧炉进行焚烧处理，烟气经过处理后达标排放。焚烧残渣可以进行资源化回收利用。热解法工艺流程如图9-19所示。

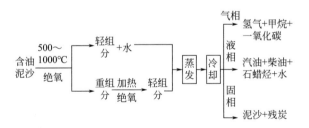

图 9-19　热解法工艺流程图

优点：所得到的油品油质较好，可直接作燃料油，也可作为化工原料；绝氧条件下，避免了废弃物中硫、氮、重金属等有害成分对环境的二次污染，无须昂贵的洗气装置。

缺点：设备投资大；处理过程中要保证绝氧加热到 500～1000℃，技术难度较大，耗能较多。

目前，对含油污泥的处置技术主要发展方向是开发适用性强、处置效率高、污染少、自动化程度高的技术。蒋洪等开发了一种含油污泥的热处理方法，该技术包括含油污泥预处理干燥单元。热解单元和燃烧单元。其技术流程：含水率 80% 的含油污泥经预处理干化降低至约 30% 后进入热解单元，在热解温度 400～650℃、真空度 85kPa 下，污泥中的汞及部分有机物热解为气相，然后进入燃烧单元，控制燃烧温度在 850℃ 以上，产生的烟气通入污泥干化单元，不仅对污泥进行了干化处理，同时也降低了烟气温度。降温后的烟气进入除尘器，除尘后的烟气进入冷凝装置，其中的汞被冷凝回收。经冷凝后的烟气排入吸附系统脱汞后排入大气[13]。该技术流程如图 9-20 所示。

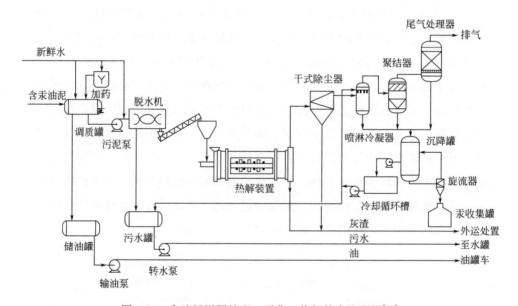

图 9-20　含油污泥预处理、干化、热解技术流程图[13]

该技术的特点：预处理阶段加入了絮凝剂、分散剂，有效降低了污泥含水率；将热解产生的气体燃烧后通入干化单元，有效利用了热能，同时降低了烟气温度；采用多段式热解炉，具有能耗低、飞灰量少、炉内温度可分层控制等特点。该技术可将总汞含量＞200mg/kg 的含油污泥，经热解处理后残渣汞含量降至≤5mg/kg（处理规模 1m³/d）。

优点：处理彻底，减量率可达 95% 左右；绝大部分有机物可在燃烧过程中被分解；解决了污油泥的恶臭问题。

缺点：热能利用不够充分；设备及操作费用昂贵，需消耗大量助燃剂；后续烟气处理增加了成本。

② 焦化法　焦化法处理含油泥沙的实质是对重质油的深度热处理，即在高温条件下，重质油发生热裂解或者热缩合，生成液相的油品、不凝气体以及一定量的焦炭成分。该方法的主要影响因素是原料的性质、反应温度、反应压力以及加热时间。焦化法工艺流程如图9-21所示。

图 9-21　焦化法工艺流程图

优点：可用部分得到了最大化的利用。

缺点：对含油污泥的含油量要求较高（一般含油率高于 50%）；工艺过程比较复杂，改造投资较大；能耗较大。

（6）电动力学处理技术

电动力学处理技术是一项新兴的污油泥处理技术。其原理为：将电极插入含油污泥中并通入直流电，由于电渗析、电迁移、电泳等的联合作用，污泥中的水分和烃类在阴极富集，固相组分在阳极积聚，从而实现污油与固相组分的分离与回收。其原理如图9-22所示。

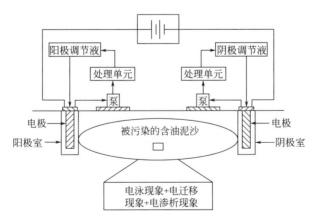

图 9-22　电动力学处理技术原理图

优点：适于修复受到重金属和有机污染物污染的含油泥沙，不会造成二次污染。

缺点：电力消耗巨大，成本较高；电极设计复杂。

（7）超声处理技术

超声波的空化作用加上表面活性剂的洗涤作用，可显著提高含油污泥的脱油率。但影响因素众多，超声波的频率、声强、辐照时间、处理温度和泥沙粒径等都会影响到破乳脱油效率。

例如，处理温度低时，油黏度高，黏附力强；而温度过高时，超声波空化强度减弱。因此，温度过高或过低均不利于含油污泥的脱油。此外，污油泥的粒径越小，比表面积越大，越不易脱油。

含油污泥超声波脱油工艺流程见图 9-23。

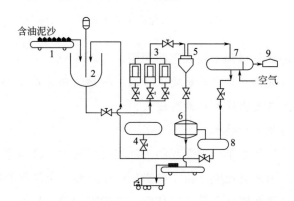

图 9-23　含油污泥超声波脱油工艺流程示意图
1—输送带；2—搅拌器；3—超声波反应器；4—洗涤剂罐；5—液体离心分离器；
6—离心式脱水机；7—油水分离器；8—水槽；9—油罐

优点：无污染、无排放、能耗低。

缺点：尚处于研究阶段，技术还不成熟；超声波虽可用于破乳，但也极易造成二次乳化。

（8）冷冻熔融技术

冷冻熔融法是指在常温或低温下，通过化学和物理作用打破含油污泥油水间的热动力学稳定结构，使油水迅速分离。Guohua Chen 等采用冻融法对含油污泥进行了油水分离实验，结果表明，在 40℃ 时破乳效果最好。D. S. Jean 等的实验表明，原油回收率在 50% 以上。

优点：应用前景广，无二次污染。

缺点：技术要求苛刻，且刚刚起步，还不够成熟。

（9）回注与调剖技术

深井回注技术是将含汞污泥泥浆化，然后将其回注到枯竭油气井的适当地层中的一种污泥处理方法。该技术是固体注射和水力压裂原则的直接应用，能够处理大量含有各种形态汞（单质、离子、有机物）的污泥，将其永久储藏在地层中。

含油污泥中含有大量的水、油和泥，在此基础上增添适量的添加剂，得到的调剖剂能够延长固体悬浮的时间，增加封堵强度，使油相分布均匀。这种调剖剂用于油田注水中，当到达一定深度后，悬浮的颗粒体系分散沉降，使通道变小，从而改变注水的方向，提高注水的渗透面，最终改善注水效果。该技术的特点是：与其他调剖剂相比，含油污泥调剖剂价格低廉，不易受地层温度、矿化度等因素的影响，应用范围广。该技术应用还存在问题，如需进一步优化各段的调剖剂配方，以提高增油降水效果，延长有效期。另外，该技术对处置井的要求高，回注设备存在磨损现象，可能产生二次污染，限制了该工艺的推广应用。

（10）毛细吸入处理技术

该技术主要基于膨胀石墨和砂之间的毛细吸力的差异，石墨表面的憎水特性使得前者毛细力要强于后者，污砂上的重油通过毛细吸入作用被吸入到石墨中得以回收。

优点：脱水效率高，无二次污染。

缺点：技术不够成熟，尚处于研发阶段。

### 9.4.3 废汞吸附剂

废汞吸附剂按照危险废物处置要求进行处置，其作为再生汞的原料，处置工艺技术主要采用火法蒸馏技术，具体见第3章内容。

**参 考 文 献**

[1] 中国产业信息网 http：//www.cnii.com.cn/［OL］.

[2] 蒋洪，刘支强，严启团，等. 天然气低温分离工艺中汞的分布模拟［J］. 天然气工业，2011，31（3）：80-84.

[3] 刘全有. 塔里木盆地天然气中汞含量与分布特征［J］. 中国科学，2013，43（5）：789-797.

[4] 韩中喜，王淑英，严启团，等. 松辽盆地双坨子气田天然气汞含量特征［J］. 科技导报，2015，33（18）：40-44.

[5] 时培成. 天然气及其伴生凝析油的脱汞技术［J］. 广东化工，2012，39（3）：79-81.

[6] 环保部. 国家危险废物名录（2016年版）［S］. 北京：中国标准出版社，2016.

[7] 马卫锋，张勇，李刚，等. 国内外天然气脱水技术发展现状及趋势 [J]. 管道技术与设备，2011，(6)：49-51.

[8] 蒋余巍，刘百春. 汞在天然气处理装置中的分布规律研究报告 [R]. 西南石油大学，2013.

[9] Wilhelm S M. Design mercury removal systems for liquid hydrocarbons [J]. Hydrocarbon Processing，1999，78（4）：67-71.

[10] 陈倩. 含汞污泥处理工艺技术研究 [D]. 成都：西南石油大学，2016.

[11] 蒋洪，梁金川，严启团，等. 天然气脱汞工艺技术 [J]. 石油与天然气化工，2011，(1)：26-31.

[12] 吕维阳，刘盛余，能子礼超，等. 载硫活性炭脱除天然气中单质汞的研究 [J]. 中国环境科学，2016，36（2）：382-389.

[13] 蒋洪，裴蕾. 一种含汞污泥热处理方法 [P]：ZL 201610602374. X. 2016-10-12.

# 第10章　废含汞化学试剂特性及处理处置

## 10.1　含汞化学试剂分类

化学试剂是指在化学试验、化学分析、化学研究及其他试验中使用的各种纯度等级的化合物或单质。我国的化学试剂包含四种常用规格，优级纯（GR，绿标签）：主成分含量很高、纯度很高，适用于精确分析和研究工作，有的可作为基准物质；分析纯（AR，红标签）：主成分含量很高、纯度较高，干扰杂质很低，适用于工业分析及化学实验；化学纯（CP，蓝标签）：主成分含量高、纯度较高，存在干扰杂质，适用于化学实验和合成制备；实验纯（LR，黄标签）：主成分含量高，纯度较差，杂质含量不做选择，只适用于一般化学实验和合成制备。

含汞化学试剂种类繁多，大致可分为无机汞试剂和有机汞试剂。无机汞试剂主要包括汞、硫化汞、氯化汞、氧化汞、卤化物汞、硫酸汞、硝酸汞、氯化氨基汞、氰化汞、硫氰酸汞、硫氰酸汞铵、氧氰化汞等，有机汞试剂主要包括醋酸汞盐类、水杨酸汞、汞溴红、硫柳汞、对氯汞苯甲酸等。其中用途广泛的含汞试剂包括汞、氯化汞、氧化汞、卤化物汞、硝酸汞、醋酸汞盐类、汞溴红等。其中汞的用途最为广泛，常用于工业生产、电子电气产品制造等，还用于温度计、日光灯，及金矿、气压计、扩散泵，制造液体镜面望远镜和其他用途，如水银开关、杀虫剂、生产氯和氢氧化钾的过程中的防腐剂、在一些电解设备中充当电极、电池和催化剂等。氯化汞主要用于制造氯化亚汞和其他汞盐的原料，医药工业用作防腐剂等。氧化汞可作氧化剂、有机反应催化剂、分析试剂、氧化汞电极。卤化物汞、硝酸汞、醋酸汞盐类、汞溴红等主要用于医药和化学实验分析等。

## 10.2 废含汞化学试剂来源与产生特征

废含汞化学试剂主要来源于两个方面：一是来源于各单位的过期药品和废弃品；二是含汞化学试剂生产或回收企业生产经营活动中产生的不合格品。我国废汞试剂的产生量较小，各单位产生的废含汞试剂大部分进行了填埋，很少进行资源化利用。因废汞试剂汞含量高，回收价值大，目前已由有资质企业进行回收资源化利用。经某省环保部门调查统计，2014～2015年各类含汞试剂的产生量约1.3t，见表10-1。

表 10-1　某省 2014～2015 年废含汞化学试剂统计表

| 序号 | 分类名称 | 化学式 | 质量/kg |
| --- | --- | --- | --- |
| 1 | 汞 | $Hg$ | 671.89 |
| 2 | 硫化汞类 | $HgS$、$HgS_2$ | 4.055 |
| 3 | 氯化汞类 | $HgCl_2$、$Hg_2Cl_2$ | 222.1 |
| 4 | 氧化汞类 | $HgO$ | 70.445 |
| 5 | 卤化物类汞盐 | $HgBr_2$、$HgI_2$ | 77.195 |
| 6 | 硫酸汞盐类 | $Hg_2SO_4$、$HgSO_4$ | 15.841 |
| 7 | 硝酸汞盐类 | $Hg(NO_3)_2 \cdot H_2O$、$Hg_2NO_3 \cdot H_2O$ | 197.91 |
| 8 | 氯化氨基汞 | $HgNH_2Cl$ | 5.975 |
| 9 | 氰化汞 | $Hg(CN)_2$ | 0.735 |
| 10 | 硫氰酸汞 | $Hg(SCN)_2$ | 4.85 |
| 11 | 硫氰酸汞铵 | $Hg(SCN)_2 \cdot 2NH_4 \cdot SCN$ | 1.495 |
| 12 | 醋酸汞盐类 | $C_4H_6O_4Hg$ | 16.145 |
| 13 | 水杨酸汞 | $C_7H_4HgO_3$ | 0.47 |
| 14 | 汞溴红 | $C_{20}H_8O_6Br_2HgNa_2$ | 4.99 |
| 15 | 硫柳汞 | $C_9H_9O_2HgNaS$ | 3.025 |
| 16 | 氧氰化汞 | $Hg(CN)_2 \cdot HgO$ | 1.78 |
| 17 | 对氯汞苯甲酸 | $ClHgC_6H_4COOH$ | 0.095 |
| 总计 | | | 1298.996 |

含汞化学试剂在储存、运输和销售过程中会受到温度、光辐照、空气和

水分等外在因素的影响，容易发生潮解、变质、变色、聚合、氧化、挥发、升华和分解等物理化学变化，使其失效而无法使用。这些废含汞化学试剂一般由相应的危废处置单位从产废单位统一收集，集中处理处置或回收。

含汞化学试剂生产工艺主要分为干法和湿法两类，干法工艺采用汞与其他生产原料混合后焙烧，经冷凝后得最终产品，如氯化汞、硫化汞等的生产。这种方法含汞废气产生量大，需进行除尘、吸附、净化等处理后方能达标排放。湿法工艺采用汞与其他生产原料常温下在溶液中进行反应，经过分离、洗涤、干燥后得最终产品。这种方法含汞废水产生量较大，需采用必要的化学处理方法才能达标排放。

汞试剂生产过程含汞废物产污流程分别如图 10-1、图 10-2 所示。汞试剂生产过程产生的含汞废物包括废含汞化学试剂、焙烧渣、含汞污泥、气体净化产生的烟尘、废活性炭等。处置方式：填埋、堆存、回收再利用或交有资质企业进行处理。

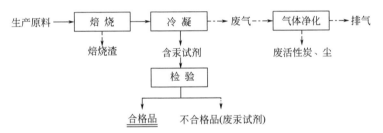

图 10-1　含汞试剂干法生产过程含汞废物产污流程

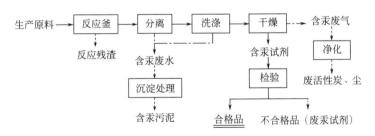

图 10-2　含汞试剂湿法生产过程含汞废物产污流程

# 10.3　废含汞化学试剂特性

废含汞化学试剂一般均具有汞含量高、活性大、危害性大的特点，本书主要介绍其中应用比较广泛的汞、氯化汞、氧化汞、卤化物汞、硝酸汞、醋酸汞盐类、汞溴红等的理化特性，为其安全处置提供依据。

（1）汞

汞是一种银白色闪亮的液体金属，化学性质稳定，不溶于酸和碱，汞在常温下易挥发，而其蒸气多有剧毒。废汞试剂来源广泛，其成分十分复杂，一般需要采用物理过滤和酸、碱洗涤的方法进行提纯处理，产生的过滤残渣经火法处置回收金属汞，产生的废水主要采用沉淀法处理，污泥按危废处置。

（2）氯化汞

氯化汞，化学式 $HgCl_2$，白色结晶、白色颗粒或粉末，对光敏感。常温时微量挥发，100℃时变得十分明显，在约300℃时仍然持续挥发。pH值为3.2、熔点/凝固点为277～281℃、密度为5.44g/mL（20℃）。溶解性：溶于热水，溶于乙醇、乙醚、醋酸、吡啶等有机溶剂，微溶于冷水，难溶于二硫化碳。氯化汞比较稳定，与强氧化物不相容[1]。

废氯化汞类试剂一般采用氧化预处理＋焙烧的方法处理，将其与NaOH溶液反应生成氧化汞，然后加热使其分解产生汞蒸气，经冷凝系统回收得金属汞。

（3）氧化汞

氧化汞，化学式 $HgO$，俗名红降汞，亮红色或橙红色鳞片状结晶或结晶性粉末，几乎不溶于水，不溶于乙醇，500℃时分解。溶于稀盐酸、稀硝酸、氰化碱和碘化碱溶液，缓慢溶于溴化碱液，几乎不溶于水，不溶于乙醇。密度11.30g/mL[2]。废氧化汞类试剂主要采用焙烧的方法处理回收金属汞。

（4）卤化物汞

卤化物汞主要指溴化汞、碘化汞，两者都具有见光分解的特点。其中溴化汞为白色结晶或结晶性粉末，溶于水，易溶于热乙醇、甲醇、盐酸、氢溴酸和溴化钠溶液，微溶于氯仿，其密度6.05g/mL（20℃）、熔点237℃、沸点322℃。

碘化汞有两种变体。一种是红色碘化汞，四角晶体，密度6.36g/cm³（25℃），在127℃转变为黄色，冷却时再变为红色。一种是黄色碘化汞，正交晶体，密度6.094g/cm³（127℃），熔点259℃，沸点354℃，在室温下不稳定，经过几小时后就转变为稳定的红色变体。不溶于水，溶于甲醇、乙醇、乙醚、氯仿、甘油、丙酮、二硫化碳、硫代硫酸钠溶液[3]。

对废卤化物汞盐类试剂的处理一般是加入一定量的氢氧化钠溶液和甲

醛，在催化作用下反应后生成液态金属汞。

（5）硝酸汞

硝酸汞是无色或白色透明结晶粉末，剧毒。极易潮解并发硝酸气味。熔点 79℃，沸点 180℃。溶于少量水，遇大量水水解成碱式盐沉淀。不溶于乙醇，溶于硝酸。硝酸汞是一种温和的氧化剂，与有机物、还原剂、硫、磷等混合，易着火燃烧。缓缓加热时生成红色氧化汞，强热时则生成汞、二氧化氮和氧气[4]。

废硝酸汞类试剂的处置方法是将其溶于大量水中形成碱式盐，再对其缓慢加热使其分解生成氧化汞，然后再进行焙烧法处理回收金属汞。

（6）醋酸汞盐类

醋酸汞为白色结晶或结晶粉末，熔点 179～182℃（过热分解），密度 3.28g/mL，溶于乙醇和水。水溶液放置后分解产生黄色沉淀，对光有敏感性。有乙酸气味[5]。废醋酸汞盐类试剂的处置方法是将其溶于水后，加氢氧化钠发生热熔分解反应，生成碳酸汞沉淀，对其加热后得到氧化汞，再用焙烧法回收金属汞。

（7）汞溴红

汞溴红又名红汞，带有绿色或蓝绿赤褐色的小片或颗粒。结构：2,7-二溴-4-羟基汞荧光黄素二钠，化学式：$C_{20}H_8O_6Br_2HgNa_2$，无气味，有吸湿性，易溶于水，微溶于乙醇和丙酮，不溶于氯仿和乙醚。其水溶液呈樱红色或暗红色，稀释时显绿色荧光，遇稀无机酸则析出沉淀。其 2%的水溶液俗称红药水，适用于浅表创面皮肤外伤的消毒。它的汞离子解离后与蛋白质结合，从而起到杀菌作用，对细菌芽孢无效，防腐作用较弱，不易穿透完整皮肤，对皮肤的刺激较小。但是不能与碘酒同时使用。因作用差已少用。可用荧光黄经溴化后，与乙酸汞作用，再溶于氢氧化钠中，经浓缩、干燥而得[6]。

废汞溴红试剂的处置方法是将其加入盐酸，破坏有机基团，生成醋酸汞，然后按照醋酸汞处置方法回收金属汞。

# 10.4　废含汞化学试剂处理处置

（1）废汞试剂

传统的废汞试剂处置技术是采用呢绒＋麂皮两级过滤和酸洗-碱洗-水洗

三级洗涤，得到较纯净的汞，产生的过滤残渣送至冶炼厂进一步回收金属汞，含汞废气经冷凝、吸附后达标排放，废水经沉淀处理后达标排放，产生的污泥按危废处置。对某企业的调研结果表明，该技术的处理成本是 88 元/kg 废汞试剂，其技术流程如图 10-3 所示。

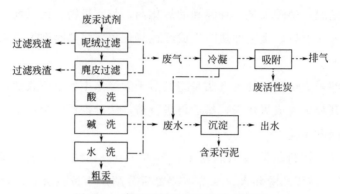

图 10-3　废汞试剂处理处置技术流程

由于以上废汞试剂处置技术具有操作复杂、提纯效果不高、安全性也较差等问题，近年来，孙明等发明了一种废汞回收提纯装置，该装置利用汞液体密度比其他杂质大的特性，设计一种分级振动筛分的装置，将汞分离回收，得到 99％的纯汞[7]。该技术采用的装置如图 10-4 所示。

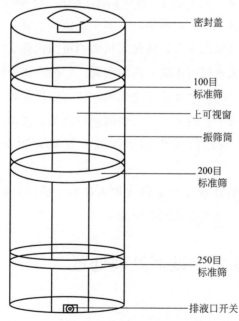

图 10-4　废汞试剂分级振动筛分装置示意图[7]

废汞提纯过程操作流程如下[7]。

① 开机，将测试完的废汞混合物倒入振筛桶，盖好密封盖；

② 调节控制机构上的工作频率旋钮和工作时间设置旋钮，设置工作时间和工作频率，仪器开始运行，振筛机构上下往复式运动；

③ 当振筛结束后，观察上可视窗中每一层的筛分情况，有残渣或汞液存在时，重复步骤①和步骤②的操作，直到残渣或汞液消失，完成提纯过程。

（2）氯化汞

将氯化汞加入 NaOH 溶液后，经化学反应生成 HgO，化学反应式如下。

$$HgCl_2 + 2NaOH \xrightarrow{\hspace{1cm}} HgO + 2NaCl + H_2O$$

然后将 HgO 进行火法蒸馏，对含汞气体进行冷凝回收金属汞。产生的蒸馏渣返炉冶炼，废气经多级吸附后达标排放。对某企业的调研结果表明，该技术的处理成本是 580 元/kg 废氯化汞试剂，工艺流程如图 10-5 所示。

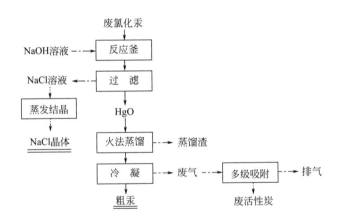

图 10-5　废氯化汞试剂处理处置工艺流程

（3）氧化汞

氧化汞的处理技术见图 10-5 中的相应部分，对某企业的调研结果表明，该技术的处理成本是 560 元/kg 废氧化汞试剂。

（4）卤化物汞

① 废溴化汞试剂　废溴化汞试剂在反应釜内在催化剂明胶作用下，与 $H_2O_2$ 和 NaOH 溶液反应，生成液体单质汞和 NaBr 溶液，放出 $O_2$，然后

分离提取金属汞，化学反应式如下。

$$HgBr_2 + H_2O_2 + 2NaOH \xrightarrow{\text{明胶（催化剂）}} 2H_2O + 2NaBr + Hg\downarrow + O_2\uparrow$$

对某企业的调研结果表明，该技术的处理成本是 520 元/kg 废卤化汞试剂，技术流程如图 10-6 所示。

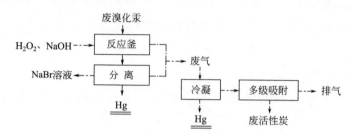

图 10-6　废溴化汞试剂处理处置工艺流程

② 废碘化汞试剂　废碘化汞试剂在反应釜内在催化剂明胶作用下，与 HCHO 和 NaOH 溶液反应，生成液体单质汞和 NaI 溶液，并析出 HCOONa 晶体，然后过滤、分离提取单质汞，化学反应式如下。

$$2HgI + HCHO + 3NaOH \xrightarrow{\text{明胶（催化剂）}} 2H_2O + 2NaI + 2Hg\downarrow + HCOONa$$

对某企业的调研结果表明，该技术的处理成本是 520 元/kg 废卤化汞试剂，工艺流程如图 10-7 所示。

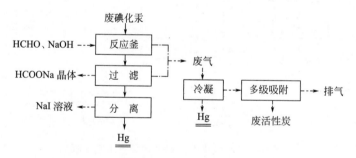

图 10-7　废碘化汞试剂处理处置工艺流程

（5）废硝酸汞试剂

在反应釜中加入一定量水，然后将废硝酸汞类试剂加入并搅拌使其溶解，然后加入过量水使其生成碱式硝酸盐沉淀，对其进行缓慢加热，使其逐渐分解并生成氧化汞，其分解反应式如下。

$$2Hg(NO_3)_2 \xrightarrow{\triangle} 4NO_2 + 2HgO\downarrow + O_2\uparrow$$

生成的氧化汞进行火法蒸馏处理回收金属汞。对某企业的调研结果表明，该技术的处理成本是 560 元/kg 废硝酸汞试剂，其技术流程如图 10-8 所示。

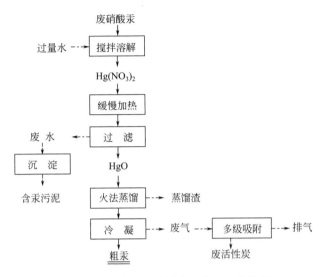

图 10-8　废硝酸汞试剂处理处置工艺流程

（6）废醋酸汞试剂

在反应釜中加入适量水，将废醋酸汞试剂加入反应釜内，同时加入 NaOH 溶液，在热熔条件下，发生分解反应，生成 $CH_4$ 气体、$HgCO_3$ 沉淀和 $Na_2CO_3$ 晶体，然后加入热水溶解，再过滤得 $HgCO_3$，再进行烘干加热，使其分解生成 HgO，反应式如下。

$$C_4H_6O_4Hg + 2NaOH \xrightarrow{\text{热熔}} 2CH_4 \uparrow + HgCO_3 + Na_2CO_3$$

$$HgCO_3 \xrightarrow{\triangle} HgO \downarrow + CO_2 \uparrow$$

对某企业的调研结果表明，该技术的处理成本是 610 元/kg 废醋酸汞试剂，工艺流程如图 10-9 所示。

（7）废汞溴红试剂

向废汞溴红试剂中加入强酸 HCl 中和其碱性，破坏其有机基团，使醋酸汞析出，过滤后按照醋酸汞的处理方法处置，溶液部分再用碱中和至中性后，加入 $AgNO_3$ 溶液将 Br 沉淀出来收集，过滤后清液为乙酸钠溶液，可按一般工业废水处理排放。对某企业的调研结果表明，该技术的处理成本是 590 元/kg 废汞溴红试剂，工艺流程如图 10-10 所示。

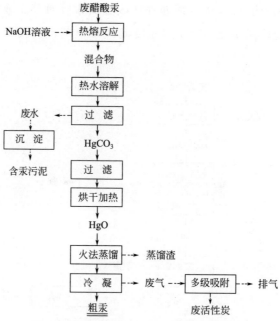

图 10-9　废醋酸汞试剂处理处置技术流程

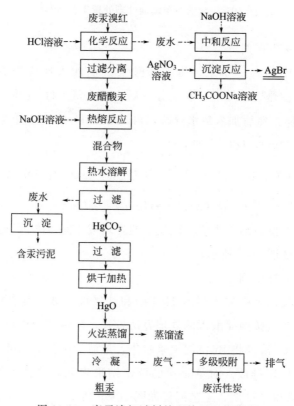

图 10-10　废汞溴红试剂处理处置工艺流程

# 参 考 文 献

[1] CSDS7487-94-7 氯化汞 . 中国试剂网. 2016-09-06.
http：//www. chemicalbook. com/ProductChemical Properties CB1134977. htm♯MSDSA〔OL〕.

[2] 氧化汞安全技术说明书. http：//www. somsds. com/detail. asp? id＝-1377147680〔OL〕.

[3] 张海峰，等. 危险化学品安全技术全书〔M〕. 北京：化学工业出版社，2007.

[4] 物竞数据库. http：//www. basechem. org/chemical/17270.

[5] 物竞数据库. http：//www. basechem. org/search? q＝％E4％B9％99％E9％85％B8％E6％B1％
9E〔OL〕.

[6] 物竞数据库 http：//www. basechem. org/chemical/31016〔OL〕.

[7] 孙明，杨扬，胡红，等. 一种废汞回收提纯装置〔P〕：CN 105586492 B. 2017-07-18.

# 第11章　其他行业含汞废物特性及处理处置

## 11.1　钢铁冶炼行业

### 11.1.1　行业发展概况

钢铁冶炼是钢、铁冶金工艺过程的总称，工业生产的铁根据含碳量分为生铁（含碳量2％以上）和钢（含碳量低于2％）。现代炼铁绝大部分采用高炉炼铁，个别采用直接还原炼铁法和电炉炼铁法。钢铁冶炼原料主要为铁矿石、焦炭等，消耗的燃料主要为燃煤。钢铁冶炼的原理是利用焦炭及燃料中的碳燃烧生成的CO在一定高温条件下将铁矿石中的含铁氧化物还原得到铁水（生铁），然后将液态生铁倒入转炉/电炉内，加入生石灰、白云石、萤石等造渣剂，吹入纯度＞99％的氧气，在高温条件下进行除杂、氧化造渣反应，得到成分、温度符合要求的钢水，最后将钢水浇注成钢铸件或钢锭，即粗钢。将粗钢钢锭经轧钢轧制成钢材。

钢铁冶炼行业也是我国人为汞排放源之一，根据联合国环境规划署2013年报告显示，钢铁行业排放的汞占全球人为源排放汞总量的2％[1]。我国的钢铁冶炼行业属于国民经济的重要部门，近年来我国钢铁产量不断增加，据国家统计局统计资料显示，2016年我国生铁、粗钢、钢材产量分别为7.02亿吨、8.08亿吨、11.35亿吨，比2015年分别增加了约1.57％、0.47％、0.99％[2]。如图11-1所示。

近几年来，我国的钢铁产能逐年略有增加，由于国家对生态环保的重视，钢铁行业作为"高污染、高耗能、高耗水"产业，其发展将受到一定限制。同时，在国家对《关于汞的水俣公约》的履行过程中，钢铁行业中的汞排放也将成为汞污染防治控制的目标之一。

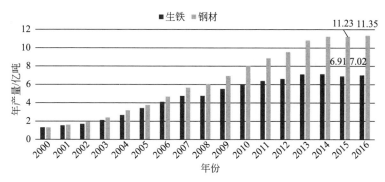

图 11-1　我国 2000～2016 年生铁、钢材产生量统计[2]

## 11.1.2　含汞废物产污特征

钢铁冶炼涉汞过程主要包括炼焦、烧结和高炉炼铁、转炉/电炉炼钢等过程，汞的主要输入源为煤、铁矿石。其中，铁矿石中的汞在冶炼过程中，一部分进入最终钢产品，一部分随烟气、固废等进入环境，燃煤中的汞则是钢铁冶炼行业烟气汞的重要排放来源[1]。

炼焦工序是将炼焦煤在隔绝空气条件下加热到 1000℃ 左右，通过热分解和结焦产生焦炭、焦炉煤气和煤焦油、粗苯等其他炼焦化学产品的过程。在此过程中，煤中的汞主要进入到烟气、副产品、焦炭中，其中烟气中的汞经脱硫、脱苯除尘后，一部分进入脱硫副产物、焦化灰中，一部分保留在焦炉煤气中，很少部分外排[1]。

烧结工序是将铁矿石、焦炭、石灰、高炉灰及轧钢皮、钢渣等原料按一定配比进行烧结的过程，生产出强度、粒度符合要求的烧结熟料，同时对烧结烟气进行除尘、脱硫净化处理。利用熟料炼铁是钢铁冶炼系统稳定运行的重要环节之一。在此过程中汞的输入源为铁矿石、煤粉、焦炭、石灰及高炉灰等，在烧结过程中，汞主要进入烧结矿、除尘灰、脱硫灰及烟气中[1]。

高炉炼铁是将烧结矿、焦炭、石灰等同时送入高炉内进行炼铁的过程，产出含有杂质的铁水和铁渣、高炉煤气等，其中高炉煤气经除尘净化后作为燃料使用。在此过程中汞的输入源主要为焦炭、煤、烧结矿、石灰等，汞主要进入高炉渣、高炉灰及尾气中[1]。

转炉炼钢是将铁水投入转炉中，以纯氧为氧化剂，加入造渣料，一般采用侧吹的方式，将铁水中的硅、锰、碳、磷等杂质氧化去除，从而得到符合要求的钢水。在此过程中汞的输入源主要为铁水、造渣料等，汞主要进入转炉渣、除尘灰及尾气中[1]。

钢铁冶炼行业含汞废物产污流程如图 11-2 所示，由图 11-2 可知，钢铁冶炼行业汞污染的主要工序为焦化和烧结两工序，产生的涉汞固体物料主要为焦炉副产物、高炉尘、烧结尘、烧结机脱硫副产物等。对于无焦化工序的钢铁厂，则烧结工序的含汞固体物料为主要汞污染源。实际上，钢铁冶炼过程中的汞绝大部分进入到烟气中，随烟气除尘、脱硫而在灰尘中富集，由于钢铁冶炼涉及多个生产工序，因此，其产生的含汞废物主要包括焦化除尘灰、烧结脱硫灰及除尘灰、高炉灰等，其中烧结灰、高炉灰经常被钢铁厂返回到烧结工序中使用，导致其中的汞在此过程中逐渐富集，增大了钢铁生产过程中大气汞的排放量，因此这两者的特性研究及处置方式是未来研究的主要方向。

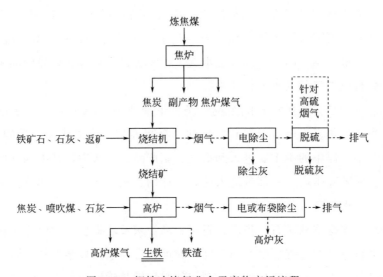

图 11-2　钢铁冶炼行业含汞废物产污流程

总之，在钢铁冶炼过程中，产生的汞主要进入到炼焦副产物、高炉灰、脱硫灰、除尘灰等固体物料中，10%～30%的汞经大气排放[3]。有学者对国内两家钢铁厂进行了汞排放监测分析，其中第一家包含了白云石、石灰石等造渣料的焙烧过程、炼焦过程、烧结过程、高炉炼铁、转炉炼钢、电炉炼钢和煤气发电等过程，第二家则不包含造渣料的焙烧过程和电炉炼钢过程，其钢铁生产过程系统汞质量平衡如图 11-3[3] 所示。

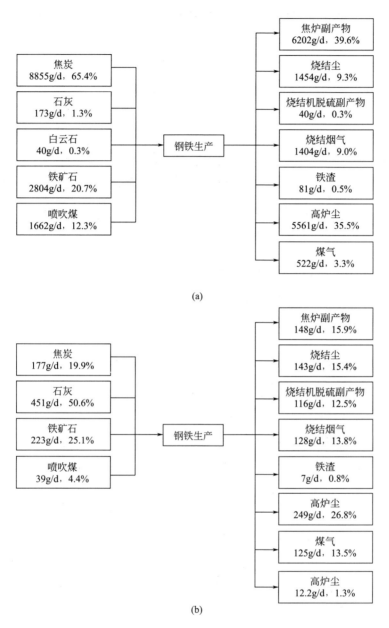

图 11-3　钢铁生产过程系统汞质量平衡[3]

由图 11-4 可知，我国 2016 年高炉灰的产生量约为 1759 万～2397 万吨，比 2015 年增长了约 2%[4]。

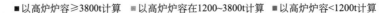

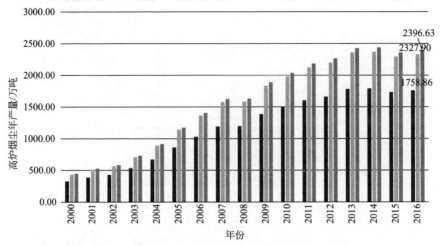

图 11-4　我国高炉烟尘 2000～2016 年产生量统计

注：数据来源《工业源产排污系数手册》（2010 修订）下册中钢铁冶炼高炉炼铁工艺，烟尘产污系数 25.055kg/t 生铁（按炉容≥3800t/d 计算）、33.161kg/t 生铁（按 1200t/d≤炉容＜3800t/d 计算）34.14kg/t 生铁（按炉容＜1200t/d 计算）[4]。

### 11.1.3　含汞废物特性

#### 11.1.3.1　烧结工序脱硫副产物、除尘灰

（1）理化特性

目前，我国钢铁厂应用较广的是循环流化床半干法脱硫、石灰石-石膏湿法脱硫工艺，产生的脱硫副产物分别为脱硫灰和脱硫石膏。田颖等以中国宝武钢铁集团为例，对烧结过程产生的脱硫灰和脱硫石膏进行了理化特性分析，郭玉华等对烧结除尘灰进行了相关特性分析，主要分析结果如下。

① 脱硫灰　脱硫灰样品呈深红色，粉末状，粒径在 3.42～13.77μm，其中约有 50% 的颗粒粒径＜4.24μm，比表面积 7.94m²/g[5]。其化学成分与燃煤电厂产生的脱硫灰相比具有烧失量较大，Fe、Ca、S 含量较高的特点，结果见表 11-1。

表 11-1　烧结工序及电厂脱硫灰化学成分（质量份）[5]

| 项目 | SiO$_2$ | Al$_2$O$_3$ | Fe$_2$O$_3$ | CaO | MgO | CaSO$_3$ | SO$_3$ | 烧失物 |
|---|---|---|---|---|---|---|---|---|
| 烧结 | 4.00 | 2.40 | 13.60 | 33.00 | 2.50 | 16.90 | 9.92 | 22.50 |
| 电厂 | 41.23 | 23.54 | 4.02 | 14.37 | 0.97 | 6.14 | 7.38 | 7.68 |

钢铁冶炼厂的脱硫灰样品中 CaO、$CaSO_3$、$SO_3$ 含量较高，$SiO_2$、$Al_2O_3$ 含量低，烧失物量较高，这些特点造成了其综合利用方式与燃煤电厂的脱硫灰不同，高含量的 $CaSO_3$ 限制了其在建材、建工方面的应用，另外，$SiO_2$、$Al_2O_3$ 含量低也影响其化学活性等[5]。

② 脱硫石膏　脱硫石膏主要成分为 $CaSO_4·2H_2O$，颗粒呈短柱状，平均粒径为 $6\sim30\mu m$，径长比在 1.5~2.5 之间，颜色为白灰色或淡黄色，含游离水 10%~15%[5]。同时将其与燃煤电厂相比也具有 Fe、Ca、S 含量相对较高的特点，见表 11-2。

表 11-2　烧结工序及电厂脱硫石膏化学成分（质量份）[5]

| 项目 | $SiO_2$ | $Al_2O_3$ | $Fe_2O_3$ | CaO | MgO | S | $K_2O$ | $Na_2O$ |
|---|---|---|---|---|---|---|---|---|
| 烧结 | 4.00 | <0.1 | 0.61 | 41.1 | <0.1 | 22.9 | <0.1 | <0.1 |
| 电厂 | 41.23 | 3.4 | 0.44 | 38.4 | 0.6 | 21.5 | 0.1 | <0.1 |

钢铁冶炼厂的脱硫石膏样品中 CaO、S、$Fe_2O_3$ 含量略高，除 $SiO_2$、$Al_2O_3$ 含量低外，其综合利用方式与燃煤电厂的脱硫石膏基本相似，如可用于建材、石膏板等。

③ 烧结除尘灰　烧结除尘灰主要来源于机头除尘灰，它是由烧结原料中的微细物料进入烟道被除尘收集而来的，颗粒较细，含铁较高。有研究者对几个钢铁厂烧结机头电除尘灰进行了采样测试分析，结果表明，电除尘灰样品中全铁含量较高，并含有较高浓度的钾和一定量的铅等[6]，见表 11-3。

表 11-3　烧结工序除尘灰化学成分（质量份）[6]

| 项目 | TFe | $SiO_2$ | CaO | MgO | $Al_2O_3$ | PbO | $Na_2O$ | $K_2O$ | S |
|---|---|---|---|---|---|---|---|---|---|
| 除尘灰 1 | 43.98 | 4.80 | 7.08 | 1.97 | 1.46 | 1.06 | 1.87 | 8.25 | 1.09 |
| 除尘灰 2 | 25.13 | 3.04 | 3.86 | 1.37 | 1.46 | 2.71 | 1.80 | 17.00 | 1.27 |
| 除尘灰 3 | 13.54 | 2.00 | 4.42 | 1.62 | 1.37 | 3.56 | 3.23 | 18.95 | 1.21 |

由表 11-3 可知，电除尘灰样品全铁含量较高，并含有 K、Na、Pb 等，相关研究表明，烧结除尘灰中的 K、Na 主要以 KCl、NaCl 形式存在[6,7]。

（2）汞含量

目前，我国对钢铁冶炼脱硫副产物中汞含量的研究极少，朱廷钰等对我国几家不同规模、工艺的钢铁冶炼厂烧结工序进行了固体样品汞含量测试和汞平衡分析。结果表明，汞主要富集在烧结工序的脱硫灰和除尘灰中，其中脱硫灰汞含量在 1.45～8.07mg/kg，除尘灰汞含量在 1.06～6.58mg/kg[1]。其汞平衡计算结果见表 11-4，固体样品中汞含量测试结果见表 11-5。

表 11-4　烧结工序汞平衡计算结果[1]　　　　单位：μg/kg

| 项目 | | A | B | C | D |
|---|---|---|---|---|---|
| 污控设施 | | SDA-FGD+FF | ESP+AFGD | ESP+DFA-FGD | ESP+CFB-FGD+FF |
| Hg 输入源 | 铁矿石 | 96.624 | 551.669 | 139.620 | 315.452 |
| | 石灰 | 0.151 | 2.496 | 1.302 | 0 |
| | 煤粉 | 8.294 | 87.463 | 43.295 | 24.664 |
| | 焦粉 | 1.286 | 0 | 2.340 | 0 |
| | 总计 | 106.355 | 641.628 | 186.557 | 340.116 |
| Hg 输出源 | 烧结矿 | 11.975 | 13.502 | 0 | 0.550 |
| | 电除尘灰 | — | 254.160 | 197.320 | 30.638 |
| | 脱硫灰 | 44.544 | 210.063 | 32.167 | 44.544 |
| | 布袋除尘灰 | 20.093 | — | — | 255.442 |
| | 排放烟气 | 23.184 | 17.856 | 11.206 | 3.760 |
| | 总计 | 99.796 | 495.581 | 240.693 | 334.934 |
| | Hg 平衡率/% | 94 | 77 | 129 | 98 |

表 11-5　烧结工序固体样品中汞含量[1]　　　　单位：μg/kg

| 项目 | A | B | C | D |
|---|---|---|---|---|
| 铁矿石 | 18.3 | 49.97 | 23.27 | 45.74 |
| 石灰 | 3.0 | 1.6 | 3.1 | 0 |
| 煤粉 | 48 | 118.37 | 240.53 | 55.37（混合） |
| 焦粉 | 4.0 | — | 19.5 | |
| 烧结矿 | 1.4 | 0.97 | 0 | 0.1 |
| 电除尘灰 | — | 1059.0 | 6577.3 | 2455 |
| 脱硫灰 | 1450 | 1648.3 | 8074 | 1856 |
| 布袋除尘灰 | 728 | — | — | 3942 |

## 11.1.3.2　炼铁工序高炉除尘灰

高炉灰是高炉炼铁过程中烟气除尘所得的产物，一般含有大量的铁、碳和一定量有色金属，有很大的利用价值。高炉灰粒度细小、成分复杂，相关研究较少。我国胡天洋等对高炉灰的物理化学特性及其利用进行了相关研究（表 11-6、表 11-7），其化学成分分析结果表明，Fe 含量较高[8]。

**表 11-6　高炉灰工业分析结果（质量份）[8]**

| 项目 | 水分 | 灰分 | 挥发分 | 固定碳 |
|------|------|------|--------|--------|
| 高炉灰 1 | 0.79 | 61.94 | 11.54 | 26.52 |
| 高炉灰 2 | 2.10 | 57.40 | 8.88 | 33.73 |
| 高炉灰 3 | 0.99 | 73.47 | 7.86 | 18.67 |

**表 11-7　高炉灰 X 射线荧光光谱分析结果（质量份）[8]**

| 项目 | Fe | $TiO_2$ | $SiO_2$ | $Al_2O_3$ | ZnO | MgO | CaO | $K_2O$ | P | S |
|------|------|------|------|------|------|------|------|------|------|------|
| 高炉灰 1 | 26.00 | 0.26 | 7.29 | 2.70 | 2.39 | 1.56 | 6.00 | 1.09 | 0.03 | 0.91 |
| 高炉灰 2 | 22.31 | 0.35 | 13.41 | 5.93 | 7.39 | 3.32 | 6.82 | 0.44 | 0.06 | 3.48 |
| 高炉灰 3 | 32.72 | 1.75 | 9.29 | 4.86 | 3.56 | 1.56 | 6.28 | 1.35 | 0.01 | 2.08 |

由表 11-7 可知，高炉灰样品中主要含有 Fe、Ca、Si、Al 等，还含有一定量的 Zn、Ti、Mg、K、S 等。胡天洋等同时也对样品进行了 X 射线衍射图谱分析，结果表明，三种高炉灰中都含有一定量的赤铁矿、磁铁矿和石英，因此，高炉灰可作为还原剂替代煤应用于钛磁铁矿的直接还原。他们也对高炉灰在直接还原焙烧-弱磁选工艺中用作印尼某海滨钛磁铁矿还原剂的可行性及其机理进行了研究，结果表明，高炉灰不仅可以作为还原剂直接还原海滨钛磁铁矿，同时还可以回收高炉灰中的铁。

## 11.1.4　含汞废物处理处置

目前，我国对钢铁冶炼行业产生的含汞废物如脱硫副产物、除尘灰及高炉灰等的脱汞技术未见报道，而对其进行综合利用的技术相对较多，本书简要介绍了几种综合利用技术，在以上含汞废物综合利用过程中，需进一步研究汞的释放机理和风险防控技术，以减少大气汞排放和保障环境安全。

### 11.1.4.1　烧结脱硫灰、除尘灰综合利用

（1）烧结脱硫灰综合利用技术

根据 11.1.3 节所述，烧结脱硫灰具有较高的亚硫酸钙含量，其综合利

用难度较大。传统的利用技术包括制备水泥缓凝剂、路基材料等，通常需要进行相应的氧化预处理后方可进行利用。相关研究表明，将煅烧改性烧结脱硫灰与矿渣、钢渣粉、水泥熟料等按一定比例混合，磨制成复合胶凝材料，替代天然石膏制备水泥缓凝剂，具有良好的水化性能和力学性能，可使矿渣胶凝材料养护 28d 的抗压强度值达到最佳值[9]。

利用烧结脱硫灰高含量的亚硫酸钙作为还原剂处理含铬废水是较好的研究方向，东北大学王梅等开展了相关研究，结果表明：在脱硫灰加入量 0.06g/mg ［以 Cr(Ⅵ)计］、初始废水 pH 值 1.0、振荡转速 160r/min、振荡时间 25min、中和 pH 值 7.5 的工艺条件下效果最佳，可将模拟废水 Cr(Ⅵ) 浓度由 10.00mg/L 降低至 0.18mg/L，去除率达 98.2%[10]。

① 含铬废水处理技术原理　脱硫灰中的 $CaSO_3$ 与废水中的 $Cr^{6+}$ 发生还原反应，生成的 $Cr^{3+}$ 加碱进行沉淀反应去除。其化学反应式如下[10,11]。

$$K_2Cr_2O_7 + 3CaSO_3 + 4H_2SO_4 \longrightarrow Cr_2(SO_4)_3 + 3CaSO_4 + K_2SO_4 + 4H_2O$$
$$Cr_2(SO_4)_3 + 6NaOH \longrightarrow 2Cr(OH)_3 + 3Na_2SO_4$$

② 含铬废水处理工艺流程　含铬废水处理工艺流程如图 11-5 所示，首先将含铬废水加入稀硫酸调节初始 pH 值至较佳值，然后根据废水中 $Cr^{6+}$ 与 $CaSO_3$ 的化学反应定量关系加入一定过量倍数的脱硫灰，经反应一段时间后，再加入 NaOH 溶液，调节合适的 pH 值以利于 $Cr^{3+}$ 的沉淀，最终实现含铬废水处理达标。

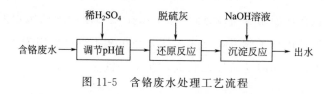

图 11-5　含铬废水处理工艺流程

③ 含铬废水处理效果　最佳条件下，该技术对模拟含铬废水中 $Cr^{6+}$ 去除效率为 98.2%，同时王梅等对 3 种实际废水进行了试验，其试验结果表明，该技术对实际含铬废水中 $Cr^{6+}$ 的去除率为 99.65%～99.82%，对总铬的去除率为 95.33%～99.25%[10]。该技术对烧结脱硫灰的应用提供了很好的研究方向，而在脱硫灰加入量、pH 值的调节控制、含铬污泥的处置方面有待于进一步研究，同时汞在以上处理过程中的行为特征也需要开展相关的研究。脱硫灰对实际含铬废水的处理效果分析见表 11-8。

表 11-8　脱硫灰对实际含铬废水的处理效果[10]

| 废水编号 | 处理前 | | | | 处理后 | | | |
|---|---|---|---|---|---|---|---|---|
| | $Cr^{6+}$/(mg/L) | 总 Cr/(mg/L) | pH 值 | COD/(mg/L) | $Cr^{6+}$/(mg/L) | 总 Cr/(mg/L) | pH 值 | COD/(mg/L) |
| 1 | 2.482 | 4.130 | 7.74 | <10 | 0.012 | 0.193 | 7.5 | <10 |
| 2 | 12.90 | 26.19 | 5.07 | <10 | 0.023 | 0.197 | 7.5 | <10 |
| 3 | 32.01 | 46.42 | 8.11 | 125 | 0.023 | 1.124 | 7.5 | 123 |

（2）烧结除尘灰综合利用技术

① 烧结除尘灰返矿烧结技术　烧结除尘灰中的铁含量较高，一般将其返回烧结工序配料重新利用。由于除尘灰粒度小、经历了高温焙烧过程，表面疏水性强、不易制粒，需要进行预先造球处理，然后再返回烧结工序。安钢等对烧结灰制粒技术进行了研究，取得了较好的效果[12]。

安钢等研究了采用 JF-AB 型添加剂（主要成分为 CaO，200 目颗粒物占 95％以上）按一定比例与水、固体物料混合，发生水化反应而制成球粒，造粒强度可达 $20N/cm^2$，且无毒、对烧结和冶炼过程无副作用[12]。其制粒工艺过程如图 11-6 所示。

图 11-6　烧结灰提前制粒返矿烧结工艺流程[12]

安钢等在钢渣 3％、精矿 70％、制粒除尘灰 3％、白云石 3％、白灰 4％，石灰石和燃料按实际情况调整，烧结矿质量按 $T_{Fe}$（全铁含量）=57％、R（烧结机利用系数）=1.60t/（$m^2 \cdot h$）条件下，研究了不同添加剂配比对烧结工序的影响。结果表明：加入 JF 添加剂能够改善烧结灰的制粒性能，添加剂加入量为 5％时造球效果最佳，见表 11-9；烧结混合料中配入用 JF 添加剂造球的除尘灰后，烧结机利用系数提高，成品率提高，烧结能耗降低，见表 11-10。

表 11-9　JF 添加剂对除尘灰制粒的影响[12]

| 项目 | 粒级/％ | | | | | 平均粒径/mm | 水分/％ | 落下强度/（次/个） |
|---|---|---|---|---|---|---|---|---|
| | >10mm | 10～7mm | 7～5mm | 5～3mm | <3mm | | | |
| JF0 | 76.73 | 4.87 | 1.26 | 1.00 | 16.20 | 9.98 | 11.40 | 2 |

| 项目 | 粒级/% | | | | | 平均粒径/mm | 水分/% | 落下强度/(次/个) |
|---|---|---|---|---|---|---|---|---|
| | >10mm | 10~7mm | 7~5mm | 5~3mm | <3mm | | | |
| JF5 | 45.39 | 10.40 | 10.44 | 2.45 | 3.16 | 7.10 | 10.60 | 4.73 |
| JF7 | 46.08 | 30.80 | 14.00 | 5.78 | 3.15 | 9.27 | 10.80 | 5.77 |
| JF3 | 75.41 | 15.39 | 4.09 | 1.10 | 3.90 | 10.71 | 10.50 | 3.31 |
| DJF5 | 51.84 | 42.89 | 2.72 | 0.91 | 1.95 | 10.10 | 10.40 | 4.29 |

注：JF0 表示除尘灰配比 2%、无 JF 添加剂；JF5 表示添加剂配比 5%、除尘灰下料量 9.56t/h；JF7 表示添加剂配比 7%、除尘灰下料量 9.56t/h；JF3 表示添加剂配比 3%、除尘灰下料量 9.56t/h；DJF5 表示添加剂配比 5%、除尘灰下料量 14.42t/h。

**表 11-10　JF 添加剂对烧结参数、指标的影响[12]**

| 项目 | 烧结参数 | | | | | 烧结指标 | | | | |
|---|---|---|---|---|---|---|---|---|---|---|
| | 机速/(m/min) | 热段负压/kPa | 冷段负压/kPa | 机尾状况 | 返矿率/% | 利用系数/[t/(m²·h)] | 煤耗/(kg/t) | 油耗/(kg/t) | 电耗/(kW·h/t) |
| JF0 | 1.120 | 9.910 | 6.980 | 夹生 | 23.485 | 1.500 | 47.300 | 2.675 | 27.405 |
| JF5 | 1.128 | 9.770 | 7.000 | 较好 | 21.130 | 1.530 | 46.000 | 2.470 | 26.510 |
| JF7 | 1.130 | 9.675 | 6.325 | 较好 | 22.855 | 1.505 | 46.580 | 2.610 | 26.870 |
| JF3 | 1.140 | 9.620 | 6.160 | 较好 | 22.418 | 1.532 | 44.610 | 2.570 | 26.244 |
| DJF5 | 1.130 | 9.700 | 5.980 | 花脸 | 23.526 | 1.506 | 44.370 | 2.616 | 26.392 |

② 烧结除尘灰其他利用技术　由于烧结除尘灰中含有较多的钾，可利用其制备氯化钾或硫酸钾肥料，郭占成、张福利、刘宪等开展了相关实验研究，主要研究结果如下。

a. 氯化钾肥料制备技术。首先使用水对烧结除尘灰浸出，浸出液经过沉降分离后加入硫化钠、SDD 或 $Na_2CO_3$ 去除溶液中的重金属离子，净化后的溶液通过蒸发、分步结晶得到纯度超过 90% 的氯化钾，结晶后的母液循环利用作为浸出溶剂。由于氯化钾易溶于水，采用烧结除尘灰制备氯化钾工艺流程简单，设备投资规模小，能耗少，无废水、废气排放，产品能够弥补我国钾资源紧缺的现状，因此具有良好的发展前景[6,13,14]。

b. 硫酸钾肥料制备技术。相对而言，硫酸钾肥比氯化钾肥有更高的使用价值，由于烧结机头除尘灰中的钾是以氯化钾的形式存在，因此，首先通过水洗对烧结除尘灰脱钾，钾液经 $NH_4HCO_3$ 除杂后，加入 $(NH_4)_2SO_4$ 进行复分解反应获得 $K_2SO_4$，溶液再经两级蒸发浓缩、结晶后，可分别制得工业级硫酸钾、农用硫酸钾和 $(K, NH_4)Cl$ 农用复合肥等产品。另外，在浸出分离后的浓缩液中加入甲酰胺，能够显著提高钾盐的收得率，并降低硫酸钾的结晶温度，减少结晶蒸发量，从而降低能耗。甲酰胺还可以回收利用，因此消耗并不高[6,15,16]。

### 11.1.4.2　高炉灰综合利用技术

我国对高炉灰的综合利用方法大致可分为四类：①预先造球后返回烧结冶炼工序直接回收铁、碳[17,18]；②利用其中的固定碳及其他成分来还原钛铁矿、高磷鲕状赤铁矿等而得到较高品位的金属铁[8,19]；③富集回收锌、铟、碳等资源[20~22]；④高炉灰作重金属吸附剂、玻璃陶瓷等其他用途[23,24]。其中研究较多的主要为前两类，其中第一类技术中直接将高炉灰返回烧结工序中使用，虽然可以回收其中的铁，并利用其中的碳作燃料，但过量的高炉灰添加到烧结料中会造成料柱的透气性和烧结矿的强度降低，尤其是会引起锌元素在高炉中的循环富集，对高炉的顺行和寿命造成严重影响[20]。而将高炉灰先进行造球，然后将其投入转底炉内进行直接还原得到金属化球团，再将该球团直接加入高炉进行炼铁，能够较好地回收高炉灰中的铁、碳、钾、钠、铅、锌等多种元素，从而实现高炉灰的资源化利用。第二类技术包括将高炉灰、石英联合应用于钛磁铁矿的直接还原焙烧技术和将高炉灰应用于高磷鲕状赤铁矿的直接还原焙烧技术。

（1）高炉灰造球还原回收技术

高炉灰造球还原回收技术是将高炉灰、铁精矿、碳粉及黏合剂混匀制成球团，然后烘干放入转底炉内高温还原，使锌、铅还原蒸发，金属蒸气随着烟气一起排出并在除尘器内沉积。同时高炉灰中的铁会被碳还原成金属而形成金属化球团，此球团可直接加入高炉中用作炼铁原料[19]。

在转底炉法中，郭玉华等通过试验对高炉灰和氧化铁皮制得含碳球团的直接还原进行了研究，考察了不同还原气氛、球团中不同碳氧比（以下称C/O）、还原时间、还原温度对还原结果的影响。研究表明：高温下含碳球团在空气中直接还原就能获得很高的金属化率。当球团中 C/O≥1.2 时，球团的金属化率在还原过程中一直增加，在 1350℃下还原 30min，球团的金属化率达到 96.94%；在 1400℃下空气中还原 30min，球团中还原出的铁与渣完全分离[18,19]。

（2）高炉灰、石英联用处理钛磁铁矿直接还原焙烧技术

高炉灰、石英联用处理钛磁铁矿直接还原焙烧技术是利用高炉灰中固定碳等的还原作用和石英的降钛作用将钛磁铁矿中的铁还原出来，同时实现钛

铁分离的目的。胡天洋等对高炉灰在直接还原焙烧-弱磁选工艺中用作印尼某海滨钛磁铁矿还原剂的可行性及其机理进行了研究。结果表明，以萤石为添加剂的条件下，高炉灰可代替煤作还原剂，通过高炉灰与萤石的共同作用，可以在直接还原过程中提高还原铁粉中铁的回收率及品位，并降低 $TiO_2$ 质量分数，同时回收高炉灰中的铁。同时对三种不同产地的高炉灰还原效果的比较分析实验表明，高炉灰性质对还原效果有一定影响，在相同用量条件下，津鑫高炉灰（以下称 JX）还原效果最好，在 JX 高炉灰用量 30%、萤石用量 10%、焙烧温度 1250℃ 以及焙烧时间 60min 时，焙烧产物通过两段磨矿和两段磁选，最终得到最佳的还原铁粉中铁品位为 91.28%，$TiO_2$ 质量分数降至 0.93%，海滨砂矿和高炉灰中铁的总回收率达到 89.19%[8]。

（3）高炉灰处理高磷鲕状赤铁矿直接还原焙烧技术

高磷鲕状赤铁矿是公认难选的铁矿石类型之一，采用高炉灰处理高磷鲕状赤铁矿直接还原焙烧技术，既利用了高炉灰中固定碳的还原作用，也回收了其中的铁资源，提高了还原后铁产品的铁品位，具有较好的应用前景。曹允业等开展了对脱磷剂用量、焙烧时间、焙烧温度、高炉灰用量的研究，结果表明，在高炉灰用量为 30%、焙烧温度为 1150℃，焙烧时间为 60min 条件下，焙烧产品经两段磨矿-磁选，得到的还原铁产品铁品位为 92.16%，铁回收率为 87.89%，磷含量为 0.072%[19]。

# 11.2　垃圾焚烧行业

## 11.2.1　行业发展概况

由于垃圾中含有废电池、废荧光灯管、水银温度计等，在焚烧过程中，其中的汞挥发进入气相并随烟气排出，因此垃圾焚烧行业被认为是我国汞污染排放源之一。我国有人对珠三角地区、上海、北京、延安、武汉及三峡库区生活垃圾中汞含量进行了测量和估算，结果见表 11-11[25]。

表 11-11　生活垃圾中汞含量[25]

| 地区 | 年份 | 垃圾中汞含量/(mg/kg) | 测量方法 | 来源 |
| --- | --- | --- | --- | --- |
| 珠三角地区 | 2011 | 0.293 | 质量平衡法 | Chen 等（2013） |
| 上海 | 2005 | 0.40 | 质量平衡法 | Zhang 等（2008） |

| 地区 | 年份 | 垃圾中汞含量/(mg/kg) | 测量方法 | 来源 |
|---|---|---|---|---|
| 北京 | 2002 | 0.60 | 高温高压硝解法 | 任福民和李仙粉(2003) |
| 延安 | 2003 | 0.202 | 高温高压硝解法 | 刘晓红等(2005) |
| 武汉 | 2006 | 0.606 | — | Li 等(2010) |
| | | 1.796 | | |
| 三峡库区 | 2000 | 0.45 | 高温高压硝解法 | 王里奥等(2006) |

我国的垃圾焚烧量日益增加，据统计，2010 年生活垃圾清运量 1.58 亿吨，焚烧量为 2316.7 万吨，焚烧设施约 104 座；2013 年生活垃圾清运量 1.72 亿吨，焚烧量为 4633.7 万吨，是 2010 年的 2 倍，焚烧设施为 166 座；2016 年生活垃圾清运量 2.04 亿吨，焚烧量为 7378.4 万吨，焚烧设施约 249 座，生活垃圾无害化处理率达到 96.6%。依据国家统计局资料，我国 2004～2016 年垃圾清运量、焚烧量统计见图 11-7[26]。

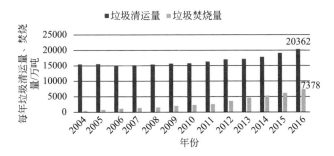

图 11-7　我国 2004～2016 年垃圾清运量、焚烧量统计[26]

我国住房和城乡建设部、国家发展改革委、国土资源部和环境保护部联合发布了《关于进一步加强城市生活垃圾焚烧处理工作的意见》，意见明确了"十三五"工作目标：将垃圾焚烧处理设施建设作为维护公共安全、推进生态文明建设、提高政府治理能力和加强城市规划建设管理工作的重点。到 2017 年年底，建立符合中国国情的生活垃圾清洁焚烧标准和评价体系。到 2020 年年底，全国设市城市垃圾焚烧处理能力占总处理能力 50% 以上，全部达到清洁焚烧标准。

## 11.2.2　含汞废物产污特征

目前，我国生活垃圾焚烧炉以炉排炉和循环流化床为主，其中，炉排炉应用时间最早，技术成熟。炉排炉的燃烧过程可分为三个阶段，第一段为加热段，垃圾干燥脱水、烘烤着火；第二阶段为燃烧段，垃圾在900℃左右燃烧；第三段为燃尽段，垃圾完成燃烧后变成灰渣排出[3]。垃圾焚烧后的烟气处理一般经过余热锅炉、半干式脱酸塔、布袋除尘器处理后排放，在此过程中，垃圾焚烧过程产生的汞大部分进入烟气中，其中一部分随除尘设施进入焚烧飞灰中，另一部分随烟气排放。相关人员对珠三角地区6家采用炉排炉焚烧生活垃圾的企业生产过程中产生的烟气、飞灰、炉渣进行了总汞测试分析，结果表明，三者汞的分配比例为70.8%、26.3%、2.9%；对2家采用流化床焚烧工艺的企业产生的烟气、飞灰、炉渣进行了分析，结果表明，三者汞的分配比例为33.2%、66.5%、0.3%[27]。由此可见，生活垃圾焚烧过程中产生的主要含汞废物为焚烧飞灰。

我国生活垃圾焚烧有机械炉排焚烧炉和流化床焚烧炉两种主流炉型，目前二者的处理能力分别约占我国生活垃圾焚烧总处理能力的2/3和1/3。机械炉排焚烧炉飞灰产生量较小，为入炉垃圾量的3%～5%；流化床焚烧炉飞灰产生量较大，为入炉垃圾量的10%～15%[28]。据此估算我国垃圾焚烧飞灰产生量，2016年，生活垃圾焚烧飞灰产生量约541万吨。

生活垃圾焚烧工艺含汞废物产污流程如图11-8所示，我国2004～2016年生活垃圾焚烧飞灰产生量统计如图11-9所示。

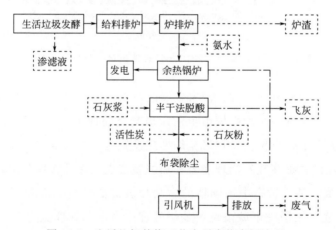

图 11-8　生活垃圾焚烧工艺含汞废物产污流程

### 11.2.3　含汞废物特性

生活垃圾焚烧过程的含汞废物主要为焚烧飞灰，飞灰中除含有汞等重金

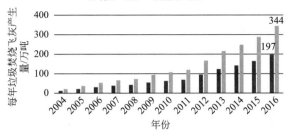

图 11-9　我国 2004～2016 年生活垃圾焚烧飞灰产生量统计

属外，还含有二噁英类毒性物质，被列入国家危险废物名录。我国对飞灰特性、处理处置技术的研究较多，其中对飞灰特性的研究主要集中在飞灰的物理化学性质、重金属及二噁英含量、重金属浸出毒性等方面[29～32]，主要研究结果如下。

（1）飞灰样品理化特性及毒性

缪建东等对杭州地区典型生活垃圾焚烧厂产生的飞灰进行了基本特性分析，分别对飞灰的微观形貌、物理结构与化学组成、重金属含量及浸出毒性进行了详细的分析与评估，同时与我国其他地区垃圾焚烧飞灰的成分进行了对比分析，具有一定的代表性。

飞灰样品来源于杭州两个典型垃圾焚烧厂，其焚烧炉分别采用机械炉排炉和循环流化床焚烧炉，尾气净化装置都采用活性炭＋石灰半干法脱酸＋布袋除尘组合工艺。

① 飞灰样品外观　炉排炉焚烧飞灰（以下称飞灰 A）呈灰白色，多为球形散状颗粒；飞灰 A 外观如图 11-10 所示；循环流化床焚烧飞灰（以下称飞灰 B）呈暗黄色，多为粉状颗粒[29]，飞灰 B 外观如图 11-11 所示。

图 11-10　飞灰 A 外观[29]

图 11-11　飞灰 B 外观[29]

② 飞灰微观形貌　采用 SEM 分别对两种飞灰在放大 2000 倍下观察其微观形貌，结果表明，飞灰 A 多为团聚体，表面比较疏松，存在较多孔隙；飞灰 B 为散粒状，由许多细小不规则颗粒组成，颗粒间结合紧密[29]。如图 11-12、图 11-13 所示。

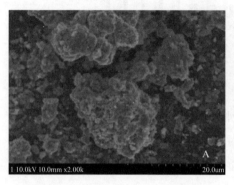 

图 11-12　飞灰 A 放大 2000 倍 SEM[29]　　　图 11-13　飞灰 B 放大 2000 倍 SEM[29]

③ 飞灰化学成分　采用能谱分析法对飞灰化学组成进行测试分析，并与粉煤灰、高炉渣、水泥的化学组分进行对比，结果表明，两种飞灰的化学组成规律相似，主要成分为金属或非金属氧化物，CaO 和 Cl 含量较高。两种飞灰化学组成的主要区别是飞灰 B 中 $SiO_2$、$Fe_2O_3$、$Al_2O_3$ 含量大于飞灰 A，原因是飞灰 B 是在循环流化床产生的，由于焚烧过程中的流化现象，垃圾中的 Si、Fe、Al 更容易进入烟气富集在飞灰中，同时流化床焚烧掺入的煤粉增加了飞灰中 Si、Al 含量[29]。飞灰中主要含有 CaO、$SiO_2$、$Fe_2O_3$、$Al_2O_3$ 等（表 11-12），这与粉煤灰、高炉渣及水泥相似，因而具有胶凝性[33,34]。

表 11-12　飞灰及其他物质化学成分（质量份）[29]

| 项目 | CaO | Cl | $SiO_2$ | $Fe_2O_3$ | $Al_2O_3$ | MgO | $Na_2O$ | $K_2O$ | $SO_3$ | $P_2O_5$ |
| --- | --- | --- | --- | --- | --- | --- | --- | --- | --- | --- |
| 飞灰 A | 34.39 | 24.31 | 3.42 | 1.85 | 2.58 | 2.34 | 11.38 | 7.71 | 5.33 | 3.37 |
| 飞灰 B | 44.07 | 10.32 | 9.82 | 5.47 | 9.85 | 3.13 | 3.99 | 3.19 | 2.89 | 3.56 |
| 粉煤灰[35] | 4.63 | — | 44.84 | 4.22 | 32.36 | — | — | 0.82 | — | — |
| 高炉渣[36] | 36.78 | — | 17.25 | 20.91 | 2.56 | 9.55 | 0.03 | 0.03 | 0.01 | — |
| 水泥[37] | 58.60 | — | 21.35 | 3.18 | 6.33 | — | 3.03 | — | 2.05 | — |

④ 飞灰重金属含量　分别对杭州飞灰 A、飞灰 B 样品进行重金属含量

分析，并与其他各地区数据对比，结果表明，所有地区飞灰中的铜、铅、锌含量高（表 11-13），可能是由垃圾中电子材料、防腐木材及油漆涂料等材料经高温焚烧所致。飞灰中的汞浓度含量较低，为 2.60～52.00mg/kg，这与许红霞等的研究结果相似[29]。

表 11-13　各地区垃圾焚烧飞灰重金属含量[29]　　单位：mg/kg

| 各地区焚烧飞灰 | | Cr | Ni | Cu | Zn | Cd | Hg | Pb |
| --- | --- | --- | --- | --- | --- | --- | --- | --- |
| 炉排炉 | 杭州飞灰 A | 147.70 | 46.00 | 901.20 | 4582.00 | 127.80 | 2.60 | 1310.80 |
| | 重庆 | — | 51.36 | 498.44 | 461.30 | 111.10 | — | 648.28 |
| | 上海浦东 | 225.00～350.00 | 88.10～136.00 | 561.00～770.00 | 3610.00～4940.00 | 44.90～65.80 | — | 972.00～2480.00 |
| | 广东佛山 | 50.26 | 53.21 | 8082.42 | — | — | — | 3408.71 |
| | 江苏常州 | 118.00 | 60.80 | 313.00 | 4386.00 | 25.50 | 52.00 | 1496.00 |
| | 日本京都 | — | 100.00 | 1300.00 | 18000.00 | 290.00 | — | 6500.00 |
| 流化床 | 杭州飞灰 B | 296.50 | 53.60 | 1438.90 | 9411.20 | 60.00 | 3.20 | 1343.50 |
| | 江苏 | 542.98 | 297.47 | 3900.61 | 4359.62 | 10.17 | — | 854.03 |
| | 台湾 | 811.60 | — | 1409.30 | 7115.80 | 80.20 | — | 1284.00 |

⑤ 飞灰浸出毒性　采用国家标准规定的硫酸硝酸法进行飞灰毒性浸出测试，结果表明，除 Cr、Ni、Hg 外，其他重金属浸出浓度均高于标准限值，浸出浓度较高的是 Zn、Cu、Pb。见表 11-14。

表 11-14　垃圾焚烧飞灰浸出浓度[29]　　单位：mg/L

| 样品 | Cr | Ni | Cu | Zn | Cd | Hg | Pb |
| --- | --- | --- | --- | --- | --- | --- | --- |
| 飞灰 A | 5.06 | 0.56 | 82.44 | 348.65 | 0.76 | 0.17 | 67.59 |
| 飞灰 B | 8.11 | 0.50 | 140.01 | 407.84 | 1.34 | 0.03 | 42.16 |
| 限值 | 12.00 | 15.00 | 75.00 | 75.00 | 0.50 | 0.25 | 5.00 |

（2）飞灰二噁英特性

① 二噁英及其性质　二噁英通常指具有相似结构和理化特性的一组多氯取代的平面芳烃类化合物，属氯代含氧三环芳烃类化合物，一般将其分为多氯代二苯并对二噁英（简称 PCDDs）和多氯代二苯并呋喃（简称 PCDFs），这两类物质具有毒性强、来源广泛、难降解等特点，被列为国家严控的污染物之一。

二噁英有 210 种同分异构体，其中 PCDDs 有 75 种异构体，PCDFs 有 135 种异构体，其化学分子式结构见图 11-14。有毒的二噁英是指在 2、3、7、8 四个平面位置同时有氯原子取代的结构，共 17 种。毒性最强的是 2,3,7,8-四氯二苯并对二噁英（简称 2,3,7,8-TeCDD），其毒性相当于氰化钾毒性的 1000 倍，其他 16 种有毒二噁英依据其与 2,3,7,8-TeCDD 毒性的比例关系确定毒性当量因子，总毒性当量（TEQ）即等于每种有毒同系物质量与毒性当量因子的乘积之和，二噁英化学分子式结构如图 11-14 所示。

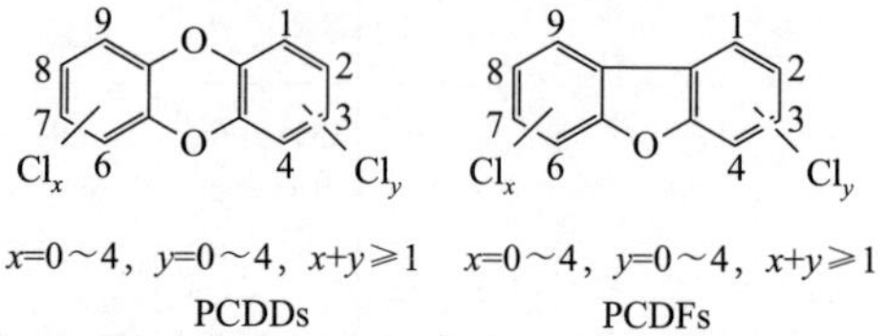

$x=0\sim4$, $y=0\sim4$, $x+y\geqslant1$   $x=0\sim4$, $y=0\sim4$, $x+y\geqslant1$
    PCDDs                              PCDFs

图 11-14　二噁英化学分子式结构[38]

二噁英在常温下都是固体，它们的熔沸点都很高，蒸气压低，水溶性低，又具有高溶脂性。并随着氯代水平的上升，熔沸点增加，蒸气压降低和水溶性下降，而在有机溶剂和脂肪中的溶解度上升[38]。

② 飞灰二噁英含量　俞明锋等对国内不同地区 14 个垃圾焚烧厂布袋除尘飞灰进行了二噁英测试分析（见表 11-15），结果表明，炉排炉飞灰中二噁英总毒性当量在 0.16～1.21ng I-TEQ/g，循环流化床飞灰中二噁英总毒性当量在 0.02～2.53ng I-TEQ/g，两者均低于《生活垃圾填埋场污染控制标准》（GB 16889—2008）规定的 3ng I-TEQ/g。我国其他学者也对国内生活垃圾焚烧飞灰进行了二噁英检测分析，其结果是飞灰中二噁英总毒性当量在 0.34～4.46ng I-TEQ/g[32,39]。

表 11-15　国内各焚烧厂垃圾焚烧飞灰中二噁英含量[32]

| 各焚烧厂焚烧飞灰 | | PCDDs /(ng/g) | PCDFs /(ng/g) | PCDD/Fs /(ng/g) | 毒性当量 /(ng I-TEQ/g) |
| --- | --- | --- | --- | --- | --- |
| 炉排炉 | FA1 | 48.83 | 8.02 | 56.85 | 6.09 |
| | FA2 | 2.39 | 0.85 | 3.24 | 2.81 |
| | FA3 | 2.17 | 1.05 | 3.22 | 2.07 |
| | FA4 | 4.88 | 3.38 | 8.26 | 1.44 |
| | FA5 | 0.83 | 2.00 | 2.83 | 0.42 |

| 各焚烧厂焚烧飞灰 | | PCDDs /(ng/g) | PCDFs /(ng/g) | PCDD/Fs /(ng/g) | 毒性当量 /(ng I-TEQ/g) |
|---|---|---|---|---|---|
| 流化床 | FA6 | 11.17 | 5.29 | 16.46 | 2.11 |
| | FA7 | 6.15 | 9.33 | 15.48 | 0.66 |
| | FA8 | 8.03 | 22.12 | 30.15 | 0.36 |
| | FA9 | 70.72 | 23.77 | 94.49 | 2.98 |
| | FA10 | 9.11 | 10.56 | 19.67 | 0.86 |
| | FA11 | 1.82 | 6.40 | 8.22 | 0.28 |
| | FA12 | 0.27 | 0.52 | 0.79 | 0.52 |
| | FA13 | 0.11 | 0.06 | 0.17 | 1.83 |
| | FA14 | 0.92 | 3.36 | 4.28 | 0.27 |

## 11.2.4 含汞废物处理处置

生活垃圾焚烧飞灰处理处置常用的技术主要为固化稳定化、资源化及高温熔融技术等,其中固化稳定化技术主要是利用水泥、沥青等固化剂将飞灰中的污染物固化在水泥晶格中,同时加入石膏、磷酸盐及有机螯合剂等稳定化药剂,将飞灰中的重金属钝化而不易溶出。该技术成熟、工艺较为简单,适用性强,但由于没有将飞灰中的污染物彻底去除,需要对处理后的固化物进行定期监测和评估[40]。近年来对生活垃圾焚烧飞灰的处理处置研究主要集中在飞灰的资源化利用和高温熔融无害化处置方面,其中王旭等研究了将飞灰进行水洗预处理脱除其中的氯盐,然后将其进行稳定化处理,制备混凝土骨料,取得了较好的效果[40]。许多学者研究了飞灰高温熔融技术,该技术是将飞灰造粒或固化处理后投入高温等离子熔融炉,经高温熔融处理后,飞灰中的重金属等污染物被固化在熔融玻璃体中,同时等离子体中的大量电子和活性自由基与二噁英发生复杂反应,使得二噁英充分降解[41~43]。

(1) 生活垃圾飞灰资源化技术

由于飞灰中含有较多的 $CaO$、$SiO_2$、$Fe_2O_3$、$Al_2O_3$ 等,具有类水泥性,可掺入水泥原料中来生产水泥,同时也可以制备混凝土轻骨料。飞灰制备混凝土轻骨料的方法主要包括飞灰水洗、水洗液处理、骨料制备等过程,其技术原理、流程及效果如下。

① 飞灰水洗预处理 为避免飞灰中的氯盐在资源化过程中造成不利影响,将飞灰进行水洗脱除氯盐是常用的预处理方法。飞灰的水洗包括两级水

洗过程，主要影响因素是水洗时间、液固比等。王旭等的实验研究结果表明，飞灰水洗可脱除其中的 $NaCl$、$KCl$、$CaCl_2$ 等可溶性氯盐，在流化床飞灰水洗时间 30min、液固比为 6 的条件下，一级水洗脱氯率达 77.1%；在炉排炉飞灰水洗时间 30min、液固比为 8 的条件下，一级水洗脱氯率达 94.3%[40]。

② 飞灰水洗液处理　飞灰水洗液中含有较高浓度的氯离子，一般先将其进行化学沉淀预处理，然后再进行反渗透处理，可达到较好的效果。其中化学沉淀预处理的原理是向飞灰水洗液中添加 $Ca(OH)_2$、$NaAlO_2$ 等，使它们与溶液中的 $Cl^-$ 反应生成钙铝氯化合物沉淀，将 $Cl^-$ 去除。

$$2Ca(OH)_2 + NaCl + NaAlO_2 + 2H_2O \Longrightarrow Ca_2Al(OH)_6Cl + 2NaOH$$

影响飞灰水洗液处理效果的因素包括药剂添加量、浓淡比、操作压力、pH 值、氯离子浓度等。研究结果表明，在 $Ca:Al:Cl$ 摩尔比为 $2:1:1$ 时，化学沉淀预处理对氯离子的脱除效率最高达 50.7%；在较佳的浓淡比、操作压力、pH 值、氯离子浓度等条件下，经两级处理后的飞灰水溶液中氯离子去除率达 96.74%，氯离子浓度降到 1000mg/L 以下[40]。

③ 水洗后飞灰制备骨料　将水洗后飞灰与水泥混合后搅拌均匀，将混合料进行造粒成型制备骨料，最后将骨料置于恒温恒湿养护箱内养护 3～28d 后，得到骨料产品。该实验过程主要考察了不同水泥添加量、养护时间、养护温度对骨料性能及重金属浸出的影响，结果表明，水泥添加比例为 50%、养护温度 40℃、养护时间 7d，得到的骨料强度、吸水率等指标满足轻集料标准的要求，各种重金属浸出毒性都低于生活垃圾填埋污染控制标准限值[40]。

(2) 飞灰高温熔融技术

等离子熔融技术属于垃圾焚烧飞灰玻璃化处理技术，利用等离子体发生器通电后产生电弧，电极周围通入气体后产生等离子体，其中等离子体电弧温度高达 2000℃以上，可熔融处置飞灰及其中的重金属[42,44～46]。

等离子熔融炉采用直流非转移型电弧等离子体炬，工作气体为氮气，主要由阴极、触发阳极和工作阳极组成。通过高频触发，电弧首先在阴极和触发阳极之间建立，然后在工作阳极上稳定工作，同时设置了循环水系统冷却等离子体炬。焚烧飞灰颗粒由螺旋给料机给入，在 1200℃条件下被熔融处理，处理后的飞灰变成熔渣，其中重金属含量少的熔渣由侧面排渣口排出并流入水槽冷却，形成玻璃体熔渣；含有较多重金属的熔渣从底部排渣口排出，底部排渣口设置热泵阀门来排出底熔渣。烟气从尾部烟道排出，经冷却、除尘后排放。

飞灰等离子体高温熔融炉示意见图 11-15。

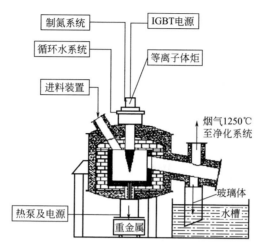

图 11-15　飞灰等离子体高温熔融炉示意图

侯海盟等采用 150kW 高温等离子体熔融炉（图 11-15）开展了焚烧飞灰高温熔融处理实验研究，在控制等离子体熔融温度为 1250～1350℃ 条件下，对稳定工况下的焚烧飞灰、玻璃体熔渣和炉底熔渣取样分析，研究重金属分布规律和浸出毒性，结果表明：①在焚烧飞灰等离子体熔融过程中，Cu、Ni、Mn、Cr 重金属主要被固化在熔渣中，对应烟气中重金属浓度较低，其中 Cu、Ni 主要固化在底熔渣中；②所有熔渣样品的 8 种重金属 Hg、Cd、As、Ni、Pb、Cr、Zn、Cu 浸出浓度均低于《危险废物鉴别标准　浸出毒性鉴别》（GB 5085.3—2007）限值，熔渣可进一步利用；③Hg、Cd、Pb 挥发性较强，极少固化在熔渣中，大部分随烟气排出，导致其在烟气中浓度较高，需进一步脱除；④焚烧飞灰等离子体熔融产生烟气中二噁英浓度较低，二噁英降解率达 99% 以上，烟气中 $NO_x$ 浓度为 250mg/m³，二氧化硫浓度极低[42]。

由此可见，等离子体高温熔融技术在飞灰无害化处置方面具有明显的效果，但同时也存在烟气中重金属浓度高、处理的熔渣再利用等问题，需要进一步研究和应用。

# 参 考 文 献

[1] 朱廷钰，宴乃强，徐文青. 工业烟气汞污染排放监测与控制技术 [M]. 北京：科学出版社，2017.

[2] 国家统计局 http://data. stats. gov. cn/easyquery. htm? cn=C01 [OL].

[3] 王书肖，张磊，吴清茹. 中国大气汞排放特征、环境影响及控制途径 [M]. 北京：科学出版社，2016.

[4] 环保部. 工业源产排污系数手册（2010 修订）下册 [G].

[5] 田颖，井溢农，王雨. 烧结烟气脱硫副产物综合利用途径探讨 [J]. 包钢科技，2014，40（2）：72-75.

[6] 郭玉华，马忠民，王东峰，等. 烧结除尘灰资源化利用新进展 [J]. 烧结球团，2014，39（1）：56-59.

[7] 刘宪. 烧结机头电除尘灰制取一氧化铅试验研究 [J]. 烧结球团，2012，37（4）：71.

[8] 胡天洋，孙体昌，寇珏. 高炉灰为还原剂对海滨钛磁铁矿直接还原焙烧磁选—钛铁分离的影响 [J]. 工程科学学报，2016，38（5）：609-616.

[9] 王如意，沈晓琳. 宝钢烧结烟气脱硫石膏特性分析 [J]. 宝钢技术，2008，29（3）：29-32.

[10] 王梅，王智潇. 铁矿石烧结烟气脱硫灰处理含铬废水 [J]. 化工环保，2017，37（2）：243-247.

[11] 郭壮. 还原沉淀法处理含铬废水的研究及应用 [D]. 哈尔滨：哈尔滨工业大学，2007.

[12] 安钢，徐景海，李洪革，等. 烧结除尘灰的提前制粒工艺 [J]. 烧结球团，2001，26（4）：45-49.

[13] 张福利，彭翠，郭占成. 烧结除尘灰提取氯化钾实验研究 [J]. 环境工程，2009，27（S1）：337-340.

[14] 郭占成，张福利，彭翠. 利用钢铁企业烧结电除尘灰生产氯化钾的方法 [P]：ZL 200810101269. 3. 2008-08-06.

[15] 刘宪，杨运泉，等. 从钢铁厂烧结灰中回收钾元素及制备硫酸钾的方法 [P]：ZL 200910227180. 6. 2012-07-25.

[16] 李志峰，艾士云，等. 烧结除尘灰合成复合肥及其制备方法 [P]：ZL 200810158359. 6. 2010-12-01.

[17] 于淑娟，王向锋，侯洪宇，等. 钢铁厂含铁尘泥造球实验研究 [J]. 鞍钢技术，2009，（6）：15-17.

[18] 郭玉华，齐渊洪，周继程，等. 高炉瓦斯灰制含碳球团直接还原试验研究 [J]. 钢铁，2010，45（6）：94-97.

[19] 曹允业. 煤泥和高炉灰在高磷鲕状赤铁矿直接还原中的作用及机理 [D]. 北京：北京科技大学，2016.

[20] 徐修生，陈平. 高炉瓦斯灰中锌元素回收的研究 [J]. 矿业快报，2002，388（10）：3-4.

[21] Golinski M. Extraction of tin and indium with tributyl phosphate from hydrochloric acid solutions [A]. Proceedings of the International Solvent Extract ion Conference ISEC，1971：603-615.

[22] 罔永枉，陈义胜，杨燕. 内蒙古科技大学学报，2007，27（1）：15-18.

[23] Kavouras P. Glass-ceramic materials from electric are furnace dust [J]. Journal of Hazardous Materials，2007，139（3）：423-426.

［24］贾国利，张丙怀.高炉瓦斯灰与粉煤混合喷吹的研究［J］.中国冶金，2007，17（5）：20-22.

［25］Cheng H F，Hu Y A. Mercury in municipal solid waste in China and its control：a review［J］. Environmental Science and Technology，2011，46（2）：593-605.

［26］凌江，温雪峰.生活垃圾焚烧与近零排放的技术选择［J］.环境保护，2014，42（19）：21-24.

［27］Chen L，Liu M，Fan R，et al. Mercury speciation and emission from municipal solid waste incin-erators in the Pearl River Delta，South China［J］. The Science of the Total Environment，2013，447：396-402.

［28］北极星固废网. http：//huanbao. bjx. com. cn/news/20160906/770223. shtml.

［29］缪建东，郑浩，陈萍，等.杭州地区生活垃圾焚烧飞灰基本特性分析［J］.浙江理工大学学报，2018，39-40（5）：642-650.

［30］朱节民，李梦雅，郑德聪，等.重庆市垃圾焚烧飞灰中重金属分布特征及药剂稳定化处理［J］.环境化学，2018，37（4）：880-888.

［31］许红霞，赵东波，丁琼.水泥窑协同处置生活垃圾焚烧飞灰的汞排放特性及管控措施探讨［J］.环境工程，2017，35（9）：102-105.

［32］俞明锋，李晓东，侯霞丽，等.生活垃圾焚烧飞灰中元素分布与二噁英的关联性分析［J］.环境污染与防治，2017，39（1）：28-34.

［33］施惠生，阚黎黎.焚烧飞灰作复合胶凝组分资源化利用的安全性［J］.环境工程，2008，26（4）：53-56.

［34］Stocks-Fischer S，Galinat J K，Bang S S. Microbiological precipitation of CaCO₃［J］. Soil Biology & Biochemistry，1999，31（11）：1563-1571.

［35］姚志通，夏枚生，叶瑛，等.循环流化床锅炉脱硫灰和普通粉煤灰的特性研究［C］//2010亚洲国际燃煤副产物-粉煤灰及脱硫石膏处理与利用技术大会论文集.北京：中国固体废弃物综合利用网，2010：5-8.

［36］郭辉，殷素红，余其俊，等.仿水泥熟料化学组成重构钢渣研究［J］.硅酸盐通报，2016，35（3）：819-823.

［37］曹巨辉.粉煤灰硅灰改善GRC加速老化条件下力学性能的研究［J］.粉煤灰综合利用，2003，（5）：27-29.

［38］程奎.龙旋风滑动弧放电等离子体降解垃圾焚烧飞灰中二恶英的研究［D］.杭州：浙江大学，2012.

［39］Nd Yuwen，Zhang Haijun，Fan Su，et al. Emissions of PCDD/Fs from municipal solid waste in-cinerators in China［J］. Chemosphere，2009，75，（9）：1153-1158.

［40］王旭.生活垃圾焚烧飞灰资源化利用研究［D］.杭州：浙江大学，2017.

［41］夏发发，赵由才，张瑞娜，等.生活垃圾焚烧飞灰压制过程分析与熔融处置研究［J］.山东化工，2018，47（8）：186-189.

［42］侯海盟.焚烧飞灰在150kW等离子体炉内熔融实验研究［C］.2015中国环境科学学会论文集，2015：3915-3920.

［43］胡明，邵哲如，等.垃圾焚烧飞灰等离子熔融处理系统［P］：ZL 201610996840.7.2017-02-15.

[44] 姜永海，席北斗，李秀金，等. 垃圾焚烧飞灰熔融固化处理过程特性分析 [J]. 环境科学，2005，26 (3)：176-179.

[45] 王勤，严建华，潘新潮，等. 利用热等离子体熔融垃圾焚烧飞灰 [J]. 浙江大学学报（工学版），2011，45 (1)：141-145.

[46] 倪明江，程奎，余量，等. 逆向涡流等离子体降解飞灰中二噁英的研究 [J]. 浙江大学学报（工学版），2012，46 (4)：584-589.

# 第12章 含汞废物环境管理

## 12.1 含汞废物处置设施运行管理

目前我国还没有完善合理的专门针对含汞废物处置过程的管理法规和实施细则，为加强我国含汞废物处置管理，尽快制定切实可行的含汞废物处置管理办法势在必行。我国含汞废物处置设施在运行和管理方面，法律和法规、标准等管理体系还不健全，缺乏有效、规范的运行管理，特别是含汞废物处置设施的运行，急需国家出台相应的技术规范对其加强管理，以期能够实现含汞废物处置设施安全运行的目标。而含汞废物处置设施运行技术规范的颁布和实施，将为加强含汞废物处置设施的管理提供法律依据和政策保证。

（1）一般要求

含汞废物处置运行必须严格按工艺流程、运行操作规程和安全操作规程进行。严格执行清洁生产工艺，按照国家相关标准和要求进行建设和生产。处置厂应结合工艺技术条件制订具体的运行操作规程，确保回收再生过程安全稳定。操作人员必须熟悉掌握处置计划、操作规程、处置系统工艺流程、管线及设备的功能及位置，以及紧急应变情况。

（2）预处理

含汞废物的预处理一般包括加热搅拌、化学浸渍、自然干燥等，其过程应符合以下要求：

① 含汞废物预处理过程应在密闭负压条件下进行，以免有害气体和粉尘逸出，收集的气体应进行处理，达标后排放；操作人员应做好自身防护工

作，佩戴劳动防护用品。

② 含汞废物的化学浸渍应采取妥善措施，避免二次污染产生。

预处理阶段的来料放于储存池内，池及所有加工场地都使用高密度聚乙烯混凝土层铺垫以防地面或土壤被酸和汞等污染。

预处理阶段的废水主要为预处理浸渍和液-固分离工序产生的含汞废水、车间地面和设备冲洗废水等，产生的污水经处理后作为冷凝水回用。

(3) 焙烧蒸馏回收

焙烧蒸馏过程应采用技术装备先进、设备产能高、资源综合利用率高、环境保护好的先进工艺，禁止采用设备产能低、处理能力小、资源综合利用率低、环境污染严重、能耗高的落后工艺。

操作人员必须注视或调整系统的操作参考数值（压力、温度等）。有异常情况发生时，应及时判断原因并及时解决问题。系统启动前应检查主要仪表、设备、互锁系统及紧急停机系统。然后按操作规范启动装置。

焙烧蒸馏回收装置均应有控制系统，各种设备的运转须自动控制。焙烧蒸馏系统的操作人员应保持操作条件的稳定及发现和处理异常情况。

(4) 湿法处置

湿法处置技术按含汞废物性质不同，处理工艺有所不同，废单质汞处理包括酸洗、碱洗、漂净、干燥过滤等单元；易溶于酸和水的汞盐化合物处理包括加酸溶解、加碱沉淀、烘干等工艺单元。废荧光灯湿法处置装置包括破碎、输送、水洗、磁选、废水处理等工艺单元。

湿法处置过程中产生的废水主要是荧光灯破碎水洗、输送、废化学试剂酸/碱洗涤、水洗和过滤过程产生的，废水中主要污染项目为汞、悬浮物、化学需氧量和酸、碱等。废水硫化沉淀后回用不外排。

(5) 固化填埋

固化填埋包括混合搅拌、成型、养护、安全填埋等工艺单元。固化/填埋处理处置过程中主要产生废气，车间内配收尘系统及活性炭吸附设备对车间无组织排放气体进行净化，无废水产生。含汞废物固化成型后需在指定填埋场进行安全填埋，填埋场会产生渗滤液，应统一送污水处理设施处理。

(6) 含汞废气处理

含汞废物处置过程中产生的含汞废气主要为预处理、蒸馏和冷凝工序产生的汞等污染物，对于车间产生含汞废气的部位均需安装除汞、除尘设备。

废气治理技术主要包括烟气收尘（袋式除尘技术、电收尘技术、旋风收尘技术、湿法收尘技术）、烟气脱汞（冷凝、活性炭吸附、溶液吸收、等离子体氧化等烟气治理技术）、环保通风等。除尘设备产生的飞灰须密闭收集储存，并按照 GB 18598《危险废物填埋污染控制标准》固化填埋处置。

废气处置设施应采取双路供电确保废气净化设施的电力供应，减少停电的概率；配备柴油发电机，确保停电后废气净化设施正常运行。

废气处理装置发生事故时，要停止该工段的生产，待废气装置正常运转后，再恢复生产。

（7）废水处理

生产性废水处理系统包括均质调节、降温冷却、汞和悬浮物等其他有害物质脱除等工艺单元。应确保废水不外排，应处理后回用以避免对厂区周围水环境产生影响。必须外排时，处理后的各项指标应符合相关的工业污水处理排放标准。

向废水中加入聚凝剂，用于除去大部分的悬浮物，再测量废水的 pH 值，并加入碱或酸溶液，将废水 pH 值调至中性，用废水泵将调节过的废水送入一步净化器，由一步净化器完成对废水进行曝气、絮凝、沉淀等处理工艺。

厂方应当建设事故处理池以应付突发事件的发生。含汞废水处理站设备出现故障时，应立刻停止生产，含汞废水暂时存放于事故池中，待含汞废水处理站正常运行后，原水池中的废水再进入处理站进行处理，达标后排放。

（8）废渣处理

应认真做好废渣及冶炼炉渣的收集、分类存放和定点处置，防止二次污染的措施。同时对废渣堆场、处理车间和生产车间的地面铺衬 HDPE 防渗膜，且厚度不小于 4mm，所有接缝必须焊接牢固，以防止渗滤液和废酸液外渗污染地下水。

含汞固体废物应进行包装，包装袋及装袋操作均应符合危险废物包装规范，避免操作时人身接触。工艺产生的一般工业固废、危险废物均有其相应出路或综合利用途径，不能长期堆放储存。其他烟气净化装置产生的固体废物按《危险废物鉴别标准　腐蚀性鉴别》（GB 5085.1）鉴别判断是否属于危险废物，如属于危险废物，则按危险废物处置；否则可送生活垃圾填埋场填埋处置。

包装后的炉渣及时运送至填埋场处理，在场内临时存放应符合危险废物储存的有关规定。炉渣运输应使用满足危险品运输要求的专用车辆，并在车厢外醒目位置加贴危险废物标志。炉渣运输应符合危险废物运输的有关规定。炉渣运输车辆均应配备通信设备，途中遇到紧急问题及时与当地环保部门联系。车上备有安全应急设施，包括必要的废物收集容器和工具。同时应备石灰、铁桶、铁锹、扫把、防雨布、厚塑料、手套、防毒口罩、应急灯、工作服等物品，以备途中出现意外事故，进行应急处理。运输人员应熟悉路线、路况，了解运输管理制度及出现意外事故时的应急操作，掌握危险废物转移联单的使用方法等。

# 12.2　含汞废物处置设施运行监督管理

根据《危险废物转移联单管理办法》《汞污染防治技术政策》等规定的设施运行单位设施运行要求等内容开展含汞废物处置设施运行全过程（即从含汞废物进场交接开始至回收处置完毕）监督管理所涉及的主要内容。监督管理主体内容包括四部分：设施运行单位基本运行条件监督管理、含汞废物处置设施运行监督管理、污染防治设施配置及运行监督管理、安全生产和劳动保护监督管理。

## 12.2.1　基本运行条件监督管理

基本条件检查作为地方环境保护行政主管部门进行监督管理的基本依据，原则上应在初次监督检查时进行，是考虑到工作的连贯性而进行的检查。通过对含汞废物处理处置技术、工艺及工程验收情况；危险废物经营许可证申领和使用情况；含汞废物处理处置设施运行单位的机构设置、人员配置情况；设施运行单位规章制度情况；事故应急预案制订情况；系统配置情况的审查项目、审查要点、检查指标及依据、监督检查方法、对设施运行单位要求的基本内容进行基本检查，确定基本运行条件监督检查的重点内容、检查方式及检查方案。

（1）处置工艺及工程验收

由设施运行单位对含汞废物处置技术和工艺适应性、主要附属设施情况、工程设计及验收等情况提供设计文件、环境影响评价文件及其他证明材料，监督检查部门进行书面检查。

（2）经营许可证申领使用情况

监督检查部门通过现场核查的方式，检查处置设施的危险废物经营许可证、处置合同及其他危险废物处置记录材料等资料，有针对性地从危险废物设施运行单位的处置合同业务范围情况、危险废物经营许可证变更情况、处置计划情况、经营许可证检查情况等方面进行监督检查。

（3）处置单位人员配置情况

监督检查部门通过现场核查的方式，检查处置设施的处置合同以及其他危险废物处置记录材料等资料，有针对性地从含汞废物处置设施运行单位的人员总体配备情况、专业技术人员配备情况、人员培训情况等方面检查单位机构组成、人员职责分工以及个人档案材料等。

（4）处置单位规章制度情况

监督检查部门通过现场核查的方式，检查处置设施的各项规章制度情况，制度至少应包括：设施运行和管理记录制度、交接班记录制度、含汞废物接收管理制度、内部监督管理制度、设施运行操作规程、化验室（实验室）特征污染物检测方案和实施细则、处置设施运行中意外事故应急预案、安全生产及劳动保护管理制度、人员培训制度以及环境监测制度等。

（5）事故应急预案制订情况

监督检查部门通过现场核查的方式，检查处置设施的含汞废物储存过程中发生事故时的应急预案、含汞废物运送过程中发生事故时的应急预案、设施发生故障或事故时的应急预案、设施设备能力不能保证正常运行时的应急预案。应急预案应根据国家《危险废物经营单位应急预案编制指南》以及地方其他有关规定编写和报批。

（6）系统配置情况

监督检查部门通过现场核查的方式，检查处置设施的系统配置的完整性、系统配置的安全性等。

## 12.2.2 设施运行监督管理

对含汞废物处置设施运行进行监督管理，其内容至少包括：含汞废物的收集、储存、运输、接收、处置设施运行以及配套设施运行等。

（1）含汞废物收集、储存、运输、接收过程监督管理

① 含汞废物的收集 含汞废物的收集应包括两方面的作业：一是将含汞废物收集到适当的包装容器中或运输车辆上的收集作业；二是将已包装或装到车上的含汞废物运至单位内部临时储存设施且妥善储存的转运作业。其作业人员应配备必要的个人防护装备，个人防护装备的等级应根据危险废物等级进行确定。收集过程中应采取必要的防范措施，避免可能引起人身和环境危害的事故发生。

② 含汞废物的储存 监督检查部门现场检查设计文件，主要检查危险废物储存容器情况、危险废物储存设施情况，并进行现场核查。含汞废物储存设施参照《危险废物贮存污染控制标准》（GB 18597—2001）执行。

③ 含汞废物的运输 含汞废物的运输应与交通、公安部门的法律法规一致，兼顾国家《危险废物转移联单制度》执行。含汞废物的国内转移应按照《危险废物转移联单管理办法》及其他有关规定执行。

④ 含汞废物的接收 含汞废物接收应包括含汞废物进场专用通道及标识、含汞废物转移联单制度执行以及含汞废物卸载情况等。监督检查部门检查危险废物转移联单制度执行情况、废物进场专用通道及标识情况、废物卸载情况，必要时进行现场检查。

（2）处理处置设施运行过程监督管理

监督检查部门现场检查设计文件，主要检查含汞废物处置设施配置情况和处置过程操作情况，并进行现场核查。

（3）配套设施运行过程监督管理

含汞废物处置工艺配套设施应包括预处理及进料、焙烧蒸馏还原、湿法处置、固化填埋、环境保护设施以及配套工程、生产管理与生活服务设施，监督管理内容应包括系统配置和操作情况等。

① 预处理及进料系统 监督检查部门现场检查设计文件，主要检查含汞废物预处理系统，输送、进料装置，并进行现场核查。含汞废物的预处理包括加热搅拌、化学浸渍、自然干燥等。预处理工艺必须在封闭式建筑物中进行。

② 回收利用系统检查 监督检查部门现场检查设计文件，主要检查焙烧蒸馏还原、湿法处置系统配置及操作情况，并现场核查。

③ 烟气净化系统检查 监督检查部门现场检查设计文件，主要检查湿法净化工艺骤冷洗涤器和吸收塔等单元配置情况；检查半干法净化工艺洗气

塔、活性炭喷射、布袋除尘器等处理单元配置情况；检查干法净化工艺：包括干式洗气塔或干粉投加装置、布袋除尘器等处理单元配置情况；检查烟气净化系统配置情况，并现场核查。

④ 炉渣及飞灰处理系统检查　监督检查部门现场检查设计文件，主要检查炉渣处理系统配置情况、飞灰处理系统配置情况，并现场核查。

⑤ 自动化控制及在线监测系统检查　监督检查部门现场检查设计文件，主要检查自动控制系统、在线监测系统、各项操作规程材料，并现场核查。

### 12.2.3　污染防治设施运行监督管理

（1）污染防治设施配置及处理要求

① 废气处理设施配置及处理要求　含汞废物处理处置过程排放出来的烟尘必须经过收集和处理后才能排放到环境中。对于粉尘，可根据污染治理程度的要求和预算，采用布袋除尘器、静电除尘器、湿式静电除尘器、旋风除尘器、陶瓷过滤器和湿式除尘器收集。对于 $SO_2$，其消除可采用干式、半干式、半湿和湿式等方法。可用 $CaCO_3$ 作反应物生成含硫石膏的湿式 $SO_2$ 去除装置。含汞废物处置产生的废气排放应参照《危险废物焚烧污染控制标准》（GB 18484）大气污染物排放限值执行。周边环境空气质量、各项指标应参照《环境空气质量标准》（GB 3095）执行。

② 固体废物处理设施及处理要求　含汞废物处置产生的工业固体废物（包括冶炼残渣、废气净化灰渣、含汞污泥、飞灰等）属于危险废物，应送符合《危险废物填埋污染控制标准》（GB 18598）要求的危险废物填埋场进行安全填埋处置，禁止将产生的含汞废物任意堆放或填埋。

③ 废水处理设施及处理要求　企业应有污水处理站，用以处理流出回收厂的污水、雨水、仓库储存时的溢出液等。未经处理的废水严禁直接排放。企业应设置污水净化设施。工厂排放废水应当满足相应排放标准的要求。

④ 噪声控制设施及控制要求　主要噪声设备，如破碎机、泵、风机等应采取基础减震和消声及隔声措施。厂界噪声应符合《工业企业厂界环境噪声排放标准》（GB 12348—2008）的要求。

（2）环境监测要求

环境监测应包括处置设施污染物排放监测和含汞废物处置单位周边环境

监测两部分。污染物排放监测应根据有关标准对烟尘、粉尘、二氧化硫、汞、电解液、经处理后排放的工艺污水、工业固体废物及环境噪声进行检验监测。环境监测应根据处置单位污染物排放情况对周边环境空气、地下水、地表水、土壤以及环境噪声进行监测。

① 设施污染物排放检测

a. 运行单位自行监测。运行期间应制订处置设施运行单位内监测计划，定期对危险废物焙烧蒸馏处置排放进行监测；当出现监测的某项目指标不合格时，应将有关设备系统停机，进行排查，找出原因及时解决。解决后根据情况进行检验监测，确保系统在排放达标的条件下运行（HJ/T 176）。地方环境保护行政主管部门应要求含汞废物处置单位在设施运行期间制订处置设施运行内部监测计划，定期对含汞废物收集和处置过程污染物排放进行监测。当出现监测的某项目指标不合格时，应对设施进行全面检查，找出原因及时解决，确保系统在排放达标的条件下运行。

b. 运行单位监督性监测。要求运行期间根据地方环保要求，定期开展环境监测工作（HJ/T 176）。对于由地方环境保护行政主管部门实施的监督性监测活动，由地方环境保护行政主管部门委托有环境监测资质的监测机构进行。对于含汞废物处置单位实施的内部例行性监测，应按国家标准规定的方法和频次，对处置设施运行情况进行监测，含汞废物处置单位也可委托有监测资质的单位代为监测。含汞废物处置单位应严格执行国家有关监督性监测管理规定配合监测工作，监测取样、检验方法均应遵循国家有关标准要求。

c. 试运行监测。试运行监测要求设施运行单位在建设完工或大修后进行试运行；试运行监测指标要求试运行期间，设施运行单位自觉对炉渣、飞灰、处理后排放的工艺污水、烟气及环境噪声等进行监测；满足试运行监测管理要求并经地方环保监测部门认可，各方面运行条件具备后方可转入正式运行；试运行监测单位应委托具有监测资质和能力，并经相应级别环境保护行政主管部门认可的单位进行试运行监测（相关监测技术规范）并现场核查提供的环境监测报告。

② 周边环境监测　应根据含汞废物处置单位污染物排放情况对周边环境空气、地下水、地表水、土壤以及环境噪声进行监测。

## 12.2.4 安全生产和劳动保护监督管理

含汞废物处置单位应执行国家安全生产和劳动保护的有关规定。厂区内应在有危险废物毒害可能部位的醒目位置设置警示标识，并应有可靠的安全防护措施。所有相关岗位人员必须通过安全及个人防护培训，并经考核合格后方可上岗。

车间内设备合理布置，设置便于物料运输和人员通行的安全通道，设备之间、设备与工作位置之间留有足够的安全操作距离。机械设备外露的高速旋转和快速移动部件设置防护措施，有铁屑飞溅部位设置挡板等，以避免人员受到伤害。

用电设备安装保护措施：对厂房低压配电和照明装置的金属外壳及事故情况下可能带电部分施行保护接零；插座的配电回路均安装漏电保护开关，吊车滑触线设明显标志，确保用电安全。

围绕上述确定的监督管理内容，从监督要点、指标、依据等方面提出切实可行的监督管理方法，具体情况见表 12-1～表 12-5。污染防治设施配置及处理要求见表 12-6。

### 表 12-1　基本运行条件监督检查

| 审查项目 | 审查要点 | 检查指标及依据 | 监督检查方法 |
|---|---|---|---|
| 检查含汞废物处置技术、工艺及工程验收情况 | (1)含汞废物处置技术和工艺的适应性说明 | 含汞废物处置技术和工艺的适应性说明,主要设备的名称、规格型号、设计能力、数量、其他技术参数 | 核查环评报告、工程设计文件或其他证明材料；必要时,现场核查 |
| | (2)系统配置情况 | 检查系统配置的完整性,应包括预处理、焙烧蒸馏设施、环境保护设施以及配套工程、生产管理与生活服务设施 | |
| | | 检查系统配置的安全性,应采用密闭熔炼设备,并在负压条件下生产,防止废气逸出 | |
| | (3)主要附属设施情况 | 工具、中转和临时存放设施、设备以及储存、清洗消毒设施、设备情况(国务院令第 408 号) | 核查环评报告、工程设计文件或其他证明材料；必要时,现场核对 |
| | (4)工程设计及验收情况 | 项目工程设计及验收有关资料(国务院令第 408 号) | 核查工程设计及验收材料 |

| 审查项目 | 审查要点 | 检查指标及依据 | 监督检查方法 |
|---|---|---|---|
| 检查含汞废物经营许可证申领和使用情况 | （1）含汞废物处置单位的处置合同业务范围情况 | 检查含汞废物处置单位的处置合同业务范围是否与经营许可证所规定的经营范围一致（国务院令第408号） | 核查含汞废物经营许可证、处置合同等材料；必要时，现场核对 |
| | （2）含汞废物经营许可证变更情况 | 检查含汞废物处置单位是否按照规定的申请程序，在发生含汞废物经营方式改变，新建或者改建、扩建原有含汞废物经营设施或者经营含汞废物超过原批准年经营规模20%以上的设施时重新申领了经营许可证（国务院令第408号） | |
| | （3）处置计划情况 | 检查处置计划是否翔实、确定，处置计划分为年度和月份计划（国务院令第408号） | 核查含汞废物处置记录等材料 |
| | （4）经营许可证例行检查情况 | 检查含汞废物经营许可证例行检查情况（国务院令第408号） | 检查含汞废物经营许可证有关材料 |
| 检查含汞废物处置单位的人员配置情况 | （1）人员总体配备情况 | 是否配备了相应的生产人员、辅助生产人员和管理人员（国务院令第408号） | 检查单位机构组成及人员职责分工以及个人档案材料等 |
| | （2）专业技术人员配备情况 | 是否配备了3名以上环境工程专业或者相关专业中级以上职称，并有3年以上固体废物污染治理经历的技术人员（国务院令第408号） | |
| | （3）人员培训情况 | 生产和管理人员是否经过国家及内部组织的专业岗位培训并获得人力资源和社会保障部或生态环境部颁发的职业技能培训等级证书 | |
| 检查含汞废物处置单位规章制度情况 | （1）设施运行和管理记录制度情况 | （1）危险废物转移联单记录；（2）含汞废物接收登记记录；（3）含汞废物进厂运输车车牌号、来源、重量、进场时间、离场时间等记录；（4）生产设施运行工艺控制参数记录；（5）设备更新情况记录；（6）生产设施维修情况记录；（7）环境监测数据的记录；（8）生产事故及处置情况记录 | 检查各项制度以及运行记录档案材料 |
| | （2）交接班制度情况 | （1）交接班制度的实施记录完整、规范；（2）上述提到的设施运行和管理记录制度在交接班制度中予以落实 | |
| | （3）其他制度情况 | （1）含汞废物接收管理制度；（2）内部监督管理制度；（3）设施运行操作规程；（4）设施运行过程中污染控制对策和措施；（5）设施日常运行记录台账、监测台账和设备更新、检修台账；（6）安全生产及劳动保护管理制度；（7）人员培训制度；（8）环境监测制度 | |

| 审查项目 | 审查要点 | 检查指标及依据 | 监督检查方法 |
|---|---|---|---|
| 事故应急预案制订情况 | （1）含汞废物储存过程中发生事故时的应急预案 | （1）应急预案编制的全面性、规范性和可操作性；（2）应急预案获得环保部门审批情况；（3）实施应急预案的基础条件情况；（4）应急预案执行情况 | 核查应急预案文本、应急预案审批及应急预案执行情况 |
| | （2）含汞废物运输过程中发生事故时的应急预案 | （1）应急预案编制的全面性、规范性和可操作性；（2）应急预案获得环保部门审批情况；（3）实施应急预案的基础条件情况；（4）应急预案执行情况 | |
| | （3）处置设施发生故障或事故时的应急预案 | （1）应急预案编制的全面性、规范性和可操作性；（2）应急预案获得环保部门审批情况；（3）实施应急预案的基础条件情况；（4）应急预案执行情况 | |
| | （4）设施设备能力不能保证含汞废物正常处置时的应急预案 | （1）应急预案编制的全面性、规范性和可操作性；（2）应急预案获得环保部门审批情况；（3）实施应急预案的基础条件情况；（4）应急预案执行情况 | |

注：基本条件检查作为地方环境保护行政主管部门进行监督管理的基本依据，原则上应在初次监督检查时进行，是考虑到工作的连贯性而进行的检查。

**表 12-2　处置设施运行过程监督检查-接收、储存设施**

| 审查项目 | 审查要点 | 检查指标及依据 | 监督检查方法 |
|---|---|---|---|
| 检查含汞废物接收情况 | （1）危险废物转移联单制度执行情况 | 含汞废物处置单位是否按照《危险废物转移联单管理办法》（含汞废物专用）有关规定办理接收废物有关手续（国家环境保护总局令第5号） | 检查转移联单档案、进场记录等，必要时进行现场检查 |
| | （2）进场专用通道及标识情况 | （1）处置单位内是否设置进厂专用通道；（2）是否设有醒目的警示标识和路线指示 | |
| | （3）卸载情况 | 含汞废物是否在卸车区卸载 | |

| 审查项目 | 审查要点 | 检查指标及依据 | 监督检查方法 |
|---|---|---|---|
| 检查含汞废物储存情况 | (1)含汞废物储存容器情况 | 应使用符合国家标准的容器盛装含汞废物(GB 18597) | 检查储存设施资料,并现场核查 |
| | | 储存容器必须具有耐腐蚀、耐压、密封和不与所储存的废物发生反应等特性(GB 18597) | |
| | | 储存容器应保证完好无损并具有明显标志(GB 18597) | |
| | (2)含汞废物储存设施情况 | 储存场所是否有符合《环境保护图形标志 固体废物储存(处置)场》(GB 15562.2)的专用标志(GB 18597) | |
| | | 是否建有堵截泄漏的裙角,地面与裙角采用兼顾防渗的材料建造,建筑材料与医疗废物相容(GB 18597) | |
| | | 配置了泄漏液体收集装置及气体导出口和气体净化装置(GB 18597) | |
| | | 配置了安全照明和观察窗口,并设有应急防护设施(GB 18597) | |
| | | 配置了隔离设施、报警装置和防风、防晒、防雨设施以及消防设施 | |
| | | 墙面、棚面具有防吸附功能,用于存放装载液体、半固体含汞废物容器的地方配有耐腐蚀的硬化地面且表面无裂隙(GB 18597) | |
| | | 库房是否设置了备用通风系统和电视监视装置(GB 18597) | |

### 表 12-3 处置设施运行过程检查-处置设施

| 审查项目 | 审查要点 | 检查指标及依据 | 监督检查方法 |
|---|---|---|---|
| 检查含汞废物处置设施配置及运行管理情况 | 处置设施配置情况 | 是否配置了预处理、焙烧蒸馏还原、湿法处置、固化填埋、环境保护设施及配套工程、生产管理与生活服务设施 | 检查设计文件,并现场核查 |
| | | 处置厂的出入口、暂存设施及处置场所是否设置了警示标志 | |
| | | 法定边界是否设置了隔离维护结构,防止无关人员和家禽、宠物进入 | |
| | 处置过程操作情况 | 储存库房、车间是否采用全封闭、微负压设计,室内换出的空气是否进行净化处理 | 检查设计文件、各项操作规程材料,并现场检查 |
| | | 处理工艺是否采用密闭熔炼设备,并在负压条件下,防止废气逸出 | |
| | | 是否有完整废水、废气的净化设施、报警系统和应急处理装置,废水、废气排放是否达到国家有关标准 | |
| | | 含汞废物处置过程中产生的粉尘和污泥是否得到妥善、安全处置 | |

## 表 12-4 处置设施运行过程监督检查-配套处置设施

| 审查项目 | 审查要点 | 检查指标及依据 | 审查方法 |
|---|---|---|---|
| 废汞催化剂回收系统 | 蒸馏法、控氧干馏法、流态化焙烧法 | 检查含汞废物加热搅拌、化学浸渍、干燥装置 | 检查设计文件,并现场核查 |
| | | 含汞废物焙烧蒸馏工艺是否在封闭状态下进行,排除气体是否经净化处理,达标排放 | |
| 含汞冶炼废渣回收系统 | 蒸馏法、高温焙烧同步分离法、流态化焙烧法 | 预处理过程是否在密闭负压条件下进行,以免有害气体和粉尘逸出,收集的气体应进行处理,达标后排放 | 检查设计文件,并现场核查 |
| | | 焙烧蒸馏工艺过程是否在封闭式构筑物内进行,排除气体是否经净化处理,达标后排放 | |
| 废荧光灯回收系统 | 切端吹扫、直接破碎、湿法处置 | 预处理过程是否在密闭负压条件下进行,以免有害气体和粉尘逸出,收集的气体应进行处理,达标后排放 | 检查设计文件,并现场核查 |
| | | 焙烧蒸馏工艺过程是否在封闭式构筑物内进行,排除气体是否经净化处理,达标后排放 | |
| 含汞废化学试剂回收系统 | 湿法处置 | 预处理过程是否在密闭负压条件下进行,以免有害气体和粉尘逸出,收集的气体应进行处理,达标后排放 | 检查设计文件,并现场核查 |
| 含汞废物填埋系统 | 固化填埋 | 混合搅拌过程是否在密闭负压条件下进行,以免有害气体和粉尘逸出,收集的气体应进行处理,达标后排放 | 检查设计文件,并现场核查 |
| 污水净化装置 | 检查污水净化系统操作情况 | 工厂排放废水是否满足《污水综合排放标准》(GB 8978—1996)和其他相应标准的要求 | 检查设计文件,并现场核查 |
| 空气净化系统 | 检查空气处理系统配置情况 | 废气排放是否符合《危险废物焚烧污染控制标准》(GB 18484) | 检查设计文件,并现场核查 |
| 废渣控制系统 | 工业废渣处理情况 | 处理厂的工业固体废物是否按照危险废物进行管理和处置 | 检查设计文件,并现场核查 |
| 噪声控制系统 | 噪声控制情况 | 主要噪声设备,如破碎机、泵、风机等是否采取基础减震和消声及隔声措施。厂界噪声是否符合《工业企业厂界环境噪声排放标准》(GB 12348—2008)要求 | 检查设计文件,并现场核查 |
| 报警系统 | 检查报警系统的配置情况 | 报警系统是否完善 | 检查设计文件,并现场核查 |
| 应急处理系统 | 检查应急处理系统的配置情况 | 应急处理系统配置是否到位 | 检查设计文件,并现场核查 |

### 表 12-5　安全生产和劳动保护监督检查

| 审查项目 | 审查要点 | 检查指标及依据 | 审查方法 |
|---|---|---|---|
| 安全生产要求 | (1)检查处置厂安全生产情况 | 各工种、岗位是否根据工艺特征和具体要求制订了相应的安全操作规程并严格执行 | 检查有关安全生产材料,并现场核查 |
| | | 各岗位操作人员和维修人员是否定期进行岗位培训并持证上岗 | |
| | | 是否严禁了非本岗位操作管理人员擅自启、闭本岗位设备,严禁了管理人员违章指挥 | |
| | | 操作人员是否按电工规程进行电器启、闭 | |
| | | 是否建立并严格执行定期和经常的安全检查制度,及时消除事故隐患,严禁违章指挥和违章操作 | |
| | | 是否对事故隐患或发生的事故进行调查并采取改进措施,重大事故做到了及时向有关部门报告 | |
| | | 凡从事特种设备的安装、维修人员,是否参加了劳动部门专门培训,并取得特种设备安装、维修人员操作证后上岗 | |
| | | 厂内及车间内运输管理,是否符合《工业企业厂内铁路、道路运输安全规程》(GB 4387)中的有关规定 | |
| | | 工作区及其他设施是否符合国家有关劳动保护的规定,各种设施及防护用品(如防毒面具)是否由专人维护保养,保证其完好、有效 | |
| | | 对所有从事生产作业的人员是否进行了定期体检并建立健康档案卡 | |
| | | 是否定期对车间内的有毒有害气体进行检测,并做到在发生超标的情况下采取相应措施 | |
| | | 是否做到定期对职工进行职业卫生的教育,加强防范措施 | |
| 劳动保护要求 | (2)检查处置厂劳动保护情况 | 废物储存和处置部分处理设备等是否做到了尽量密闭,以减少外逸 | 检查各项与劳保有关的材料,并现场检查 |
| | | 是否尽可能采用了噪声小的设备,对于噪声较大的设备,是否采取了减震消声措施,使噪声符合国家规定标准要求 | |
| | | 接触有毒有害物质的员工是否配备了防毒面具、耐油或耐酸碱手套、防酸碱工作服 | |
| | | 进入高噪声区域人员是否佩戴了性能良好的防噪声护耳器 | 检查各项与劳保有关的材料,并现场检查 |

| 审查项目 | 审查要点 | 检查指标及依据 | 审查方法 |
|---|---|---|---|
| 劳动保护要求 | （2）检查处置厂劳动保护情况 | 进行有毒、有害物品操作时是否穿戴了相应专用防护用品，禁止混用；并严格遵守操作规程，用毕后物归原处，发现破损及时更换 | 检查各项与劳保有关的材料，并现场检查 |
| | | 有毒、有害岗位操作完毕，是否将防护用品按要求清洁、收管，并做到不随意丢弃，不转借他人；对个人安全卫生（洗手、漱口及必要的沐浴）提出了明确的要求 | |
| | | 是否做到了禁止携带或穿戴使用过的防护用品离开工作区。报废的防护用品是否交专人处理 | |
| | | 是否配足配齐各作业岗位所需的个人防护用品，并对个人防护用品的购置、发放、回收、报废进行登记。防护用品是否做到由专人管理，并定期检查、更换和处理 | |

### 表 12-6　污染防治设施配置及处理要求

| 审查项目 | 审查要点 | 审查方法 |
|---|---|---|
| 废气处理要求 | 满足《危险废物焚烧污染控制标准》（GB 18484）和其他相应标准的要求，周边环境空气满足《环境空气质量标准》（GB 3095） | 检查监测报告，并现场核查 |
| 废渣处理要求 | 应按危险废物进行管理和处置 | 检查监测报告，并现场核查 |
| 噪声控制要求 | 符合《工业企业厂界环境噪声排放标准》（GB 12348—2008）要求 | 检查监测报告，并现场核查 |
| 废水处理要求 | 满足《污水综合排放标准》（GB 8978—1996）和其他相应标准的要求 | 检查监测报告，并现场核查 |

注：污染防治设施配置及处理要求在相关标准修订时应采用最新版本所确定的标准限值和管理要求。

# 附　录

## 附录一　汞污染防治技术政策

### 一、总则

（一）为贯彻《中华人民共和国环境保护法》等法律法规，履行《关于汞的水俣公约》，防治环境污染，保障生态安全和人体健康，规范污染治理和管理行为，引领涉汞行业清洁生产和污染防治技术进步，促进行业的绿色循环低碳发展，制定本技术政策。

（二）本技术政策所称的涉汞行业主要指原生汞生产，用汞工艺（主要指电石法聚氯乙烯生产），添汞产品生产（主要指含汞电光源、含汞电池、含汞体温计、含汞血压计、含汞化学试剂），以及燃煤电厂与燃煤工业锅炉、铜铅锌及黄金冶炼、钢铁冶炼、水泥生产、殡葬、废物焚烧与含汞废物处理处置等无意汞排放工业过程。

（三）本技术政策为指导性文件，主要包括涉汞行业的一般要求、过程控制、大气污染防治、水污染防治、固体废物处理处置与综合利用、二次污染防治、鼓励研发的新技术等内容，为涉汞行业相关规划、污染物排放标准、环境影响评价、总量控制、排污许可等环境管理和企业污染防治工作提供技术指导。

（四）涉汞行业应优化产业结构和产品结构，合理规划产业布局，加强技术引导和调控，鼓励采用先进的生产工艺和设备，淘汰高能耗、高污染、低效率的落后工艺和设备。

（五）涉汞行业污染防治应遵循清洁生产与末端治理相结合的全过程污染控制原则，采用先进、成熟的污染防治技术，加强精细化管理，推进含汞废物的减量化、资源化和无害化，减少汞污染物排放。

（六）应按国家相关要求，健全涉汞行业环境风险防控体系和环境应急管理制度，定期开展环境风险排查评估，完善防控措施和环境应急预案，储备必要的环境应急物资，积极防范并妥善应对突发环境事件。鼓励研发汞等重金属快速及在线监测技术和设备。

## 二、一般要求

（七）含汞物料的运输、贮存和备料等过程应采取密闭、防雨、防渗或其他防漏散措施。

（八）除原生汞生产以外的其他涉汞行业应使用低汞、固汞、无汞原辅材料，并逐步替代高汞及含汞原辅材料的使用。

（九）涉汞行业应对原辅材料中的汞进行检测和控制，加强汞元素的物料平衡管理，保持生产过程稳定。

（十）用汞工艺和添汞产品生产过程应采用负压或密闭措施，加强管理和控制，减少汞污染物的产生和排放。

（十一）涉汞企业生产及含汞废物处置过程中，对于初期雨水及生产性废水应采取分质分类处理，确保处理后达标排放或循环利用。

（十二）废弃含汞产品及含汞废料等应收集、回收利用或安全处理处置。

## 三、原生汞生产行业汞污染防治

（十三）原生汞生产应对汞及其他有价成分进行高效资源回收，加强生产过程中汞等重金属元素的物料控制，减少中间产品和各生产工序中汞等重金属的排放。

（十四）汞矿采选应采用重选、浮选单一或联合技术和工艺，严格控制尾矿渣中的汞含量。

（十五）按国家相关规定，淘汰铁锅和土灶、蒸馏罐、坩埚炉及简易冷凝收尘设施等落后炼汞方式。

（十六）汞矿采选过程产生的含汞粉尘应采用袋式除尘等高效除尘技术；冶炼过程产生的废气应采用硫酸软锰矿净化法、漂白粉净化法、多硫化钠净化法、碘络合法及酸洗脱汞法等污染控制技术。

（十七）汞矿采选与冶炼过程产生的含汞废水宜采用硫化法、中和沉淀法和活性炭吸附法等技术进行处理，处理后的废水应优先循环利用。

（十八）汞矿采选过程产生的废石和选矿渣应优先进行资源综合利用或矿坑回填的处理处置方式。

（十九）鼓励研发的新技术：

1. 提高汞尾矿利用率的新技术；

2. 尾矿、废石及废渣无害化处置技术；

3. 尾矿库复垦修复、矿山生态恢复及汞污染土壤修复技术。

## 四、电石法聚氯乙烯生产行业汞污染防治

（二十）电石法聚氯乙烯生产应采用符合国家标准的低汞触媒，降低单位产品的汞消耗量。应采用高效汞污染控制技术，提高汞回收效率，减少汞排放。

（二十一）氯乙烯合成转化工序应配备独立的含汞废水收集和处理设施，含汞废水应采用硫化法、吸附法等工艺进行处理；氯离子浓度较高的含汞废水鼓励采用膜法、离子交换树脂法等处理技术。

（二十二）氯乙烯合成工序不达标的含汞废酸应采用盐酸深度脱析技术回收氯化氢，脱析后产生的含汞废液与含汞废碱液应送往独立的含汞废水处理系统进行处理；废汞触媒、含汞废活性炭和含汞废水处理污泥等含汞废物应按危险废物管理要求进行回收和安全处置。

（二十三）鼓励研发的新技术：

1. 高效低汞触媒（汞含量低于4%）和无汞触媒；

2. 无汞催化技术及工艺设备；

3. 大型氯乙烯流化床反应器及配套分子筛固汞触媒；

4. 高效汞回收技术；

5. 高效低成本含汞废水综合治理技术。

## 五、添汞产品生产行业汞污染防治

（二十四）含汞电光源生产过程中产生的含汞废气宜采用活性炭吸附、催化吸附-高锰酸钾溶液吸收等处理技术；含汞废水宜采用化学沉淀法、吸附法等处理技术。

（二十五）含汞电池生产过程中产生的含汞废气宜采用活性炭吸附等处

理技术；含汞废水宜采用电解法、沉淀法或微电解-混凝沉淀法等处理技术。

（二十六）含汞体温计、含汞血压计和含汞化学试剂生产过程中产生的含汞废气宜采用活性炭吸附等处理技术，含汞废水宜采用化学沉淀法、吸附法等处理技术。

（二十七）注汞后破碎的灯管、封口或高温加热时截断的废玻璃管和不合格产品、含汞废水和含汞废气处理时产生的泥渣或含汞活性炭等，宜采用焙烧、冷凝等技术进行回收处理，或交具有相应能力的持危险废物经营许可证单位进行处置。

（二十八）鼓励研发的新技术：

1. 低汞、无汞及汞回收利用技术；

2. 固汞替代液汞技术；

3. 全自动注汞技术及装备。

## 六、燃煤电厂与燃煤工业锅炉汞污染防治

（二十九）燃煤电厂与燃煤工业锅炉应使用低汞燃料煤，或采用洗煤、配煤等脱汞预处理技术，减少燃料中的汞含量。采用煤炭改性以及使用煤炭添加剂，合理提高氯、溴等卤素元素含量，提高燃烧过程中汞的转化效率。

（三十）燃煤电厂与燃煤工业锅炉应采用高效燃烧技术，实施燃烧过程控制，减少汞污染排放。

（三十一）应采用脱硫、除尘、脱硝协同脱汞技术。应对脱汞副产物进行稳定化、无害化处理，对粉煤灰和脱硫石膏进行安全处置。

（三十二）鼓励研发的新技术：

1. 汞吸附剂、煤中添加卤化物喷入技术；

2. 低温等离子体除汞技术；

3. 硫、硝、汞协同脱除多功能催化剂；

4. 硫、硝、汞等多种污染物一体化高效脱除技术及装备；

5. 汞等重金属快速及在线监测技术和设备；

6. 高效汞污染物脱除技术。

## 七、铜铅锌及黄金冶炼行业汞污染防治

（三十三）铜铅锌冶炼过程产生的含汞废气宜采用波立顿脱汞法、碘络合-电解法、硫化钠-氯络合法和直接冷凝法等烟气脱汞工艺。宜采用袋式除

尘、电袋复合除尘和湿法脱硫、制酸等烟气净化协同脱汞技术。

（三十四）金矿焙烧过程应加强对高温静电除尘器等烟气处理设施的运行管理，提高协同脱汞效果。

（三十五）烟气净化过程产生的废水、冷凝器密封用水和工艺冷却水宜采用化学沉淀法、吸附法和膜分离法等组合处理工艺。

（三十六）冶炼渣和烟气除尘灰应采用密闭蒸馏或高温焙烧等方法回收汞，烟气净化处理后的残余物属于危险废物的应交具有相应能力的持危险废物经营许可证单位进行处置。

（三十七）降低硫酸中的汞含量宜采用硫化物除汞、硫代硫酸钠除汞及热浓硫酸除汞等技术。

（三十八）严格执行副产品硫酸含汞量的限值标准，加强对进入硫酸蒸气以及其他含汞废物中汞的跟踪管理。

（三十九）鼓励研发的新技术：

1. 硫酸洗涤法、硒过滤器等脱汞工艺；

2. 脱汞功能材料及脱汞工艺；

3. 含汞等重金属废水深度及协同处理技术；

4. 含汞废水膜分离、树脂分离或生物分离的成套技术和组合装置；

5. 铜铅锌及黄金冶炼过程汞污染自动控制技术与装置；

6. 污酸体系渣梯级利用与安全稳定化技术。

## 八、钢铁冶炼行业汞污染防治

（四十）含汞废气应采用袋式除尘、电除尘或电袋复合除尘技术和脱硫技术协同脱除烟气中的汞。

（四十一）含汞废水宜采用化学沉淀法、吸附法、电化学法和膜分离法等组合处理工艺。

（四十二）鼓励研发的新技术：

1. 硫、硝、汞等污染物协同脱除技术；

2. 冶炼烟尘、冶炼渣和含汞污泥的资源化利用技术；

3. 活性炭等功能材料吸附除汞技术。

## 九、水泥生产行业汞污染防治

（四十三）新型干法水泥生产工艺应提高水泥回转窑窑尾废气与生料粉

磨烘干的同步运转率，并加强生料磨停运时汞排放控制技术措施，减少水泥窑废气汞排放。

（四十四）鼓励采用低汞原燃料替代、低汞混合材料掺用等技术的应用。

（四十五）应采用袋式除尘、电袋复合除尘等高效除尘协同脱汞技术。

（四十六）应加强对水泥窑协同处置固体废物运行的动态管理，依据固体废物组分及汞含量采取合理的处置速率，保证汞等重金属排放达标。

（四十七）鼓励研发的新技术：

水泥窑废气汞等污染物协同脱除技术。

## 十、殡葬行业汞污染防治

（四十八）殡葬行业宜采用活性炭喷射等技术去除烟气中的汞。

（四十九）鼓励研发的新技术：

1．烟气中汞、二噁英等污染物高效协同净化技术；

2．新型多功能汞吸附材料。

## 十一、废物焚烧与含汞废物处理处置过程汞污染防治

（五十）含汞废物应委托有危险废物经营许可资质的单位进行无害化处理处置。

（五十一）危险废物（含医疗废物）、生活垃圾等废物焚烧应采用高效袋式除尘和活性炭吸附脱汞等技术。

（五十二）废汞触媒宜采用火法冶炼、化学活化或控氧干馏等技术进行回收处理。

（五十三）废荧光灯应采用高温气化法、湿法等技术进行回收处理。

（五十四）含汞废电池处理处置宜采用火法处理、湿法处理、火法湿法联合处理、真空热处理或安全填埋等技术。

（五十五）鼓励烟气除尘灰及废水处理产生的含汞污泥采用氧化溶出法或氯化-硫化-焙烧法等汞回收处理技术。处理后的残渣和飞灰宜加入汞固定剂和水泥砂浆固化处理后安全填埋。

（五十六）鼓励研发的新技术：

1．含汞废物高效汞回收技术及装备；

2．低温等离子体、新型功能材料等含汞废气净化及资源回收技术；

3．含汞废物安全收集、贮存、运输的技术及装备。

# 附录二  《关于汞的水俣公约》生效公告

2016 年 4 月 28 日，第十二届全国人民代表大会常务委员会第二十次会议批准《关于汞的水俣公约》（以下简称《汞公约》）。《汞公约》将自 2017 年 8 月 16 日起对中国正式生效。

为贯彻落实《汞公约》，现就有关事项公告如下：

一、自 2017 年 8 月 16 日起，禁止开采新的原生汞矿，各地国土资源主管部门停止颁发新的汞矿勘查许可证和采矿许可证。2032 年 8 月 16 日起，全面禁止原生汞矿开采。

二、自 2017 年 8 月 16 日起，禁止新建的乙醛、氯乙烯单体、聚氨酯的生产工艺使用汞、汞化合物作为催化剂或使用含汞催化剂；禁止新建的甲醇钠、甲醇钾、乙醇钠、乙醇钾的生产工艺使用汞或汞化合物。2020 年氯乙烯单体生产工艺单位产品用汞量较 2010 年减少 50％。

三、禁止使用汞或汞化合物生产氯碱（特指烧碱）。自 2019 年 1 月 1 日起，禁止使用汞或汞化合物作为催化剂生产乙醛。自 2027 年 8 月 16 日起，禁止使用含汞催化剂生产聚氨酯，禁止使用汞或汞化合物生产甲醇钠、甲醇钾、乙醇钠、乙醇钾。

四、禁止生产含汞开关和继电器。自 2021 年 1 月 1 日起，禁止进出口含汞开关和继电器（不包括每个电桥、开关或继电器的最高含汞量为 20 毫克的极高精确度电容和损耗测量电桥及用于监控仪器的高频射频开关和继电器）。

五、禁止生产汞制剂（高毒农药产品），含汞电池（氧化汞原电池及电池组、锌汞电池、含汞量高于 0.0001％的圆柱型碱锰电池、含汞量高于 0.0005％的扣式碱锰电池）。自 2021 年 1 月 1 日起，禁止生产和进出口附件中所列含汞产品（含汞体温计和含汞血压计的生产除外）。自 2026 年 1 月 1 日起，禁止生产含汞体温计和含汞血压计。

六、有关含汞产品将由商务部会同有关部门纳入禁止进出口商品目录，并依法公布。

七、自 2017 年 8 月 16 日起，进口、出口汞应符合《汞公约》及中国有毒化学品进出口有关管理要求。

八、各级环境保护、发展改革、工业和信息化、国土资源、住房城乡建设、农业、商务、卫生计生、海关、质检、安全监管、食品药品监管、能源等部门，应按照国家有关法律法规规定，加强对汞的生产、使用、进出口、排放和释放等的监督管理，并按照《汞公约》履约时间进度要求开展核查，一旦发现违反本公告的行为，将依法查处。

发布单位：环境保护部、外交部、发展改革委、科技部、工业和信息化部、财政部、国土资源部、住房城乡建设部、农业部、商务部、卫生计生委、海关总署、质检总局、安全监管总局、食品药品监管总局、统计局、能源局，环境保护部办公厅 2017 年 8 月 15 日印发。

附件：添汞（含汞）产品目录

一、电池，不包括含汞量低于 2％的扣式锌氧化银电池以及含汞量低于 2％的扣式锌空气电池。（氧化汞原电池及电池组、锌汞电池、含汞量高于 0.0001％的圆柱型碱锰电池、含汞量高于 0.0005％的扣式碱锰电池按照《产业结构调整指导目录（2011 年本）（2013 年修正）》要求淘汰。）

二、开关和继电器，不包括每个电桥、开关或继电器的最高含汞量为 20 毫克的极高精确度电容和损耗测量电桥及用于监控仪器的高频射频开关和继电器。（按照《产业结构调整指导目录（2011 年本）（2013 年修正）》要求淘汰。）

三、用于普通照明用途的不超过 30 瓦且单支含汞量超过 5 毫克的紧凑型荧光灯。

四、下列用于普通照明用途的直管型荧光灯：

（一）低于 60 瓦且单支含汞量超过 5 毫克的直管型荧光灯（使用三基色荧光粉）；

（二）低于 40 瓦（含 40 瓦）且单支含汞量超过 10 毫克的直管型荧光灯（使用卤磷酸盐荧光粉）。

五、用于普通照明用途的高压汞灯。

六、用于电子显示的冷阴极荧光灯和外置电极荧光灯：

（一）长度较短（≤500 毫米）且单支含汞量超过 3.5 毫克；

（二）中等长度（＞500 毫米且≤1500 毫米）且单支含汞量超过 5 毫克；

（三）长度较长（＞1500 毫米）且单支含汞量超过 13 毫克。

七、化妆品（含汞量超过百万分之一），包括亮肤肥皂和乳霜，不包括以汞为防腐剂且无有效安全替代防腐剂的眼部化妆品。

八、农药、生物杀虫剂和局部抗菌剂。（汞制剂（高毒农药产品）按照

《产业结构调整指导目录（2011 年本）（2013 年修正）》和《关于打击违法制售禁限用高毒农药规范农药使用行为的通知》（农农发〔2010〕2 号）要求淘汰。）

九、气压计、湿度计、压力表、温度计和血压计等非电子测量仪器，不包括在无法获得适当无汞替代品的情况下，安装在大型设备中或用于高精度测量的非电子测量设备。

注：

本目录不涵盖下列产品：

1. 民事保护和军事用途所必需的产品；

2. 用于研究、仪器校准或用于参照标准的产品；

3. 在无法获得可行的无汞替代品的情况下，开关和继电器、用于电子显示的冷阴极荧光灯和外置电极荧光灯以及测量仪器；

4. 传统或宗教所用产品；

5. 以硫柳汞作为防腐剂的疫苗。

# 后　记

　　汞是常温下呈液态的金属，由于其特殊的理化性质，被广泛应用于不同产品和工艺中。汞的使用与排放不当可造成严重的环境污染并危及人体健康与生态环境安全，成为国际上备受关注的全球性重大环境问题。为有效应对和妥善解决全球汞污染问题，2013 年 10 月，国际社会签署了具有全球法律约束力的《关于汞的水俣公约》（以下简称《汞公约》），我国成为首批签约国。2017 年 8 月 16 日，《汞公约》正式生效，这是国际化学品领域继《关于持久性有机污染物的斯德哥尔摩公约》后又一重要国际公约。

　　2016 年 11 月，国务院《"十三五"生态环境保护规划》明确要求加强汞污染控制，禁止新建采用含汞工艺的电石法聚氯乙烯生产项目，到 2020 年聚氯乙烯行业每单位产品用汞量在 2010 年的基础上减少 50%。加强燃煤电厂等重点行业汞污染排放控制。禁止新建原生汞矿，逐步停止原生汞开采。淘汰含汞体温计、血压计等添汞产品。积极推动无汞低汞技术的应用和推广，实现汞污染减排及用汞产品替代；继续开展化学物质环境和健康风险评估，对高风险化学品生产、使用进行严格限制，并逐步淘汰替代，推动我国形成绿色发展方式和生活方式。

　　中华人民共和国生态环境部近期印发了《关于加强涉重金属行业污染防控的意见》，总体要求是全面贯彻落实党的十九大精神，树立和践行绿水青山就是金山银山的理念，按照全面建成小康社会、实现生态环境质量总体改善的要求，聚焦重点行业、重点地区和重点重金属污染物，坚决打好重金属污染防治攻坚战。

　　目前我国正进行供给侧结构性改革，处于升级转型期，环境保护事业正在蓬勃发展。然而，汞污染环境保护这方面相对欠缺，还没有形成一个健全的污染控制机制，尤其对含汞废物的管理还处于薄弱环节，近几年发生几起含汞废物非法倾倒污染事件，更加说明我国含汞废物污染防治工作还有待于加强，因此加强对不同含汞废物特性分析及处理处置污染控制工作就显得十分迫切。

含汞废物主要含有氯化汞、氧化汞、金属汞及有机汞等剧毒性物质，如果在生产利用过程中发生含汞废物泄漏、汞意外排放等事故，会对人体健康和环境造成极大的危害。这些含汞废物的汞含量较高，成分复杂，污染特征不明确，大多数含汞废物被堆存或填埋处理，而含汞废物的堆存或填埋对周边环境中的土壤、大气和水体造成了二次污染，对生态环境和人体健康产生了严重的威胁。目前人们还缺乏对含汞废物处理处置技术的了解和实践运用。

随着我国国力的日益昌盛，人民生活水平的提高，人民生活环境的改善，人民日益关注生活质量，但汞、铅等重金属污染还将长期影响人们的生产生活，含汞废物距离人们视线并不遥远，人们日常生活中会接触到废旧荧光灯管、玻璃温度计、血压计等，如何有效识别分类和有效合理处理处置含汞废物，就成了人们必须了解和掌握的知识。本课题从全生命周期管理理念出发，介绍了对典型含汞废物环境风险识别、环境风险评价、处理处置技术的相关研究成果，为我国汞污染风险防控提供一定的理论依据，可完善补充重金属污染风险防控体系。该课题研究成果经整理成了《含汞废物特性分析及处理处置》一书，该书系统梳理了含汞废物来源及其特性，进而系统地介绍了各种涉汞行业典型特征含汞废物处理处置技术，会对相关环境管理部门、涉汞行业主管部门、各企业管理者、科研院所科研人员具有一定的参考指导作用。

希望该书的出版能为环境管理者、涉汞企业经营管理者以及重金属科研工作者提供有益帮助。

由于时间仓促，加之本课题人员能力有限，本书在于抛砖引玉，希望大家共同进步。

编者于沈阳
2018 年 6 月